世界主要国家畜禽遗传资源保护现状研究

彭 华 李俊雅 王 典 李姣 等 著

中国农业科学技术出版社

图书在版编目（CIP）数据

世界主要国家畜禽遗传资源保护现状研究 / 彭华等著. -- 北京：中国农业科学技术出版社，2024.12.
ISBN 978-7-5116-6467-9

Ⅰ.①世… Ⅱ.①彭… Ⅲ.①畜禽—种质资源—资源保护—研究②畜禽—种质资源—资源利用—研究 Ⅳ.
①S813.9

中国国家版本馆 CIP 数据核字（2023）第 195759 号

责任编辑　金　迪
责任校对　李向荣
责任印制　姜义伟　王思文

出 版 者	中国农业科学技术出版社 北京市中关村南大街 12 号　邮编：100081
电　　话	（010）82106625（编辑室）（010）82106624（发行部） （010）82109709（读者服务部）
网　　址	https://castp.caas.cn
经 销 者	各地新华书店
印 刷 者	中煤（北京）印务有限公司
开　　本	185 mm×260 mm　1/16
印　　张	16
字　　数	380 千字
版　　次	2024 年 12 月第 1 版　2024 年 12 月第 1 次印刷
定　　价	96.00 元

◆━━ 版权所有·侵权必究 ━━◆

《世界主要国家畜禽遗传资源保护现状研究》
著者名单

主　著	彭　华	中国农业科学院农业信息研究所
	李俊雅	中国农业科学院北京畜牧兽医研究所
	王　典	内蒙古优然牧业有限责任公司国家乳业技术创新中心
	李　姣	全国畜牧总站
副主著	代　辛	中国农业科学院农业信息研究所
	林亚秋	西北民族大学
	李立望	中国农业科学院农业信息研究所
	张幸开	光明牧业有限公司
	户林其	中国农业科学院农业信息研究所
参　著	张西锋	青岛农业大学
	沈　伟	青岛农业大学
	许怡然	中国农业科学院农业信息研究所
	刘　浩	湖南农业大学
	余泽田	中国农业科学院农业信息研究所
	王兴文	中国农业科学院农业信息研究所
	于耀然	中国农业科学院农业信息研究所
	王淑辉	西北农林科技大学
	刘　伟	西南民族大学
	张　超	中国农业科学院农业信息研究所

张发利　青岛农业大学
马浩海　青岛农业大学
蒋　琳　中国农业科学院北京畜牧兽医研究所
刘国菊　北京化工大学
董晓霞　中国农业科学院农业信息研究所
祝文琪　中国农业科学院农业信息研究所
张相龙　中国农业科学院农业信息研究所
程　一　中国农业科学院农业信息研究所
张凤华　中国农业科学院农业信息研究所
李　冬　四川省绵阳市北川羌族自治县畜牧站
杨卫芳　北京市畜牧总站
齐　文　北京农学院
张世博　中国农业科学院农业信息研究所

前言

中国是畜禽遗传资源大国，拥有的畜禽品种数量居世界第二位，但这些品种的保护及利用能力与数量地位并不相称，总的来讲是"大而不强"。如何保护好、利用好我国庞大的畜禽遗传资源，建设种业强国，世界上其他国家在畜禽遗传资源保护及利用方面的先进做法和经验值得借鉴。

虽然已有学者对德国、荷兰、丹麦、挪威、巴西、日本、印度、韩国等国家的畜禽资源保护现状进行了研究，但从现有文献看，这些研究还存在如下不足：一是时间较早，信息比较陈旧，有的甚至是20世纪八九十年代数据，难以反映其国家现实情况。二是有的国家的研究不够全面，如韩国畜禽遗传资源有关的文献多聚焦生物多样性立法方面，未涉及具体保种体系等内容。三是有的国家只是泛泛的介绍，缺少数据支撑。四是已有研究分散在不同载体上，碎片化程度高，有的甚至并未在正式出版物上发表。基于以上原因，出版一部综合世界上主要国家畜禽遗传资源保护现状的参考书显得尤为重要。

在写作国家的筛选方面，一方面选择国内已有文献对相关国家的畜禽遗传资源保护利用有研究的国家，如美国、英国、加拿大、日本、印度、德国、丹麦、巴西、荷兰、韩国、意大利等。另一方面，选择"一带一路"沿线和非洲具有代表性的国家，如俄罗斯、巴基斯坦、南非等。

每个国家围绕四个部分进行撰写，即前言、畜禽遗传资源现状、畜禽遗传资源保护管理体系和对中国的启示。

前言主要介绍该国地理位置，经济水平，农业及畜牧业比重。

畜禽遗传资源现状包括该国畜牧业现状、畜禽遗传资源情况、畜禽遗传资源保护方式、畜禽基因库建设和种畜及遗传资源进出口情况等内容。畜牧业现状主要介绍该国畜牧业产值占农业总产值的比例、国内主要养殖品种、高存栏品种、出口优势品种及数量等。畜禽遗传资源情况主要介绍该国制定的濒危动物和家禽的官方目录或FAO目录［家畜多样性信息系统(DAD-IS)］中濒危动物的情况，如危险程度分多少等级、依据是什么、有哪些品种需要保护、分别是什么等级、不同危险等级的品种有哪些共同特点，品种保护目录或清单的发布组织是什么。畜禽遗传资源保护方式主要介绍该国在畜禽遗传资源保护过程中采用的主要方式方法的特点、优势劣势、适用品种、执行单位，目前采用的先进技术等情况。畜禽基因库建设主要介绍现状，包括基因库建立时间、设立目的、发展历程、主要功能、保存遗传材料品类数量情况等相对其他国家的突出特点。种畜及遗传资源进出口主要介绍该国相关种畜及遗传资源主要出口品种、出口额、世界占比及排名，知名的动物遗传育种和遗传物质出口公司情况。

畜禽遗传资源保护管理体系主要包括保护主体、法律法规制度、科研支撑力量、政府规划项目、保护资金来源等内容。保护主体主要介绍该国有哪些政府机构和社会组织以何种方式参与到畜禽遗传资源保护工作中来，这些机构和组织之间的协作关系如何、分别主要开展了哪些工作。法律法规制度主要介绍该国有关畜禽遗传资源的有关法律情况，包括法案名称及法案中有关章节的位置、法案规定内容的具体情况，参与有关国际组织及签订有关国际公约情况。科研支撑力量主要介绍该国有参与到畜禽遗传资源中的科研机构，包括大学、科研院所、企业等，包括正在进行的科研项目、技术开发、取得成就等内容。政府规划项目主要介绍该国政府在遗传资源保护、动物育种等有关方面的科研项目、规划等内容，规划的主体、内容、目的等方面。保护资金来源主要介绍保护资金的来源及构成，以及畜禽遗传资源商业化体系中资金的运转情况。

启示建议部分主要针对该国在畜禽遗传资源保护上相对中国有可以借鉴的方面写作，遵循"人有我无，我有人优"的原则，并在启示基础上提出具有可行性的相关建议。印度、南非、巴基斯坦、俄罗斯等国主要介绍现状部分，未撰写启示建议部分内容。

本书的著者以中国农业科学院农业信息研究所相关研究团队成员为主，同时邀请了中国农业科学院北京畜牧兽医研究所、全国畜牧总站、青岛农业大学、西南民族大学、西北农林科技大学等机构长期从事畜禽遗传资源研究的青年学者参与了相关章节的撰写。篇章顺序的安排上，首先总体介绍全球畜禽种质资源保护情况，具体国家的介绍按照美洲、欧洲、亚洲、非洲的顺序安排，每个洲按照国家经济规模顺序排序。本书内容全面、数据翔实，信息量大，可以作为行业主管部门、行业协会、高校及科研院所、畜禽保种场等机构领导、专家及负责人案头必备的参考资料。

本书出版受到农业农村部政府购买服务项目"国家畜禽遗传资源保护与利用评价"（19221240）、农业农村部政府购买服务项目"国外种质资源保护利用现状分析"（19230722）、农业农村部政府购买服务项目"发达国家畜禽遗传资源鉴定进展分析"（19242009）、科技部"国家家养动物种质资源库"（102125221610280009015）的资助。在课题研究中得到了国内众多领导、专家学者的帮助与指导，在此一并感谢。

本书以资料查阅为主，部分国家由于语言不通，数据不够全面，而且缺少实地调研，对各个国家畜禽种业发展认识体会也不深，加上作者水平有限，书中错漏或不妥之处在所难免，恳请广大读者批评指正。

2024 年 9 月

 **目 录**

总体篇

全球畜禽种质资源保护概况 ·· 2
  1 不同畜种数量排名前十国家情况 ·· 2
  2 品种界定及品种濒危情况划分 ·· 3
  3 畜禽遗传资源保护方式 ·· 4
  4 畜禽基因库 ·· 4
  5 畜禽遗传资源国际保护组织 ·· 10
  6 国际立法 ·· 10
  7 保护特点 ·· 11

美洲篇

美国畜禽遗传资源保护现状及对中国的启示 ·· 18
  1 畜禽遗传资源现状 ·· 18
  2 畜禽遗传资源保护管理体系 ·· 29
  3 对中国的启示 ·· 35

加拿大畜禽遗传资源保护现状及对中国的启示 ······································ 41
  1 畜禽遗传资源现状 ·· 41
  2 畜禽遗传资源保护管理体系 ·· 47
  3 对中国的启示 ·· 52

巴西畜禽遗传资源保护现状及对中国的启示 ·· 57
  1 畜禽遗传资源现状 ·· 57
  2 畜禽遗传资源保护管理体系 ·· 72
  3 对中国的启示 ·· 76

欧 洲 篇

德国畜禽遗传资源保护现状及对中国的启示 ·················· 82
    1 畜禽遗传资源现状 ·················· 82
    2 畜禽遗传资源保护管理体系 ·················· 90
    3 对中国的启示 ·················· 93

英国畜禽遗传资源保护现状及对中国的启示 ·················· 96
    1 畜禽遗传资源现状 ·················· 96
    2 畜禽遗传资源保护管理体系 ·················· 102
    3 对中国的启示 ·················· 105

意大利畜禽遗传资源保护现状及对中国的启示 ·················· 108
    1 畜禽遗传资源现状 ·················· 108
    2 畜禽遗传资源保护管理体系 ·················· 112
    3 对中国的启示 ·················· 116

俄罗斯畜禽遗传资源保护现状及对中国的启示 ·················· 118
    1 畜禽遗传资源现状 ·················· 118
    2 畜禽遗传资源保护管理体系 ·················· 122

荷兰畜禽遗传资源保护现状及对中国的启示 ·················· 127
    1 畜禽遗传资源现状 ·················· 127
    2 畜禽遗传资源保护管理体系 ·················· 135
    3 对中国的启示 ·················· 138

挪威畜禽遗传资源保护现状及对中国的启示 ·················· 140
    1 畜禽遗传资源现状 ·················· 140
    2 畜禽遗传资源保护管理体系 ·················· 144
    3 对中国的启示 ·················· 148

丹麦畜禽遗传资源保护现状及对中国的启示 ·················· 151
    1 畜禽遗传资源现状 ·················· 151
    2 畜禽遗传资源保护管理体系 ·················· 157
    3 对中国的启示 ·················· 163

亚洲篇

中国畜禽遗传资源保护现状研究·········166
  1 畜禽遗传资源现状·········166
  2 畜禽遗传资源保护管理体系·········170
  3 存在问题·········175
  4 相关建议·········178

日本畜禽遗传资源保护现状研究·········183
  1 畜禽遗传资源现状·········183
  2 畜禽遗传资源保护管理体系·········187
  3 对中国的启示·········191

印度畜禽遗传资源保护现状研究·········194
  1 畜禽遗传资源现状·········194
  2 畜禽遗传资源保护管理体系·········202

韩国畜禽遗传资源保护现状及对中国的启示·········211
  1 畜禽遗传资源现状·········211
  2 畜禽遗传资源保护管理体系·········218
  3 对中国的启示·········222

巴基斯坦畜禽遗传资源保护现状研究·········226
  1 畜禽遗传资源现状·········226
  2 畜禽遗传资源保护管理体系·········231

非洲篇

南非畜禽遗传资源保护现状研究·········238
  1 畜禽遗传资源现状·········238
  2 畜禽遗传资源保护管理体系·········240

总体篇

全球畜禽种质资源保护概况

1 不同畜种数量排名前十国家情况

据联合国粮食及农业组织（FAO）数据和2024年版《国家畜禽遗传资源品种名录》，中国是畜禽品种数量最多的国家，达到869个，其次为德国，为738个。从不同畜种来看，牛种类方面，英国牛品种数量最多，为120个，主要品种为赫里福牛、英国弗里斯兰牛、短角牛、泽西牛、艾尔郡牛；水牛种类方面，中国水牛品种最多，为30个，主要品种为海子水牛、上海水牛、信阳水牛、滨湖水牛、德昌水牛、德宏水牛；猪种类方面，中国猪品种数量最多，为147个，主要品种为二花脸猪、梅山猪和嘉兴黑猪；鸡种类方面，中国鸡品种数量最多，为289个，主要品种为清远麻鸡、固始鸡、寿光鸡等；鸭种类方面，中国鸭品种数量最多，为67个，主要品种为樱桃谷鸭、北京鸭、狄高鸭、绍鸭、金定鸭、高邮鸭；山羊种类方面，中国山羊品种数量最多，为86个，主要品种为成都麻羊、皮用山羊、辽宁绒山羊、莎能奶山羊、沂蒙黑山羊、沧山黑山羊；绵羊种类方面，英国绵羊品种数量最多，为125个，主要品种为萨克福绵羊、汉普夏山羊等；德国兔子品种数量最多，为110个，主要品种有德国花巨兔、德国安哥拉兔、德国垂耳兔等。马种类方面，德国马品种数量最多，为168个，主要品种为德国运动马、汉诺威温血马、荷斯坦温血马等（表1）。

表1 不同畜禽品种数量排名前十的国家　　单位：个

项目		1	2	3	4	5	6	7	8	9	10
所有畜种	国家	中国	德国	英国	法国	澳大利亚	印度	俄罗斯	荷兰	美国	意大利
	数量	869	738	628	423	367	362	344	340	292	282
牛	国家	英国	印度	澳大利亚	南非	美国	德国	俄罗斯	巴西	法国	墨西哥
	数量	120	89	89	77	65	60	59	58	56	54
水牛	国家	中国	印度	印尼	菲律宾	孟加拉国	尼泊尔	斯里兰卡	巴基斯坦	巴西	越南
	数量	30	28	14	9	8	8	7	6	5	4
猪	国家	中国	法国	俄罗斯	韩国	匈牙利	巴西	菲律宾	美国	西班牙	印度
	数量	147	63	37	32	25	24	23	23	23	22

续表

项目		1	2	3	4	5	6	7	8	9	10
鸡	国家	中国	德国	英国	罗马尼亚	卢森堡	乌克兰	法国	澳大利亚	爱尔兰	印尼
	数量	289	209	179	95	81	77	75	67	65	57
鸭	国家	中国	英国	德国	印尼	波兰	爱尔兰	匈牙利	乌克兰	澳大利亚	越南
	数量	67	31	28	28	25	17	17	15	15	15
山羊	国家	中国	印度	意大利	巴基斯坦	德国	西班牙	印尼	巴西	澳大利亚	阿尔巴尼亚
	数量	86	52	45	36	28	24	21	21	20	20
绵羊	国家	英国	俄罗斯	中国	德国	荷兰	印度	意大利	加拿大	法国	澳大利亚
	数量	125	107	106	85	83	78	71	62	61	60
兔	国家	德国	法国	卢森堡	荷兰	意大利	斯洛伐克	波兰	乌拉圭	美国	博茨瓦纳
	数量	110	62	59	54	46	41	23	12	11	11
马	国家	德国	英国	俄罗斯	中国	澳大利亚	法国	加拿大	美国	比利时	荷兰
	数量	168	92	69	60	59	56	48	41	41	38

数据来源：FAO，中国数据来源于2024年版《国家畜禽遗传资源品种名录》。

2 品种界定及品种濒危情况划分

FAO按照地理分布将畜禽品种划分为地方品种、跨国品种和区域性跨国品种。其中，地方品种被定义为仅在一个国家出现过的品种。按照适应性又将畜禽品种划分为地方适应品种和外来品种。地方适应品种指已经在一个国家生存的时间长度足以适应该国的一种或多种传统生产体系或环境的品种，"充足时间"是指生存在该国的一种或多个传统生产体系和环境下的时间。从文化、社会和遗传角度来考虑，在特定国家的环境下生存40年时间和相应品种6个世代的时间是"充足时间"的指导性期限值。地方品种，也称为土著品种或原地品种，是地方适应品种的一个亚类。外来品种指不能算作地方适应品种的品种。外来品种既包括最近引入的品种，也包括一直连续进口的品种。

2020年农业农村部发布《国家畜禽遗传资源目录》以及2021年国家畜禽遗传资源委员会发布的《国家畜禽遗传资源品种名录（2021年版）》将畜禽品种分为地方品种、培育品种及配套系、引入品种及配套系3个类别。其中，地方品种是指在特定地域、自然经济条件和居民文化背景下，经历长期非计划育种所形成的家养畜禽品种。培育品种是指通过人工选育，主要遗传性状具备一致性和稳定性，并具有一定经济价值的畜禽群体。引入品种是指从国外引进的家养畜禽品种。配套系是指利用不同畜禽品种或种群之间的杂种优势，用于生产商品群体的品种或种群的特定组合。

根据 FAO 的划分标准，将畜禽遗传资源濒危情况划分为 6 类：

灭绝（Extinct）：指不具有繁殖能力的公、母畜存在的品种。但是，可能已经冷冻保藏有可用于该品种重建的遗传物质。事实上，在动物或遗传物质最终灭绝的很久之前，人们就可能意识到要发生灭绝。

濒临灭绝（Critical）：指繁殖母畜总数量只剩下或低于 100 头（只），或繁殖公畜总数量低于或等于 5 头（只）的品种；或种群总数量已经少于或等于 120 头（只），但仍在下降，且繁殖母畜与种公畜的比例低于 80% 的品种；尚未列入灭绝品种的。

濒临灭绝—维持（Critical-maintained）：指符合濒临灭绝品种目录入选标准，但已经实施积极保护计划，或已由商业公司或研究机构进行种群维持的品种。

濒危（Endangered）：指繁殖母畜总数量在 100～1 000 头（只），或繁殖公畜总数量在 5～20 头（只）的品种；或种群总数量在 80～100 头（只），且繁殖母畜与公畜的比例大于 80% 的品种；或种群总数量在 1 000～1 200 头（只），但仍在下降，且繁殖母畜与该品种公畜的比例小于 80% 的品种；以及未列入灭绝、濒临灭绝或濒临灭绝—维持状态的品种。

濒危—维持（Endangered-maintained）：指符合濒危品种目录入选标准、但已经实施积极保护计划或已由商业公司或研究机构进行种群维持的品种。

处于危险的（Vulnerable）：指既不属于濒临灭绝、濒临灭绝—维持或濒危，也不属于濒危—维持状态的品种。

3 畜禽遗传资源保护方式

FAO 将畜禽遗传资源的保护方式分为三类，即原地保护、异地活体保护和异地体外保护。原地保护：由畜禽饲养者在进化地或现在通常发现地和繁育地的原始生态系统或生产体系下，对其继续利用进行的保护。迁地活体保护：对在非常规饲养环境下（如在动物园或政府农场）和/或在其进化地或现在常发现地区之外饲养的活体动物种群进行的保护。迁地体外保护：体外低温条件下，对可能用于日后重建活体动物的胚胎、精液、卵母细胞、体细胞或组织采取的冷冻保存方法。

4 畜禽基因库

4.1 国际畜禽基因库发展动态

动物种质资源是保障国家食物安全、生态安全的重要基石，是畜牧业发展的重要基础。世界各国对全球动物遗传资源的保存及利用高度重视，已先后达成《生物多样性公约》《动物遗传资源全球行动计划》《动物遗传资源因特拉肯宣言》等全球共识。动物种质资源的收集和保存已被多国纳入国家发展战略计划，世界各国以及国际组织均纷纷加强了对种质资源的收集保存，美国、欧盟、巴西、日本等国家和组织，均建立了以国家或组织为主导的动物种质资源保存体系与运行机制。全球已有82%的国家对境内的畜禽品种实施了国家层面的保护，已建立有120多个种质资源库（表2）。基因库除了作为原生境保护的一个重要备份，还可用于组建遗传学研究的资源群体和种质资源的评价与鉴定。欧美等发达国家较早就意识到品种资源的稀缺性和重大经济价值，建立了超低温的精液胚胎库、细胞库、基因库、组织样本库、种质信息系统为一体的现代化国家级动物种质资源库，以妥善保存收集到的种质资源，在资源保存量、保存类型及信息化管理方面均位于世界前列。

（1）美国国家遗传资源保护中心（NCGRP）

美国农业部于1999年启动了国家动物种质资源计划（NAGP），其种质资源收集和保存在美国国家种子储藏实验室（NSSL）进行，动物种质资源以精液、卵子、卵母细胞和其他组织形式储存。2002年1月14日，美国农业研究服务局（ARS）将NSSL更名为国家遗传资源保存中心（National Center for Genetic Resources Preservation, NCGRP），涵盖植物、动物及微生物的资源收集和保存。凡是列入国家保种计划的畜禽种质资源（包括外来品种资源）都能够在保护中心得到妥善的保存。2022年，NAGP累计保存动物种质资源389个品种/类群，60 705个动物供体，共1 208 308份遗传材料，比2021年增加了5个品种/类群的44 799份遗传材料。同时，NAGP的A-GRIN系统整合了巴西和加拿大的动物遗传资源保存信息，分别保存种质资源1 635 311份和202 109份，分别涵盖90个和71个动物品种，资源保存量大幅度增加。

（2）欧洲动物遗传资源基因库网络（EUGENA）

欧洲动物遗传资源区域联络点（ERFP）支持动物遗传资源（AnGR）保护和可持续利用，是促进FAO《欧洲动物遗传资源全球行动计划》实施的区域平台，ERFP通过多个国家基因库之间的正式协议，推进并最终确定基因库网络概念，建立了欧洲动物遗传资源基因库网络（EUGENA），支持欧洲畜禽的异地保护和可持续利用。EUGENA自2016年开始建立，由其成员基因库共同构成，成员基因库按照其各自的国家规则运作，包括奥地利、意大利、荷兰等13个国家基因库；2022年度新建一个国家基因库，目前已有10个成员国的14个基因库，新增动物遗传材料321 287份，累计保存1 719 129份；主要储存可用于繁殖或研究开发的长期储存品种的生殖材料或各种遗传材料，特别是精液、卵母细胞、胚胎、体细胞和DNA。

（3）加拿大国家畜禽种质资源基因库

加拿大建立了功能多样的动物遗传资源信息系统"Animal Genetic Resources of Canada"，该信息系统主要为用户提供4项信息和服务：一是提供加拿大动物遗传物质概况，通过表格形式显示2015以来畜禽种质资源基因库储存的不同畜种，不同形式的遗传材料数量，包括遗传材料、采集动物、品系和品种等。二是提供决策辅助，可以比较2～5个动物个体品种的种类、采集目的、繁殖和生产性能系数等信息；可以查看每个收集的动物个体的遗传进化树图；可以查看两个物种的亲缘性，并给出相关系数，以及搜寻与某动物个体有特定亲缘相关度的动物个体或群体。三是种质资源材料捐献及要求，加拿大动物遗传资源计划接受个人遗传材料的捐赠，在该部分需要捐赠人填写和提交个人和遗传材料的信息。四是统计分析，通过图表形式显示了2015年2月以来畜禽种质资源基因库储存的所有遗传材料、采集动物、品系和品种数量发展趋势。加拿大畜禽遗传资源基因库建设起步虽晚，但发展较快。加拿大畜禽遗传资源基因库储存的遗传材料种类多样，数量很大。2020年基因库储存着包括猪、牛、羊、鸡等9个畜禽品种，采自4 021个畜禽个体的199 692单位的遗传材料，主要通过胚胎、卵巢、精液和睾丸的形式储存。

（4）荷兰国家动物种质库

1988年，荷兰的农业研究机构进行调整并设立作物育种中心（CPO），保留了国家基因库，定名为荷兰遗传资源中心（CGN），以妥善保管有别于短期目的项目和为育种先行的遗传资源。CGN是荷兰农业部农业研究局指导的国家研究单位，位于荷兰瓦格宁根大学。CGN保存的动物物种涵盖了牛、猪、马、羊、山羊、狗、鸭、鹅、兔和其他家禽等稀有品种和商业品种，截至2022年底，已累计保存了160个品种超过60万份精液、胚胎、卵母细胞和DNA等遗传物质。

（5）巴西国家动物种质库（Cenargen Animal Germplasm Bank，CAGB）

1973年4月26日，巴西成立了巴西农业研究院（Embrapa），致力于为食品、纤维和能源生产提供技术解决方案。Embrapa是拉丁美洲第一个按照FAO/环境规划署的建议建立保护濒危的动物遗传资源方案的研究机构之一。1974年，巴西政府在Embrapa内设立了国家遗传资源研究中心（Cenargen）。1983年，Cenargen决定将保护动物遗传资源列为其优先事项之一，1984年，该单位还纳入了旨在保护和利用遗传资源的生物技术研究活动，成立Embrapa网络遗传资源和生物技术中心（the Genetic Resources and Biotechnology Centre of the Embrapa Network）。中心的主要目标是保护和鉴定遗传资源（植物、动物和微生物），以及开发先进生物技术、生物控制和生物安全方面的信息和技术。随后整合40个Embrapa研究中心、国家农业研究机构以及大学在内的巴西国家农业研究系统资源，成立了国家遗传资源网络（National Network of Genetic Resources，Renargen）。自2003年开始，Embrapa在Renargen运行第一个基于网络的遗传资源管理和保护模式。2009年由四大项目网络组成的国家遗传资源平台（National Platform for Genetic Resources formed by four big project networks）取代了Renargen：植物网络、动物网络、微生物网络以及网络整合。截至2022年底累计保存174万份遗传资源。

（6）法国国家基因冷冻库

法国建立了国家基因冷冻库（National Genetic CryoBank），以长期保存畜禽遗传资源资产为目标，在极低温度下长期保存遗传物质，以保护品种的生物多样性和原有遗传特性。法国农业部门、育种协会、人工授精中心等研究机构主要进行生物材料收集，国家基因冷冻库则主要负责汇总这些生物材料，收集、保存遗传资源，确保长期保存所有畜禽物种的遗传多样性，包括9种主要畜禽物种：牛、绵羊、山羊、驴、马、兔、家禽和猪。法国国家基因冷冻库所收集的生物样本均保留副本。精液是保存的主要生物材料，此外也有相当一部分是胚胎和纤维细胞、DNA和血清等生物材料。法国国家基因冷冻库建立于1999年，起步早，体系完善，包括12个参与选择计划和基因保存计划的合作伙伴：法国农业部、法国国家农业研究部（INRA）、法国海洋勘探研究所（IFREMER）、多样性物种研究所、法国品种协会、法国国家畜禽和人工智能合作社联盟UNCEIA（French national coalition of livestock and AI cooperatives）等。其技术指导和行政管理主要由Institut de l'Elevage提供。截至2022年，CRB-Anim生物资源中心存储了大约60万个生物样本，覆盖了260个品种，包含每个品种样本中提取的有关动物生物体数据。

（7）丹麦国家基因库

丹麦国家基因库（Statens Genbank）成立于1971年，是世界上较早建设的畜禽遗传资源基因库之一。该基因库由国家进行建设和管理，丹麦原始牲畜品种遗传资源保护委员会就如何继续扩大基因库以及如何使用储存材料向国家提出建议。20世纪70年代中期，丹麦从一些繁殖能力较强的牛品种中的种公牛中收集并储存了精液。从约50头公牛中每头保存约500剂精液并保存在基因库中。自1996年以来，丹麦不断从地方品种中挑选种公牛采集精液。选择公牛精液进入精液库是为了在现有群体内获得尽可能广泛的遗传基础。在最近的几年里，一些种马、公猪和丹麦老雄鹿的精液储存库已经建立起来。此外，还有一些品种的牛和猪胚胎的少量储存。丹麦基因库的主要任务是不断收集过去和现在牲畜品种的遗传物质，确保保存特定动物种群遗传材料的副本，而不会有近亲繁殖或基因意外丢失的风险；尽可能存储来自非常广泛的单个品种的遗传物质，以便为后代保存它们的基因。基因库储存的主要是精子，也冷冻来自重要牲畜物种（牛、猪、绵羊、山羊和马）的未受精卵和胚胎。

（8）印度国家动物基因库

印度国家动物基因库主要由1984年成立的印度国家动物遗传资源局管理统筹，该机构历史悠久，但其信息库建设时间并不长，畜禽资源信息收集和利用水平不及欧美发达国家。国家动物遗传资源局主要通过系统或试点实地调查以评估农民的社会经济状况、羊群/牛群结构、种群状况、饲养、繁殖和管理实践、表型特征、身体生物统计和生产绩效以及活畜的营销，值得注意的是，本地品种的生产性能等信息必须是在其栖息地的农业气候条件下进行评估和记录。收集后的数据信息通过出版物、品种专论、计算机数据系统等多种形式记录，根据记录的信息来制定新的战略以改良和保护品种。共收集了包括牛、水牛、绵羊、山羊、骆驼、牦牛和马等31个品种的近十万剂冷冻精液。

（9）日本国家动物种质库（NARO Genebank）

1985年，日本农业部（MAFF）开始实施基因库项目（NIAS Genebank，于2016年更名为NARO Genebank）。该项目以国家农业生物科学研究所（NIAS）作为中央机构,并与畜牧和草原科学研究所、国家动物健康研究所、农业环境科学研究所和国家畜牧养殖中心等机构合作,围绕日本饲养的动物遗传资源,重点进行探索、收集、鉴定、保存和分发服务。日本国家农业和食品研究组织(NARO)是日本农业相关植物、微生物和动物保护的遗传资源研究中心。NARO 设立植物科、微生物科和动物科三个部门,负责相应种质资源保护工作。动物科的工作范围包括牛、猪、鸡和蚕等畜禽的地方品种和培育品种的遗传物质和 DNA 保存,每年派出考察队调查国内外家畜的分布和变异情况,收集多种遗传资源,并在液氮中超低温条件下长期保存,截至 2022 年累计保存 91 万份资源。NARO 允许日本各地研究机构利用种质库资源进行研究,如基因分析、多样性分析和育种研究等。

表 2 国际畜禽遗传资源基因库保藏情况

国家和地区	保藏机构名称	保藏总量	保藏类型	资料来源
美国	National Center for Genetic Resources Preservation	120 万份遗传材料 / 389 个品种	DNA/ 组织 / 血样 / 冻精 / 胚胎等	https://agrin.ars.usda.gov/
欧洲	EUGENA	171 万份遗传材料	冻精 / 胚胎 /DNA/ 细胞等	https://agrin.ars.usda.gov/
加拿大	Animal Genetic Resources of Canada	20 万份遗传材料 / 71 个品种	组织 / 冻精 / 胚胎	https://agrin.ars.usda.gov/
荷兰	Centre for Genetic Resources, the Netherlands(CGN)of Wageningen University & Research	60 万份遗传材料 / 160 个品种	DNA/ 毛发 / 血样 / 冻精 / 胚胎	https://www.eugena-erfp.net/
巴西	Management of Genetic Resources for Food, Agriculture and Bioindustry	163 万份遗传材料 / 90 个品种	DNA/ 组织 / 血样 / 冻精 / 胚胎	https://agrin.ars.usda.gov/
法国	National Genetic CryoBank	60 万份遗传材料 / 260 个品种	冻精 / 胚胎 /DNA/ 细胞等	http://www.cryobanque.org
澳大利亚	AREC Raumberg-Gumpenstein	26 万份遗传材料 / 34 个品种	冻精	https://www.eugena-erfp.net/
西班牙	BNGA	10 万份遗传材料 / 61 个品种	冻精 / 胚胎	https://www.eugena-erfp.net/
丹麦	Statens Genbank	9 万份遗传材料	冻精 / 胚胎 / 组织 / 细胞等	https://lbst.dk/
印度	National Bureau of Animal Genetic Resources	9.7 万份遗传材料 / 31 个品种	冷冻精液	http://nbagr.icar.gov.in
日本	NARO Genebank	91 万份 /200 个品种	DNA/ 组织 / 血样 / 冻精 / 胚胎等	https://www.gene.affrc.go.jp/

4.2 国内畜禽基因库发展动态

当前,我国种质资源保护基础设施建设稳步推进,畜禽遗传资源保护能力逐步增强，截至目前，我国建立了国家家养动物种质资源库、国家家畜基因库、国家地方鸡种基因库、国家水禽基因库、国家蜜蜂基因库以及国家蚕遗传资源基因库等11个国家级畜禽资源基因库（表3）。国家家养动物种质资源库保存资源总量达到了1 362个品种（系）189.8万份；国家家畜基因库已累计保存了国内外猪、牛、羊、马、驴等371个家畜品种冷冻精液、体细胞等共计127万份；建于江苏省和浙江省的国家地方鸡种基因库，以及江苏省和福建省的国家水禽基因库，累计保存了我国珍稀、濒危的鸡、鸭、鹅等家禽种质资源100余个活体品种资源，同时也进行了冻精、血样、DNA等遗传物质的保存；吉林省国家蜜蜂基因库保存了20余种原种蜜蜂和8个选育品种；2023年首次确定了2个国家蚕遗传资源基因库，保存了2 000多份不同蚕品系。国家畜禽遗传资源基因库收集总量和增量总体上呈现上升趋势，已赶超欧美等国的保存水平，资源类型更为多样化，显著强化了活体、精液、胚胎、细胞、组织等多维度的种质资源保护体系。尤其是2022年底，国家畜禽种质资源库建设项目初步设计概算通过国家发改委审核批复，总建筑面积1.4万平方米，概算总投资2.93亿元，为全球最大规模畜禽种质资源中心开工建设迈出重要一步。此外，国家还在山东、云南、江西、安徽、吉林等重点省份布局建设9个区域性的基因库，国家东部地区畜禽遗传资源基因库、国家中部地区畜禽遗传资源基因库、国家东北地区畜禽遗传资源基因库等均完成建设招标，重庆市国家重点区域畜禽基因库等已通过验收投入使用。此外，各个省份也在加紧建设省级品种资源保存设施和体系，出台相关的政策和制度，投入大量资金开展收集、保护和基础设施完善工作，基因库的建设将实现对畜禽遗传材料的长期战略保存，使之成为我国农业种质资源长期战略保存的"国之重器"。

表3 国家级畜禽遗传资源基因库保藏情况

名称	依托单位	保藏总量	所在地
国家家养动物种质资源库	中国农业科学院北京畜牧兽医研究所	189.8万余份遗传物质/1 362个品种	北京
国家家畜基因库	全国畜牧总站	127万份遗传物质/371个品种	北京
国家地方鸡种基因库（江苏）	江苏省家禽科学研究所	31个地方鸡品种/2.3万只活体资源	江苏
国家地方鸡种基因库（浙江）	浙江光大农业科技发展有限公司	17个地方鸡品种	浙江
国家地方鸡种基因库（广西）	广西金陵家禽育种有限公司	21个地方鸡品种活体	广西
国家水禽基因库（江苏）	江苏农牧科技职业学院	1.7万只活体资源/33种	江苏
国家水禽基因库（福建）	福建省石狮市种业中心	15个水禽品种	福建
国家蜜蜂基因库（吉林）	吉林省养蜂科学研究所	20多个原种蜜蜂，选育8个良种蜜蜂	吉林
国家蜜蜂基因库（北京）	中国农业科学院蜜蜂研究所	—	北京
国家蚕遗传资源基因库（江苏）	中国农业科学院蚕业研究所	1 143份蚕资源和21份蓖麻蚕	江苏
国家蚕遗传资源基因库（重庆）	西南大学	拥有各不相同的蚕品系1 150余份，是目前世界最大蚕基因库	重庆

5 畜禽遗传资源国际保护组织

联合国粮食及农业组织：联合国粮食及农业组织（Food and Agriculture Organization of the United Nations，FAO），于1945年10月16日正式成立，是联合国系统内最早的常设专门机构，是各成员国间讨论粮食和农业问题的国际组织。其宗旨是提高人民的营养水平和生活标准，改进农产品的生产和分配，改善农村和农民的经济状况，促进世界经济的发展并保证人类免于饥饿。组织总部在意大利罗马，现共有194个成员国、1个成员组织（欧洲联盟）和2个准成员（法罗群岛、托克劳群岛）。

欧洲动物遗传资源区域联络中心：欧洲动物遗传资源区域联络中心（The European Regional Focal Point for Animal Genetic Resources，ERFP）是一个区域平台，旨在支持动物遗传资源的原地、迁地保护和可持续利用，并促进FAO《动物遗传资源全球行动计划》的实施。自2001年以来，欧洲资源伙伴关系促进了欧洲不同国家、政府和非政府组织之间的合作、工作协调以及信息和经验交流。

世界动物保护协会：总部位于英国伦敦，在14个国家设有办公室。协会长期致力于动物保护工作，活跃于全球50多个国家和地区。协会拥有联合国全面咨商地位，在动物福利科学研究和实践方面发挥全球引领作用。2007年，世界动物保护协会在北京设立办公室。《中华人民共和国境外非政府组织境内活动管理法》生效后，世界动物保护协会依法在中国境内登记注册。

6 国际立法

《生物多样性公约》（以下简称《公约》）：是一项具有法律约束力的国际条约，旨在保护地球上的所有生态系统、物种和遗传资源。《公约》认为保护生物多样性是人类共同关注的问题，也是发展过程中的一个组成部分。《公约》规定，发达国家应向发展中国家提供资金、技术和信息的支持，以帮助它们实施保护和可持续利用生物资源的计划。《公约》还要求签约国分享利用遗传资源所产生的惠益，尊重和保护传统知识和习俗。

《21世纪议程》：是1992年6月3—14日在巴西里约热内卢召开的联合国环境与发展大会通过的重要文件之一，是"世界范围内可持续发展行动计划"，它是前至21世纪在全球范围内各国政府、联合国组织、发展机构、非政府组织和独立团体在人类活动对环境产生影响的各个方面的综合的行动蓝图。《21世纪议程》是一份没有法律约束力，旨在鼓励发展的同时保护环境的全球可持续发展计划的行动蓝图。

《欧盟共同农业政策》（Common Agriculture Policy，CAP）：是在欧洲共同体共同农业政策的基础上形成的。它是欧洲共同体的两大支柱之一（另一支柱为关税同盟）。它由一整套规则和机制所组成，是欧盟最重要的共同农业政策之一，主要目的是用来规范欧盟内部农产品的生产、贸易和加工。共同农业政策的最大特点是：对内实行价格支持，对外实行贸易保护。

《欧共体条例》：欧盟在畜禽遗传资源保护方面做了大量努力。1995—2000年欧共体条例2078/92和2001—2006年欧共体条例1257/99规定了欧洲农业环境保护方案。欧洲各国根据欧共体条例分别制定了各国的畜禽遗传资源保护法规。例如，德国参考欧共体条例2078/92，制定了《德国育种法》，以保护德国的畜禽遗传资源多样性。主要内容包括建立监测机制、制定畜禽遗传资源原地保护方案和遗传材料冷冻保存措施（国家报告，2010）[①]。此外，德国联邦农业和粮食署在生物多样性领域开展了调查和研究工作，德国畜禽遗传资源委员会具体负责地方品种保护状况的监测工作，并在必要时开展相应的保护工作。2007年，德国畜禽遗传资源委员会修订了有关濒危畜禽品种保护和管理的相关立法，建立了濒危资源保护法律体系。

《名古屋议定书》：《名古屋议定书》规定，通过适当的资金援助和技术合作来保护生物多样性，实现生物遗传资源的可持续利用。其目的在于保障生物遗传资源利益的公平分配。关于生物遗传资源利用及其利益分配规则，《名古屋议定书》规定，利益分配的对象仅限于议定书生效之后利用的生物遗传资源。为加强监管，防止不正当取得和使用，议定书规定遗传资源的利用国须设立至少一处以上监管机构。对于发展中国家大幅增加资金援助的要求，议定书没有规定具体的数额，只表示"至少要比现有水平有较大幅度增加"。

《动物遗传资源全球行动计划》：为了保护动物遗传资源并使其得到最佳利用，各国需要共同努力。他们相互依赖对方的动物遗传资源，以寻找牲畜饲养和繁殖的解决办法。此外，动物遗传资源的持续侵蚀是由超越国家和区域的因素造成的。为了应对这一挑战，FAO成员国于2007年制定并通过了《动物遗传资源全球行动计划》。为了保护全世界的动物遗传资源并确保其合理利用，它包含了满足以下需求的措施：趋势和相关风险的描述、编目和监测；可持续利用和发展；保护和政策、机构和能力建设。执行《动物遗传资源全球行动计划》的主要责任在于各国。FAO发挥协调作用，监测《公约》的执行情况以及全世界动物遗传资源的状况和趋势，定期组织政府间会议以进行讨论和决策，帮助筹集资金，提高认识，向各国提供技术支持和培训，促进区域和全球网络，与其他国际组织协调，并通过其理事机构提供进一步的政策指导。

7 保护特点

7.1 协会作为畜禽遗传资源的保护主体

美国牲畜品种保护协会（American Livestock Breeds Conservancy，ALBC）每年都

---

① Annual Report（Germany）. In: Annual report submitted in the 16th ERFP Annual Workshop.22-23 August 2010, Crete, Greece（www.rfp-europe.org）.

会发布一个畜禽品种优先保护清单（Conservation Priority List，CPL），CPL 是 ALBC 基于每年从各地品种协会的登记数据及普查数据，按照一定的定量准则确定的应优先关注的畜禽保护物种清单。CPL 将这些应优先保护的物种划分为 5 类，按等级清晰地展现了濒危畜禽物种的存活现状，强化对濒危畜禽物种的认知。美国牲畜保护协会是动物遗传种质资源保护的主要协会，为非营利会员组织，使命是保护濒临灭绝的畜禽品种。主要通过三大工作来实现保护遗传资源的目的：一是发掘稀有品种和未知牧群，调查残余种群，记录数量，并分析独有的特征；二是通过品种普查、系谱登记、研究和保护育种计划确保濒危畜禽品种的种群安全；三是将这些动物重新纳入农业和食品系统以维持稀有畜禽品种。此外，美国畜牧协会、美国家禽协会、美国乳业协会、种猪等级协会等各种协会也有畜禽种质资源保护的相关计划、倡议与行动。

加拿大、德国和英国的品种协会在畜禽遗传资源保护和开发中发挥着重要作用。加拿大的品种协会和畜禽记录公司根据《动物系谱法》成立，拥有登记和管理本土畜禽品种的法律权利，覆盖约 80 个主流品种，集中保存和开发利用单一物种的遗传资源，并制定优化品种质量的标准。德国的协会则聚焦濒危品种的生产和利用，通过明确分工，制订育种计划，记录品种谱系，并共享至德国畜禽遗传资源委员会，例如，柏林－勃兰登堡养牛协会通过精液转移和胚胎移植提高牛的质量。英国的品种协会作用也类似，涵盖牛、绵羊、猪、山羊和马等品种，负责保护、培育和推广，制订育种计划，并共享至英国畜禽和马匹遗传资源委员会。英国国家农业协会则作为最大的农民联合组织，不仅收集牲畜的遗传系谱信息，为农户提供配种指导，还在教育培训和政策建议方面发挥作用。

荷兰的品种协会有牛、马等，主要负责品种登记和注册。如：荷兰有皇家温血马品种协会（Koninklijke Vereniging Warmbolood Paardenstambek Nederland，KWPN），其为荷兰温血运动马注册和种马登记机构，主要职责涉及荷兰温血马的育种目标和规则制订、评比和评估、推广、研究与管理等。1983 年成立荷兰皇家温血马种马协会北美分会（NA/WPN）［1997 年，NA/WPN 的名称被"美国化"为北美荷兰温血马种马协会（The Dutch Warmblood—Studbook in North America）］，旨在促进荷兰温血马在北美地区的繁育和应用。NA/WPN 肩负着两项主要职责，一是保护、推广和发展荷兰温血马，使其达到北美最高标准；二是通过持续的服务计划为其会员和饲养者提供服务。皇家协会"Het Friesch Paarden-Studboek"（KFPS Royal Friesian）是荷兰最古老的马种协会，主要负责弗里斯兰马登记、注册。KFPS 还开展了一项育种计划，以保护和进一步完善弗里斯兰马的独特性。另外，外国品种协会在荷兰很活跃，并已获得在荷兰开展育种计划的批准，如爱尔兰安格斯阿伯丁—安格斯牛协会、Hypor Deutschland GmbH（德国）、Danish Pig Genetics（丹麦）。

意大利的行业协会在品种保护规划、行业规范制定、品种推广方面发挥重要作用，如意大利自耕农协会（Coldiretti）、意大利畜牧业协会（Associazione Italiana Allevatori，AIA）、意大利牧民协会（Assonapa）、意大利工业展览委员会（Comitato

Fiere Insdustrie, CFI）等，还有各种品种协会，如意大利家兔科学协会（Associazion Scientifica Italiana di Coniglicoltura, ASIC）、意大利家兔育种协会（Italian Rabbit Breeders Association, IRBA）、意大利山羊联合会（Italian Goat Consortium, IGC）等。ASIC 作为世界家兔科学学会最大分会之一，拥有诸多来自大学和育种机构的会员。这个机构在各个领域中传播和推动家兔科学，参与制定符合产业和农民要求的家兔生产制度。ASIC 每年定期组织科学大会和圆桌会议，会议相关议题包括家兔饲养和福利、抗生素耐药性和技术创新等。此外，意大利工业展览委员会（CFI）举办克雷莫纳国际畜牧展会，这是国际上最负盛名的畜牧业专业展会之一，在此展会上推广意大利最新的畜禽产业产品。意大利自耕农协会（Coldiretti）和意大利畜牧业协会（AIA）主要工作集中于建立畜禽品种清单、签署技术合作协定、管辖行业规范等。

7.2 社会公益基金是畜禽遗传资源保护资金的重要来源

在畜禽遗传资源商业化体系成熟的美国，除却财政资金外，市场和社会公益资金也是其重要的来源。对于企业而言，需要进行资金投入进行市场开发，如美国 Aviagen 在肉鸡育种上的研发投入就超过 2 亿欧元。除了企业，各种协会与保护组织也将市场资金作为自己从事畜禽保种的重要资金来源。如美国国家种猪登记协会（NRS）日常管理和活动经费主要由企业成员提供，包括种猪系谱登记收费、育种服务费、种猪注册费等。NRS 还会接受美国农业部财政拨款和企业赞助（赵文豪等，2018）。又如美国畜禽品种保护协会也采取会员制，成为会员有机会获取其资讯产品和数据资料，从而收取会员费用。保护协会还会发展赞助商，而赞助商则有机会借助畜禽保护协会向超过 190 万的直接用户展示自己的产品和服务。

社会公益基金在畜禽遗传资源的保护与管理方面发挥重要作用。英国的稀有品种保护信托基金（RBST）每年从品种协会收集数据，监测稀有品种和本地品种的数量，并与环境、食品和农村事务部共享数据，生成年度观察名单；RBST 还运营英国国家牲畜基因库，收集和储存精液和胚胎形式的遗传资源，并经营特殊品种繁殖群体的农场公园。荷兰的稀有畜种基金会（SHZ）与瓦格宁根大学遗传资源中心合作，收集稀有品种的精液并纳入基因库，同时开发数据库向国家主管部门提供稀有品种的位置信息。意大利的相关基金会运营大型资源库，如精子库和胚胎库，保护优质遗传资源，并通过伦巴第大区牧业和金融协会与牧民协会合作，保存特定品种的山羊基因信息。俄罗斯则通过非营利组织募集资金用于畜禽遗传资源的保护与利用，并发布了《俄罗斯联邦国家遗传资源基金条例》，明确基金管理、资金使用和法律规范，以保护和促进其遗传资源。

7.3 多种措施挖掘特殊品种的价值

德国的种畜禽拍卖会有利于促进优质畜禽品种市场化，减少种畜禽交易成本，对推动实现种畜禽优质优价，促进养殖者增收，推进种业企业、科研机构和养殖企业交流合作，保障畜牧业高质量发展具有重要意义。德国种畜拍卖市场发展成熟，德国育种企业、协会是畜禽种质拍卖的重要组织者，为拍卖双方提供场地、公告、人员等，并策划多种拍卖活动，确保拍卖程序顺利完成。例如，巴登—符腾堡州的牛联盟在当地每个月平均组织约10次种牛拍卖活动，参加拍卖活动的公司或个人需提前在协会网站注册拍卖的畜禽信息，包括拍卖日期（协会一般提前一年公布每年计划举办拍卖活动的时间表）、拍卖地点（牛联盟在巴登—符腾堡州选择了10个地点供选择，以方便各个地方的成员）、拍卖畜禽各类指标（挤奶量、是否转基因、父母代信息、寿命、养殖方式、是否有机等）等信息，协会汇总每期信息，并发布相关拍卖公告。拍卖会中，畜禽种质买卖双方面对面交易，减少了中间流通环节，提高了交易效率，而且交易过程完全公开、公平、公正，使竞买人能进退自如，不受约束，畜禽种质交易成本低、频次高、品质好，提高了畜禽种质的保护和利用积极性，促进优质畜禽的育种和推广。

意大利利用农业旅游推动畜禽遗传资源保护。意大利在很早便成立了相关农业旅游协会，并颁布相关法律来保障农业旅游的运行。意大利的农场主允许游客领养家畜以及使用家畜产品进行食物制作，通过这些手段不仅增加了畜禽遗传保护的资金来源，更激发了畜禽保护活力。

韩国通过挖掘品种商业价值促进畜禽遗传资源保护。本土家畜品种生产的本土肉类由于其作为有价值遗传资源的独特性而在该地区占据了有利市场，在提倡家畜保护的同时积极用于商业家畜品种的开发或本土品种商业化的发展。本土品种具有独特的味觉活性、内源性生物活性和感官品质特性、多汁和美味的肉质以及抗病性。由此对独特的味道和质地进行了评估与审查，加强对肉中肌原纤维组成和特性、蛋白质氨基酸构成、脂肪酸组成、游离氨基酸、核苷酸以及风味前体物质等化学成分的研究。加强对本土品种驯化，对其中经济价值高的品种进行规模化人工养殖，培育功能性保健畜禽品种或食品，促进人类健康，如培育低胆固醇的优质猪肉等，从而促进特有品种的商业化。

法国和意大利实施原产地保护促进畜禽遗传资源保护和利用。法国1905年开始实行《原产地名称保护法》，对原产地名称、地理标志、地名商标提供司法保护，建立带有普适性的原产地命名标签制度（Appelation d'Origine Controle，AOC）体系，并加入欧盟体系下的原产地名称保护项目（Protected Designation of Origin），在确保农产品质量、推广品牌上成效显著。截至2019年，意大利获得DOP和IGP认证的产品数量在欧洲国家中排名第一。DOP认证对于畜禽产品市场准入、品牌效应及在商业政府采购方面发挥巨大作用。

7.4　企业与科研单位协助推动企业做强做大

在畜禽遗传资源商业化开发和利用上，法国已形成政府、商会企业、科研机构之间多层次、宽领域的联动式协同合作格局。政府是商会企业政策的制定者、科研机构资金的主要提供者；商会企业是畜禽遗传资源商业化开发的主要执行者，接受政府委托和评估，并基于自身在市场经济中的发展需求为相关科研机构提供资金赞助；科研机构则是主要技术提供者，为政府畜禽遗传资源项目服务，也为企业赞助商提供技术支持。该体系推动政府发布的政策实施落地、促进商会企业经济效益转化，同时，也为科研机构增加资金来源、强化科研技术和实际应用领域之间的联结，为法国动物遗传育种和遗传物质公司提供了良好的支持。法国企业在国际市场上的竞争力得益于该体系的高效运作，当前法国动物遗传育种和遗传物质的公司在国际市场上享有较高声誉，如 Genes Diffusion、Evolution International、Masterrind 等公司在牛羊育种领域涉及夏洛莱、荷斯坦、利木赞等多个世界畅销品种。Nucleus 和 Axiom 公司选育出畅销猪种，如 Nucleus 的长白猪、皮特兰猪、大白猪、杜洛克猪市场占有率高达 40%。因此，构建企业与科研单位的高效协同合作体系，有助于企业加快畜禽遗传资源的商业化开发，从而反哺畜禽遗传资源的保护，促进畜禽品种的优化。

全球知名的奶牛、猪、家禽育种公司的总部设在荷兰。例如，作为世界排名前三的畜群改良公司，荷兰 CRV 育种公司专门负责奶牛的育种工作。全球最大的专业育种公司汉德克斯旗下设有蛋鸡、火鸡、生猪、水产和家禽育种子公司。颇具创新力的 Topigs Norsvi 公司，其理念是通过遗传进步来支付农民的收益。Cobb Europe 是国际家禽研发公司 Cobb-Vantress，Inc. 的欧洲子公司，是世界上最古老的纯种养殖场，从 1916 年开始，其已成长为世界领先的家禽种畜供应商之一。以上 4 家公司与瓦格宁根大学研究中心合作成立了"Breed4Food"联盟，其目标是通过加速其育种计划的创新来加强育种企业在全球的地位，联盟将致力于 5 个不同的工作领域，其中，4 个旨在改进和创新育种计划：核心引擎基因组预测、DNA 数据、表型数据、育种计划优化。联盟的合作伙伴与其他连锁合作伙伴、大学和研究机构一起参与众多（国际）国家研究项目。其中一些研究项目，联盟的非参与合作伙伴也特别感兴趣，因此被列为联盟的附属项目。附属项目的领导层已批准联盟的研究和外部利益相关者访问附属项目。此外，联盟将采取措施确保信息交流，使联盟项目的参与者和联盟合作伙伴都受益。

以企业为代表的私营部门是美国动物生产和育种的主体。在美国，一方面，饲养活的动物种群相关成本很高，完全由政府财政来负担是不现实的；另一方面，畜禽遗传资源的利用工作是有利可图的，引导和支持私营部门进入遗传种质资源领域，更有利于畜禽遗传资源的可持续发展。因此，NAGP 重点主要放在迁地/超低温保存工作上，而在其他方面充分发挥私营部门的作用。例如，大量畜禽原地保种的主体都是私营农场主或者公司。但异地保种，也离不开私营部门提供的帮助，例如，NAGP 大部分奶牛的采集都来自商业人工授精（AI）中心，肉牛的采集样本来自个人育种者的捐赠和商业公司。实际上，企业正是美国畜禽种质资源保护与利用的最重要主体，他们通过外来种质资源的获取、创新、再出售，形成了循环高效的商业化畜禽种质资源保护与利用体系。

参考文献

联合国粮食与农业遗传资源委员会，2015.第二份世界粮食与农业动物遗传资源状况报告［M］.北京：中国农业出版社.

农民日报，2020.《国家畜禽遗传资源目录》专家解读①｜推动畜牧业可持续发展.（2020-06-22）［2024-10-11］https：//baijiahao.baidu.com/s?id=1668382443690843686&wfr=spider&for=pc.

美洲篇

美国畜禽遗传资源保护现状及对中国的启示

美利坚合众国（The United States of America），简称"美国"，本土主体位于北美洲中部，地跨北纬25°～49°，西经70°～130°，北与加拿大接壤，南靠墨西哥湾，西临太平洋，东濒大西洋。国土面积937万平方千米，本土东西长4 500千米，南北宽2 700千米，海岸线长22 680千米，大部分地区属大陆性气候，南部属亚热带气候。除本土主体外，还包括北美洲西北部的阿拉斯加和太平洋中部的夏威夷群岛。人口约3.33亿，其中农村人口占比不足20%。有高度发达的现代市场经济，其国内生产总值（GDP）居世界首位，2023年国内生产总值27.4万亿美元（约合人民币193.1万亿元），人均8.54万美元（外交部，2023）。作为全球最大的农业出口国之一，美国的农场每年生产价值900亿美元的农产品，包括占世界总产量50%的玉米，20%的燕麦，以及15%的鸡肉、猪肉、棉花、苜蓿和小麦等。动物及动物产品贡献了美国约45%的农业产值，在美国农业中占据了重要地位（商务部，2022；美国农业部，2023）。

1 畜禽遗传资源现状

1.1 畜牧业现状

美国是畜牧业生产超级大国，各种重要畜产品产量名列世界前茅，主要饲养牛（肉牛、奶牛）、猪、鸡等畜种。

养牛方面，美国肉牛生产一直保持在较高水平，是全球第一大牛肉生产国。2022年美国肉牛存栏量约为9 208万头，居世界第三，牛肉年产量1 280万吨。美国肉牛品种有50个左右，BlackAngus、Charolais、Hereford等为主要品种，这些品种产量大、饲料转化率高，很好地适应了市场的需求。美国奶牛2022年存栏量约为940万头，生鲜乳产量1.03亿吨，仅次于印度，居世界第二位。荷斯坦牛是主要奶牛品种，占美国总奶牛饲养量的90%。

养猪方面，2022年猪存栏量约为7 440万头，猪肉产量约1 230万吨。主要饲养品种有大白猪、杜洛克猪等。

养鸡方面，2022年肉鸡生产约92.1亿只，主要饲养品种有Plymouth Rock、Rhode

Island Red、New Hampshire Red 等。

此外，美国的绵羊、山羊生产也在世界上占据重要地位。2022年美国绵羊存栏507万头，品种约52个，主要品种有 Rambouillet、Katahdin、Hampshire 等，主要养殖地区包括得克萨斯州、怀俄明州、犹他州等。2022年美国山羊存栏量255万头，有毛用、乳用和肉用三大类型（表1）。生产马海毛的主要有 Angora；奶山羊主要有 Nubian、Alpine、Saanen、Toggenburg、LaMancha 和 Oberhasli 六大品种，主要集中于加州和威斯康星州。肉用山羊主要品种有 Spanish、Tennessee Stiff-legged 和 Myotonic 等，集中于美国南部和东南部。努比亚羊由于其体型较大，也被用于肉羊生产。此外美国还有少量的驯养或野生山羊，如 San Clemente、Pygmy、Pygora、Kinder 和 Nigerian Dwarf 等品种（Blackburn，2003；Liptoi 等，2013）。

表1　2022年美国畜禽动物存栏情况

畜种	存栏量	占全球存栏比例/%
驴	5.20万头	0.10
牛	9 208万头	5.93
鸡	15.28亿只	5.75
鸭	790万只	0.70
山羊	255万只	0.22
马	1 031万匹	17.02
绵羊	507万只	0.38
猪	7 440万头	7.60
火鸡	7 000万只	27.42

资料来源：FAO 数据库（https：//www.fao.org/faostat/en/#data）。

1.2　畜禽资源情况

美国畜禽遗传资源丰富（表2），但也面临着品种多样性消失危机。根据FAO家养动物多样性信息系统（Domestic Animal Diversity Information System，DAD-IS）数据，美国有14大类畜禽物种，共计293个品种。其中，美国猪约有24种，以八大品种为主，但除 Berkshire 猪外的主要品种都有产仔减少趋势（Blackburn，2003），此外，Choctaw、Guinea Hog、Mulefoot、Red Wattle 等诸多品种都被列为"极危"等级，需要重点保护。家禽方面，需要保护的品种包括 Holland、Cubalaya、Booted Bantam 等17个极危类，以及 New Hampshire、Campine、Modern Game 等23个濒危类都处于消亡危机中。2021年有21个牛品种被列入 CPL 优先保护名单。马、绵羊、山羊也有类似的情况，大量品种处于危险之中（表3），尤其是那些商业价值较低的品种。

表 2　美国遗传资源情况

畜种	品种
羊驼	Alpaca
美洲野牛	American Bison
驴	Burro、Mammoth Jack Stock、Miniature、Spotted、Standard
水牛	Water Buffalo
牛	Angus、Ankole-Watusi、Ayrshire、Barzona、Beefalo、Beefmaster、Belgian Blue、Belted Galloway、Blonde D'Aquitaine、Braford、Brahman、Brangus、Braunvieh、British White、Brown Swiss、Charolais、Chianina、Chirikof Island、Corriente、Criollo、Devon、Dexter、Dutch Belted、Florida Cracker、Galloway、Gelbvieh、Guernsey、Gyr、Hereford、Herens、Highland、Holstein、Jersey、Kerry、Limousin、Maine-Anjou、Marchigiana、Meuse-Rhine-Yssel、Milking Devon、Milking Shorthorn、Montbeliarde、Murray Grey、Normande、Norwegian Red、Parthenais、Piedmontese、Pineywoods、Pinzgauer、Randall Lineback、Red Angus、Red Brangus、Red Poll、Romagnola、Salers、Santa Gertrudis、Senepol、Shorthorn、Simbrah、Simmental、South Devon、Tarentaise、Texas Longhorn、Tuli、Wagyu、White Park
鸡	Ancona、Andalusian、Araucana、Aseel、Australorp、Brahma、Buckeye、Campine、Catalana、Chantecler、Cochin、Cornish、Crevecoeur、Cubalaya、Delaware、Dominique、Dorking、Egyptian Fayoumi、Faverolle、Hamburg、Holland、Houdan、Hungarian Yellow、Iowa Blue、Java、Jersey Giant、La Fleche、Lakenvelder、Langshan、Leghorn、Malay、Manx Rumpy、Minorca、Modern Game、Nankin、New Hampshire、Old English Game、Orpington、Phoenix、Plymouth Rock、Polish、Redcap、Rhode Island Red、Rhode Island White、Russian Orloff、Sebright、Shamo、Spanish、Sultan、Sumatra、Sussex、Wyandotte、Yokohama
山羊	Alpine、American Pygmy、Angora Goat、Boer、Kinder、Lamancha、Myotonic、Nigerian Dwarf、Nubian、Oberhasli、Pygmy、Pygora、Saanen、San Clemente Santa Catalina、Savana、Spanish、Toggenburg
马	Akhal-Teke、American Cream Draft、American Miniature、American Saddle Horse、American Shetland Pony、American Trotter、American Walking Pony、Appaloosa、Appaloosa Pony、Assateague Pony、Broomtail、Buckskin、Canadian、Caspian、Cayuse、Chickasaw、ChinCôteague Pony、Cleveland Bay、Clydesdale、Colorado Ranger、Conestoga、Cracker、Exmoor、French Coach、German Coach、Kanata Pony、Missouri Fox Trotting Horse、Morgan、Morocco Spotted、Narragansett Pacer、Palomino、Paso Fino、Quarter Horse、Rocky Mountain、Sable Island Pony、Spanish Barb、Spanish Mustang、Suffolk、Tennessee Walking Horse、Welara Pony、Wild Mustang
猪	Berkshire、Chester White、Choctaw、Duroc、Gloucestershire Old Spots、Guinea Hog、Hampshire Hereford、Landrace、Large Black、Mangalitsa、Meishan、Mulefoot、Ossabaw Island、Pietrain、Pineywoods、Poland China、Red Wattle、Saddleback、Spotted、Tamworth、Vietnamese Pot Bellied、Yorkshire、Yucatan Miniature
家兔	American、American Chinchilla、Belgian Hare、Beveren、Blanc de Hotot、Creme D'Argent、Giant Chinchilla、Lilac、Rhinelander、Silver、Silver Fox
绵羊	Barbados Blackbelly、Black Welsh Mountain、Blueface Leicester、Border Leicester、California Red、Cheviot、Clun Forest、Columbia、Coopworth、Cormo、Corriedale、Cotswold、Debouillet、Delaine Merino、Dorper、Dorset、Dorset Horn、East Friesian、Finnsheep、Gulf Coast Native、Hampshire、Hog Island、Jacob、Karakul、Katahdin、Lacaune、Leicester Longwool、Lincoln、Montadale、Navajo-Churro、North Country Cheviot、Oxford、Polypay、Rambouillet、Romanov、Romeldale、Romney、Santa Cruz、Scottish Blackface、Shetland、Shropshire、Soay、Southdown、St Croix、Suffolk、Targhee、Texel、Tunis、Warhill、Wensleydale、Willamette、Wiltshire Horn
火鸡	Auburn、Beltsville Small White、Black、Blue Palm、Bourbon Red、Bronze-Breasted、Bronze-Standard、Buff、Calico、Chocolate、Jersey Buff、Lilac、Narragansett、Royal Palm、Silver Auburn、Slate Blue、Slate Red、White-BB、White Holland、White Midget
牦牛	Yak

资料来源：DAD-IS，2023。

表3 2021年美国畜禽品种优先保护清单（CPL）列表   单位：个

畜种	CPL 主要畜禽物种数					
	极危	濒危	观察	恢复中	待调查	合计
牛	7	5	2	4	3	21
鸡	16	19	8	6	2	51
山羊	2	0	1	2	0	5
马	24	7	0	1	1	33
猪	5	3	1	1	1	11
绵羊	6	10	6	2	0	24
火鸡	1	4	3	0	0	8
合计	61	48	21	16	7	153

资料来源：美国牲畜品种保护协会（https://livestockconservancy.org/heritage-breeds/conservation-priority-list/）。

1.3 畜禽遗传资源保护方式

1.3.1 原地保护与异地保护

原地保护和异地保护是美国畜禽资源保护主要采用的两种方式（表4）。美国畜禽资源保护起步早，经验丰富，形成了一系列科学保护方法，从而有效规避和解决原地保护和异地保护的不足。原地保护方面，美国注重开发畜禽品种的市场价值，积极引导私营部门参与畜禽资源保护与市场开发，再加上政府部门的资金支持，从而有效缓解原地保护最关注的成本问题。异地保护方面，主要采用低温保护，迁地保护使用较少。经过多年的实践积累，大部分低温保护难题已被攻克，如繁育方法上除了人工孵卵外，还开发了包括人工授精、精液储存、二倍体原始生殖细胞（PGC）方法以及性腺组织储存和移植等（Santiago-Moreno 和 Blesbois，2022）；在低温冷冻技术上，美国的低温运输、保存的遗传物质与一般的遗传物质已无显著差别，低温保存越来越受到重视和欢迎；在遗传资源效用性上，采用随着时间的推移重复采样的方法，以捕获基因频率的变化，并保持收集材料与当前的行业标准相关，保证了遗传资源效用性（Blackburn，2003）。低温保护是当前美国畜禽保护研究投入的重点区域，也是畜禽资源保护发展的未来方向（Paiva 等，2014）。

表4 美国畜禽物种保护覆盖程度

畜种	原地保护	异地保护	
		迁地保护	低温保护
奶牛	高	无	高
肉牛	高	低	高
乳肉兼用牛	高	低	高
绵羊	高	低	高
山羊	高	低	高
猪	高	低	高
鸡	高	低	高
火鸡	高	低	高

资料来源：FAO. Country report supporting the preparation of The Second Report on the State of the World's Animal Genetic Resources for Food and Agriculture, including sector-specific data contributing to The State of the World's Biodiversity for Food and Agriculture. https://www.fao.org/4/i4787e/i4787e96.pdf.

1.3.2 分级管理机制

美国畜禽遗传资源保护实行分级管理机制。根据种群数量不同,美国把所有家畜品种分成3类:主要品种,指那些市场竞争能力比较强,并被养殖业广泛采用的品种。少数品种,指仍然被小范围内利用,但是,与前者相比,它们又处于明显的劣势。稀有品种,这些品种的种群数量已经很小,在养殖业中很少用到,并且遗传资源存在丢失或变异的可能性。受市场需求影响,"少数品种""稀有品种"中的部分品种由于没有人愿意饲养导致数量迅速锐减,美国会将这些物种列为濒危物种加以保护。通过这种划分,可以高效地集中资源到最需要保护的对象上,从而保护畜禽资源的多样性(Blackburn,2003;刘丑生,2008)。ALBC每年都会发布一个畜禽品种优先保护清单(CPL),CPL是ALBC基于每年从各地品种协会的登记数据及普查数据,按照一定的定量准则确定的应优先关注的畜禽保护物种清单。CPL将这些应优先保护的物种划分为5类(表5),按等级清晰地展现了濒危畜禽物种的存活现状,强化对濒危畜禽物种的认知。

表5 畜禽品种优先保护清单(CPL)划分标准

分类	条件	牲畜/头	家禽/只	兔子/只
极危	美国登记数量少于	200	500	50
	美国现存繁殖群少于	—	5	—
	估计全球数量少于	2 000	1 000	500
濒危	美国登记数量少于	1 000	1 000	100
	美国现存繁殖群少于	—	7	—
	估计全球数量少于	5 000	5 000	1 000
观察	美国登记数量少于	2 500	5 000	200
	美国现存繁殖群少于	—	10	—
	估计全球数量少于	10 000	10 000	2 000
恢复中	曾经被列入另一个类别并且已经超过观察类别数量但仍需要监测的品种			
待调查	具有遗传意义但缺乏定义或缺乏遗传、历史文件的品种			

资料来源:美国牲畜品种保护协会(https://livestockconservancy.org/heritage-breeds/parameters-conservation-priority-list/)。

1.4 基因库保存

美国畜禽种质资源基因库建设起步早,发展迅速。早在30多年前,美国就提出一项动物遗传资源保护计划的倡议,到20世纪末正式启动,在此计划的支持下,科罗拉多大学规划建立了国家种质资源保护与利用中心(基因库)。短短20年时间,美国动物种质资源储存实现从无到有,成为世界上最大的种质资源基因库之一(图1、图2)。

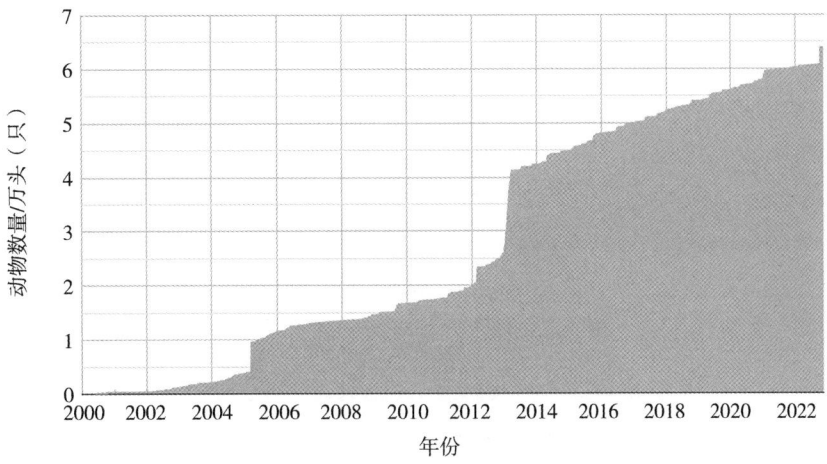

图 1　2000—2022 年美国国家动物种质基因库保存动物数
资料来源：动物遗传资源信息网络（Animal GRIN）。

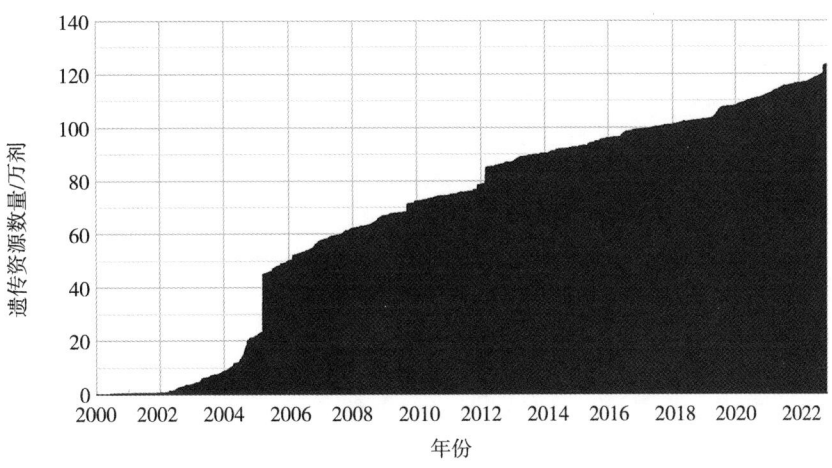

图 2　2000—2022 年美国国家动物种质基因库保存遗传资源数
资料来源：动物遗传资源信息网络（Animal GRIN）。

基因库保存的遗传资源数量巨大。到目前为止，保存了46个物种，174个品种，6万多种动物（图3）。资源库按照通用动物名称分类划分为18种动物资源，覆盖了大部分的畜种，包括肉牛、鸡、奶牛、山羊、绵羊、火鸡等（表6）。主要畜禽遗传资源保存数量达到约3万单位，种质单位数量达到103万单位（表7）。巨大的遗传资源材料数量一方面能够保证遗传资源的安全保存，能有效补充因自然失效或其他意外造成的损减，另一方面能够为大量的研究提供基础材料，保证研究稳定性，推动技术发展。

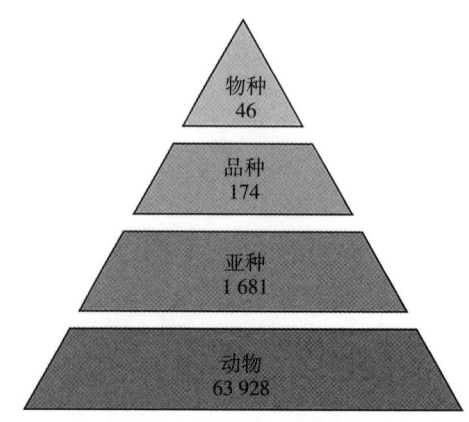

图 3　美国动物种质资源保存物种情况（2022 年）（单位：个）
资料来源：动物遗传资源信息网络（Animal GRIN）。

表 6　美国国家动物种质基因库主要种质资源分类及相关信息

序号	通用动物分类	动物数量	种质单位/剂	是否可供索取	是否有表型数据	是否有遗传数据	分子数据
1	水生淡水鱼	8 730 条	116 771	是	是	是	—
2	水生无脊椎动物	627 只	12 671	是	是	—	基因型
3	水生海鱼	15 条	823	是	—	—	—
4	肉牛	11 646 头	264 967	是	是	是	是/基因型/序列
5	野牛	69 头	1 564	是	是	—	—
6	鸡	2 192 只	17 338	是	是	—	基因型
7	奶牛	8 239 头	306 052	是	是	是	是/基因型
8	麋鹿	4 头	340	是	—	—	—
9	山羊	512 只	11 079	是	是	是	是/基因型
10	蜜蜂	15 只	143	—	—	—	—
11	马	28 匹	531	是	是	—	—
12	线虫	21 636 只	21 636	—	—	—	—
13	猪	2 527 头	355 322	是	是	是	是/基因型
14	啮齿动物	3 119 只	28 421	—	—	—	—
15	螺旋虫	10 只	19 350	—	—	—	—
16	羊	4 234 只	75 312	是	是	是	是/基因型
17	火鸡	321 只	795	是	是	—	—
18	牦牛	4 头	111	—	是	—	—
	总计	63 928	1 233 226				

资料来源：动物遗传资源信息网络（Animal GRIN）。

表7 主要畜禽的种质资源类型及数量

种质资源类型	肉用牛	鸡	奶牛	山羊	马	猪	羊	火鸡	总计
血沉棕黄层/白细胞	75（191）						1 027（2 882）		1 102（3 073）
耳槽						130（237）	26（26）		156（263）
胚胎	184（1 062）		141（1 064）	26（254）		33（452）	110（458）		494（3 290）
成纤维细胞			1（5）		1（11）				2（16）
心		243（777）							243（777）
诱导多能干细胞						1（4）			1（4）
卵母细胞						3（24）	10（48）		13（72）
卵巢组织		319（4 478）						69（180）	388（4 658）
纯化的DNA	645（682）								645（682）
红细胞		18（145）							18（145）
精液/精子	4 118（222 318）	1 563（8 176）	8 097（304 983）	325（9 710）	7（370）	2 304（354 067）	1 044（55 313）	106（291）	17 564（955 228）
脾		78（78）							78（78）
睾丸组织		230（2 992）						67（153）	297（3 145）
组织	756（1 129）		8 239（306 052）	1（1）	10（10）		390（756）		1 157（1 896）
全血	5 946（39 585）	63（632）		165（1 114）	20（140）	58（538）	1 969（15 829）	79（171）	8 300（58 009）
总计	11 724（264 967）	2 514（17 278）	8 239（306 052）	517（11 079）	38（531）	2 529（355 322）	4 576（75 312）	321（795）	30 458（1 031 336）

注：表中括号外数据为动物数量，单位：只/头/匹；括号内数据为种质单位数量，种质单位数量单位：剂。
资料来源：动物遗传资源信息网络（Animal GRIN）。

基因库保存的遗传资源材料种类丰富。有包括精液、胚胎等在内的19种保护方式,从各种遗传资源材料的动物及种质单位保存量和占比来看,精液/精子是最主要的保存方式,动物量17 564个,占比超过50%,而种质单位数量更是高达955 228,占比超过90%。而且精液/精子应用范围广、适用性强,针对所有畜禽动物的精液/精子在资源库中都有保存。血沉棕黄层/白细胞、组织、全血保存也是重要的保存形式,无论是动物数量占比还是种质单位量数占比都较高(表7)。

遗传资源保存建立了高效完善的信息系统。遗传资源信息网络(GRIN)为国家植物种质资源系统(NPGS)、国家动物种质资源计划(NAGP)、国家微生物种质资源计划(NMGP)、国家无脊椎动物种质资源计划(NIGP)提供信息库支持,将各类数据联系和统一起来。动物遗传资源信息网络(AnimalGRIN)信息库采用图表与数据相结合的方式,导航路径层次清晰(图4);提供了多样化的搜索支持工具,可以根据需求进行多种数据描述、比较和简单分析(图5);提高了多样化的查询路径,可以进行种类和遗传资源材料的双向选择等。

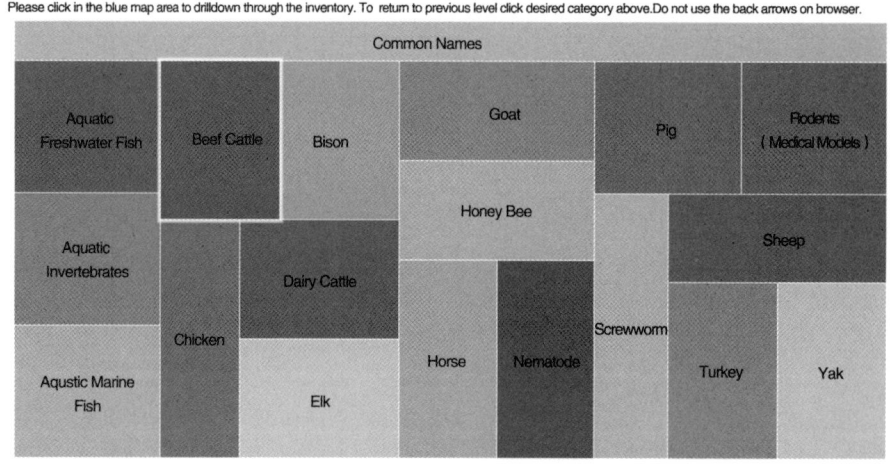

图4 Animal GRIN 数据库采用的图表路径导航

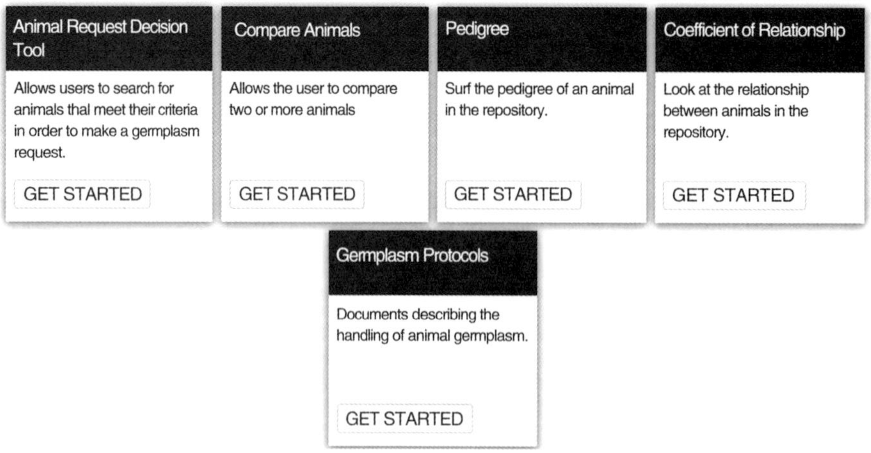

图5 Animal GRIN 数据库提供的多样化搜索支持工具

基因库也保存了介绍、分析、评价等研究资料。基因库起到的不仅是保存的作用，还有进一步的研究与利用功能。在美国动物种质基因库中不仅保存收集的原始材料，还有该物种及种质资源的详细资料，包括品种的详细介绍、品种类型、数量、通用名称等基础内容，以及研究分析过后的表型数据、遗传数据、分子数据等具体内容（图6）。

Description

Beginning in the early 1930s, Tom Lasater, the breed's founder, developed Beefmasters from a systematic crossing of Hereford, Shorthorn and Brahman cattle in the US. His purpose was to develop cattle that were more productive than existing breeds; cattle that would produce and make money during economically hard times in the harsh environment of South Texas. The new breed was developed on what has become known as the Six Essentials - Weight, Conformation, Milk Production, Fertility, Hardiness and Disposition. This beef breed is generally brownish-red in color. (Source: http://www.beefmasters.org/association_history.php)

Other Observations

Descriptor Name	Value	Minimum	Maximum	Average	Average Male	Average Female	Date Observed

图 6 Animal GRIN 数据库提供品种详细信息示例

1.5 种畜禽资源进出口情况

美国是畜牧业生产的超级大国，各种重要畜产品产量均名列世界前茅，以牛、猪、鸡和马等为主。然而，美国的本土畜禽遗传资源并不丰富，除火鸡外，其他畜禽品种都不是本土品种，但经过15世纪到21世纪长达500多年的不断引进，加上先进的育种技术及有效的保护利用模式，美国逐渐成为世界上最大的畜禽遗传资源出口国之一，向全世界输出了大量活体种畜禽和遗传资源（表8）。2021年美国主要畜禽遗传资源总出口额已接近9亿美元，其主要种畜禽及遗传物质出口均占据较大的全球市场份额。牛冷冻精液是美国畜禽遗传资源出口最重要的品类，出口额占总出口额的1/3。同时美国也是冷冻牛精液出口世界第一大国，是加拿大牛精液出口额的3倍（图7）。此外，美国种鸡的出口额仅次于牛精液，占美国畜禽遗传资源总出口额30%以上，世界出口排名中也仅次于欧盟。美国种畜禽的出口离不开畜禽育种公司的强势发展，如美国环球种畜公司、美国国际资源育种公司都是国际第一梯队的牛冻精厂商，占据着世界牛冻精的主要出口份额；美国的安伟捷、科宝公司是世界上垄断着白羽肉鸡种源的大型家禽育种公司。

表8 2015—2021年美国主要畜禽种质资源出口数量与出口额

种质资源	项目	2015年	2016年	2017年	2018年	2019年	2020年	2021年
牛精液	数量	—	—	—	—	—	—	—
	价值/亿美元	1.67	1.56	1.70	1.90	2.08	2.51	2.92
马[1]	数量/匹	25 314	23 272	122 792	41 406	35 590	34 192	47 537
	价值/亿美元	2.02	2.59	2.64	3.05	2.50	1.88	1.92
牛[1]	数量/头	26 397	17 892	37 618	32 746	27 037	31 305	52 646
	价值/亿美元	0.68	0.35	0.81	0.74	0.54	0.68	0.92
猪[1]	数量/头	32 445	12 410	23 953	22 131	13 916	16 404	20 353
	价值/亿美元	0.14	0.09	0.18	0.14	0.07	0.16	0.30
活绵羊	数量/只	44 508	51 767	30 436	44 416	23 126	49 474	47 223
	价值/亿美元	0.03	0.03	0.02	0.03	0.01	0.02	0.03
活山羊	数量/只	4 105	7 335	3 287	457	37 423	2 853	3 618
	价值/万美元	32.9	44.3	22.2	10.1	317.7	58.3	78.9
活家禽[2]	数量/万只	6 108.16	6 839.95	6 807.09	5 882.90	6 721.17	5 089.17	5 591.70
	价值/亿美元	1.39	1.58	1.89	2.03	2.84	2.26	2.62
活家禽[3]	数量/万只	61.55	45.87	66.41	28.29	31.38	84.78	31.71
	价值/万美元	115.1	103.1	149.2	63.7	70.5	183.7	67.5
活家禽[4]	数量/万只	1 043.48	1 241.68	1 075.46	1 022.25	597.29	521.53	656.04
	价值/万美元	969.5	1 336.8	1 321.4	1 361.4	1 251.2	1 029.6	1 347.8
活家禽[5]	数量/万只	12.82	36.00	21.62	83.52	47.45	16.03	10.74
	价值/万美元	27.8	77.8	64.5	786.2	96.0	30.1	25.4
总计	数量/万单位	7 239.29	8 174.76	7 992.39	7 031.08	7 411.00	5 724.93	6 307.32
	价值/亿美元	6.05	6.36	7.39	8.12	8.22	7.64	8.86

注：[1] 活的纯种繁殖动物；[2] 鸡种，重量不超过185克；[3] 鸡种，重量超过185克；[4] 鸭、鹅、火鸡和珍珠鸡，重量不超过185克；[5] 鸭、鹅、火鸡和珍珠鸡，重量超过185克。
资料来源：World Integrated Trade Solution (WITS)。

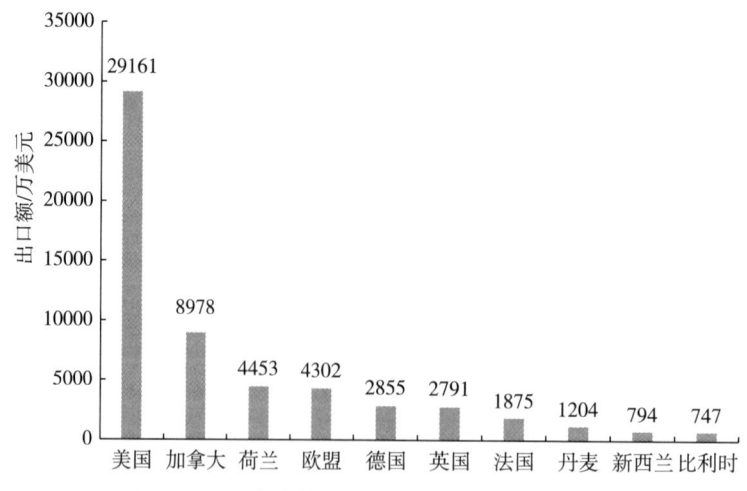

图7 2021年牛精液出口额前十位国家（地区）
资料来源：World Integrated Trade Solution (WITS)。

2 畜禽遗传资源保护管理体系

2.1 保护主体

美国畜禽遗传保护主体由公共部门和私营部门两部分组成。公共部门主要通过低温保存（异地保护）参与畜禽遗传资源保护，主要包括政府部门、行业协会等组织。私营部门主要通过原地保护参与畜禽遗传保护工作，主要包括私人公司、农场主等组织或个人（Blackburn，2009）。

2.1.1 政府部门

美国农业部（USDA）及其下属主要农业研究部门（ARS）是负责保护、改良、利用和开发动物遗传资源的主要机构。1990年，美国国会授权美国农业部的农业研究局（ARS）实施一项包括植物、昆虫、微生物和牲畜在内的国家遗传资源计划，于1996年开始组织实施（颜志辉等，2019）。之后正式的保护计划，即国家动物种质资源计划（NAGP），于1999年正式启动。由于在1999年以前没有正式的国家管理部门，NAGP成立了六个物种委员会（肉牛、奶牛、猪、小反刍动物、家禽和水产养殖）（Blackburn，2009）。委员会的成员由ARS代表和大学、育种者和工业界的科学家组成，NAGP希望这些委员会在规划和执行、收集和开发方面提供指导。NAGP机构的形成使畜牧业成为解决遗传多样性和保护问题的焦点，委员会的主要职能是：提供遗传物质的收集、分类、保存和传播，研究收集的遗传物质和保存方法，协调类似国内活动，免费提供项目组装的遗传物质，扩大项目中包含的遗传资源类型，开发全面的遗传资源项目。在国家与地方各级物种委员会、畜禽种质资源保护单位、保种基地、信息中心等的联动下，形成高效有序的发展状态（刘丑生，2008）。

2.1.2 非政府组织

非政府组织也致力于保护稀有品种，他们的贡献包括监测活的动物种群，帮助形成品种协会，开展种质低温保存。非政府组织主要包括行业协会、大学、研究院等机构。

（1）协会

美国牲畜保护协会是动物遗传种质资源保护的主要协会，为非营利组织，使命是保护濒临灭绝的畜禽品种。主要通过三大工作来实现保护遗传资源的目的，一是发掘稀有品种和未知牧群，调查残余种群，记录数量，并分析其特征；二是通过品种普查、系谱登记、研究和保护育种计划确保濒危畜禽品种的种群安全；三是将这些动物重新纳入农业和食品系统以维持稀有畜禽品种。此外，美国畜牧协会、美国家禽协会、美国乳业协会、种猪等级协会等各种协会也有畜禽种质资源保护的相关计划、倡议与行动。

（2）大学

大学是美国遗传资源保护的重要机构之一。一方面，大学是畜禽动物遗传的重要科研力量，许多关键性技术的突破都是在和大学合作研究的基础上诞生的。另一方面，大学是畜禽遗传知识和理念的重要宣传和传承机构。美国许多农学院均开设了保护农场动物遗传资源的正式课程，为畜禽动物保护提供源源不断的人才支持。

（3）研究机构

美国国家健康研究所建立了畜禽种质资源DNA、cDNA文库用于保种。美国农业科学院畜牧研究所、肉畜研究中心等很多科研机构都承担了国家级的保种科研任务。以美国科学院院士George E. Seidel教授领衔的国家动物繁殖与生物技术中心也开展畜禽种质资源保护的科学研究。

2.1.3 私营部门

私营部门主要通过原地保护来参与保护活动。畜禽的饲养主体仍是许多零散的私人育种者和企业，许多育种者还参与饲养处于濒危的稀有品种。畜禽没有统一的方法进行原地保护，饲养一个特定品种的育种者通过一个品种协会或一个松散的育种者联盟联系在一起。牲畜品种的选择和发展也是一项自由选择的活动，饲养者可以独立决定使用哪个品种，以及如何修改一个品种的基因型以满足消费者的需求，这些一般都受到市场的驱动，关键性状的客户标准将推动提高生产效率和产品一致性。

美国建立独特的企业技术输出型畜禽遗传利用模式。美国作为世界上遗传资源最为丰富的国家之一，在国内有许多珍贵的动植物遗传资源，国内立法当局和行政当局对生物遗传资源的重要性有清晰、深刻的认识。国内的生物技术公司和制药保健公司也凭借领先的生物技术通过对遗传资源的利用，创造出了惊人的财富，反过来，再将赚取到的利润投入生产规模扩大上，促进了生物技术的发展，使生物遗传资源既得到利用，同时也得到了妥善的保护。

公共部门和私营部门有多样的合作机制。如NAGP扩展服务部门参与了保护工作，为生产者提供收集和准备低温保存种质的培训。由于小型和稀有品种协会的规模较小，公共部门会与他们合作开发工具和方法，帮助这些所有者维持其品种的遗传多样性和经济可行性（Blackburn，2006）。

2.2 法律法规制度

2.2.1 法律法规

美国畜禽遗传资源保护法律法规可以归结为种畜禽管理和动物种质资源保护两个方面。

美国种畜禽管理法律体系在联邦法律（United States Code，USC）和联邦法规（Code of Federal Regulations，CFR）中都有所体现。在USC中，与种畜禽有关的主要是第7卷（农业）和第21卷（食品与药品）。USC第7卷（农业）中涉及农业市场管理、畜禽屠宰加工、畜禽及其产品的改良、推广和研究等。USC第21卷（食品与药品）中主要涉及畜禽及其产品的检验法。在联邦法规中，与种畜禽管理有关的主要是第7卷（农业）和第9卷（动物和动物产品）。CFR第7卷（农业）主要涉及环境保护、农业营销、家畜等级认证、质量体系验证等。CFR第9卷（动物和动物产品）主要涉动物福利、畜禽疫病防治、动物运输、进出口管理、畜牧业改良计划、品种登记和认证、生产企业的检查、交易记录等方面（夏欣，2022）。

美国的动物种质资源保护法律法规分布较为分散。美国《濒危物种法》对濒危物种保护的对象和条件进行了明确规定，并要求政府各部门在其管理行为中不得破坏濒危物种，并提供资金支持和扶助联邦政府及各州的濒危物种保护工作，加强各州之间与国际合作。美国《专利法》给予生物遗传资源可申请专利的权利，畜禽遗传资源也可以被授予发明专利，从而有效保护畜禽品种方面的知识产权。美国《环境保护法》将保护生物多样性作为发展的重要考量因素之一，在开展政府或社会活动时必须进行环境影响评估。

2.2.2 国际协议与合作规则

美国十分重视畜禽遗传资源国际合作。获取其他国家或地区的种质资源对美国而言至关重要，这不仅是实现一种畜禽资源的从无到有，对于畜禽育种也有着重要作用。实际上，美国大多数具有重要商业意义的畜种都起源于美国以外，也几乎每一种对美国具有重要经济意义的畜种都被其他地方的种质改善过，因此，美国非常重视国家种质资源的交流与合作。例如，在20世纪70年代，大量的欧洲大陆品种被进口到美国，以提高生长速度和瘦肉率。美国南部的牛肉生产商通过进口印度牛品种，将耐热特性纳入牛群性状。在国际组织方面，加入FAO 2007年倡议的《动物遗传资源全球行动计划》，积极参与四大优先领域建设，即动物遗传资源的定性与监测、可持续利用与发展和保护、政策、体制和能力建设。在国家合作方面，与加拿大、巴西等国建立联合数据库Animal-GRIN，加强遗传信息资源和技术共享，提升资源保护力度与效率。

美国有独特的合同式国际遗传资源合作。历史上很长一段时间，获取种质资源都是无偿的，也不受到知识产权的保护，受到某些国家特别是发展中国家的抗议。某些国际公约正在改善这种情况，如联合国《生物多样性公约》。但美国的立场是，公开持有的农业种质是自由交换的，未经改良的种质资源不受知识产权的保护，生物资源的获取和贸易以合同的形式自行拟定。正因如此，美国出于自身利益考虑，未批准《生物多样性公约》，且未加入生物多样性领域三个重要议定书，包括《关于获取遗传资源及公正和公平分享其利用所产生惠益的名古屋议定书》《卡塔赫纳生物安全议定书》及《关于赔偿责任和补救的名古屋-吉隆坡补充议定书》，游离于全球生物多样性保护合作体系之外。美国的这种做法，引起了许多国家的不满。印度、巴西、印度尼西亚和马来西亚等很多国家曾尝试禁止美国从该国获取生物遗传资源。虽然未能付诸实施，但这也影响着美国大型生物技术公司、跨国制药集团对生物遗传资源知识产权原则的看法。如果不遵守生物议定书的原则，难免受到国际社会的排斥，对其在生物遗传资源所在国的科研和贸易活动造成影响，进而对其经济利益受到损害，这样的代价是这些大型公司难以承受的。因此，它们在生物遗传的获取中，也会自愿遵守国际准则，根据其精神利用合同形式对生物遗传的获取做出规制。比较著名的实践活动有：国际生物多样性合作组的合同安排、哥斯达黎加国家生物多样性研究所—默沙东公司的合同安排等（刘立甲，2019）。

2.3 科研支撑力量

畜禽遗传保种体现了较高的生物技术水平，因此，从事相关研究的机构也较为集中，美国畜禽资源科研支撑力量主要由政府直接或间接控制的研究机构、学校、企业构成。

美国农业部（USDA）是美国畜禽资源保护与利用管理的主要负责机构，也是其科研开发的主要支撑力量。ARS 作为 USDA 专职科学研究机构，是由 2 000 多名科学家和博士后以及 6 000 多名员工构成的庞大科研力量。除此之外，美国农业部的分支机构也遍及美国各地，有的作为农业部的直属研究所，有的作为大学中的一个实验室，这些都是畜禽保种的重要科研力量。

大学同样也是美国畜禽保种的重要支撑力量。美国在科罗拉多大学建立了美国种质资源保护与利用中心，该中心收集、保存包括精液、胚胎、卵子和 DNA 在内的遗传物质，并建立了档案库（张德福，2021）。普渡大学、内布拉斯加大学等一大批大专院校围绕保种工作，开展了大量的科学研究，在基因图谱研究、胚胎冷冻和移植技术等领域取得了重大成就（刘丑生，2008）。还有某些州会安排大学从事维持独特的研究物种的任务，并解决保护遗传资源的研究空白。

在美国，生物技术公司、育种公司等企业也是畜禽保种的重要科研力量，但科研商业化特征较强。在畜禽品种上会更倾向选择市场潜力高的畜禽品种，在科研方向上会偏向开发某种高经济性能，如抗病性强、免疫能力强等。在这些方面，代表性的企业有美国的安伟捷和科宝公司，它们开发的 AA+、科宝白羽肉鸡等品种占据了国际白羽肉鸡市场的大量份额。

2.4 政府规划项目

2.4.1 政府规划

美国通过制定动物育种领域战略规划引导国内科学界、产业界确定动物育种领域未来的主要发展方向，及如何解决面临的主要科学问题，并制定中长期目标和实施策略。

（1）《动物生产行动计划 2022—2027》

USDA-ARS 在 1996 年开始实施国家计划以组织其研究项目，动物生产行动计划同时展开（颜志辉等，2019；USDA-ARS，2018）。《动物生产行动计划 2013—2018》指出，动物育种的目的是通过充分理解、掌握并有效利用动物遗传和基因组资源实现动物的遗传改良。《动物生产行动计划（2018—2022）》大体框架在延续上一个五年计划基础上稍作延伸，如在动物遗传资源保护的基础上，进一步挖掘动物遗传资源的遗传特征。《动物生产行动计划 2022—2027》在已取得的工作成果上，提出新一阶段的工作规划，即通过开展相关研究工作提供科学信息和解决方案，旨在建设高效化、可盈利、环境友好的可持续型畜牧业，并为消费者提供高质量、安全的动物产品。行动计划的主要内容：一是提高畜禽的生产效率，提升畜禽福利以及对不同生产系统的适应。二是了解、改进和有效地利用食品动物的遗传和基因组资源。三是测量和提高产品质量，提高肉制品的健康性（USDA-ARS，2022）。

（2）《ARS战略规划2018—2020》

USDA-ARS于1997年提交给美国国会第一份战略规划《ARS战略规划1997—2002》，战略规划主要描述其负责的国家研究计划及未来的研究方向等内容，以求更好地指导ARS的科学研究及技术转让活动。《ARS战略规划2012—2017》中提出保护和利用动物遗传资源以及相关的遗传和基因组数据库，并开发强大的生物信息学工具；开发用于改进动物生产系统的信息、工具和技术，保障畜牧业的竞争力以及健康、可持续发展，为人民提供丰富、安全、廉价的畜禽产品。最新的ARS战略规划《ARS战略规划2018—2020》总体框架仍延续上一个五年规划，其主要内容有3个方面：①识别动物生产与动物生长中生理、营养利用、生殖生理、健康和福利相关性状潜在遗传和生理机制，并利用这些信息提高动物生产效率。②发展基因组学基础设施和工具，以有效识别基因、功能以及与环境因素的相互作用，开发适用于动物的基因组改进的方案。③进一步识别动物重要性状的种质特征，并继续增加国家动物种质库中的种质资源的存储量，以保持生物多样性（USDA-ARS，2018）。

（3）《USDA动物基因组研究蓝图2018—2027》

农业部农业研究局和国家食品与农业研究所（NIFA）曾于2008年发布第一个十年蓝图《USDA农业基因组学研究蓝图2008—2017》，至今部分目标虽已实现，但仍有许多目标需更深入研究；另外，由于新兴技术的出现又有了新的研究主题。因此，在2008版的基础上研制了新的农业动物基因组蓝图，即《USDA动物基因组研究蓝图2018—2027》，主要包括3个方面的研究主题。一是强化从科学到实践的转化，重点关注美国动物农业中基因组选择技术的商业应用；基因组科学应用于动物生产；通过精准育种和管理来优化动物生产。二是继续深化科学上的发现，主要包括认知动物基因组生物学、降低动物疾病影响、精准农业技术在动物表型鉴定中的应用、微生物组的利用开发等。三是大力提升基础设施建设，包括科研人才、先进的基因组工具技术和资源、大数据技术与基础设施、未来动物生产表征等（USDA，2018）。

（4）USDA研究教育和经济行动计划（2016版）

USDA的研究教育和经济行动计划（REE）旨在指导和帮助协调整个部门的研究活动，它进一步划定了美国农业部与农业科学和教育有关创新的研究重点。2012年是USDA首次制定REE行动计划，并于2014年进行了修订。REE每年会形成一个年度报告，总结其年度工作进展、取得的成就。REE行动计划（2016版）的增强农业生产可持续发展战略目标中提到动物遗传、遗传资源生物技术是与畜禽育种紧密相关的战略规划之一（USDA-ARS，2016）。

2.4.2 政府项目

NAGP是美国畜禽种质资源保护的主要国家级项目，它源于1990年美国国会通过的农业法案，要求实施一项遗传资源保护计划。到1999年，在ARS与多个部门的联合推动下这项计划得以正式启动。成立初的主要工作是调查现存种群数量变化史、了解畜禽品种的遗传多样性、收集保存珍稀品种等。2000年以后，美国又开启了对畜禽遗传资源的保护和利用项目，主要工作内容包括对全国畜禽遗传资源现状的调查研究、建立针对猪品种资源的收藏库、鸡品种收集保存和遗产资源评估及对绵羊遗传资源的有效保存计划等（Blackburn，2006；朱晓芳，2022）。

NAGP项目至今仍在运转，且收集范围与规模仍在不断扩大。当前的工作重点主要聚集在四个方面：一是进一步发展和扩大动物种质、DNA的收集，包括开发不同物种的种质信息、评估完善谱系聚类方法、采集结果与原地种群的对比以及开发DNA的集合等任务。二是进一步开发GAIN网络，具体包括进一步开发记录种质信息的数据库系统、持续提升数据收集的数量和质量等。三是进一步制定和改进物种再生的方法。四是改进种质资源的冷冻保存方法，以更好实现动物种质资源的保存保护。图8说明了该计划的主要组成部分（信息系统、遗传评估和低温生物学），以及与其合作获取该计划所保护的种质或组织样本的广泛国家和国际合作伙伴。

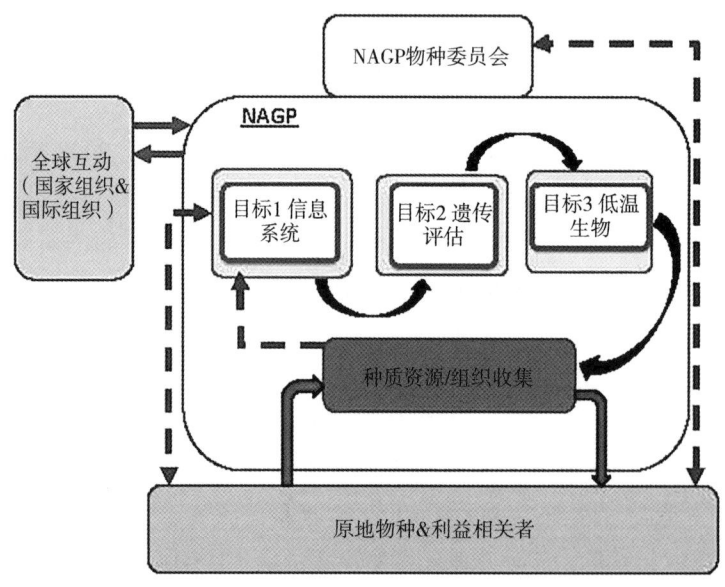

图8　NAGP运转示意图

2.5　保护资金来源

美国畜禽遗传保护与利用资金来源广泛，但主要分为三个方面，一是财政资金，主要由政府发放；二是市场或私人资金，主要由市场开发驱动产生；三是公益基金，主要由募捐产生。

畜禽遗传资源保护方面的财政资金主要由农业部等部门支持。国会根据总统提议的预算和研究重点制定农业部年度预算，然后由农业部分配到各个项目中，如农业部的ARS部门其财政年度预算约为15亿美元。美国国家科学基金会（NSF）是畜禽遗传资源保护科研工作的重要财政来源。NSF是美国唯一一个致力于支持除医学之外的所有基础科学与工程领域研究的联邦机构，其主要任务是识别科学前沿，资助在前沿探索中有想法和发展前途的科学家，并以此确保美国科学技术始终处于世界领先水平。除此之外，遗传资源保护还会受到环境保护署（EPA）等其他部门的资金支持。地方政府机构也会承担部门资金来源任务。

在畜禽遗传资源商业化体系成熟的美国，市场资金是其重要的资金来源之一。对于企业而言，需要进行资金投入进行市场开发，如美国Aviagen在肉鸡育种上的研发投入就超过2亿欧元。除了企业，各种协会与保护组织也将市场资金作为自己从事畜禽保种的重要资金来源。如美国国家种猪登记协会（NRS）日常管理和活动经费主要由企业成员提供，包括种猪系谱登记收费、育种服务费、种猪注册费等。NRS还会接受美国农业部财政拨款和企业赞助（赵文豪等，2018）。又如美国畜禽品种保护协会也采取会员制，成为会员有机会获取其资讯产品和数据资料，从而收取会员费用。保种协会还会发展赞助商，而赞助商则有机会借助畜禽保护协会向超过190万的直接用户展示自己的产品和服务。

畜禽遗传资源保护作为动物保护的一部分也会得到公益资金的支持，如美国畜禽品种保护协会就设置了专门的捐赠专栏，接受来自社会各界的爱心捐赠。

3 对中国的启示

3.1 优化顶层设计，夯实资源保护法治基础

美国在推动畜禽遗传资源保护方面采取了系统性措施，制定了大量育种规划、行动方案和法律法规，奠定了坚实的法律基础。从20世纪90年代起，美国通过不同层次的规划和方案，不仅明确了畜禽遗传资源保护的方向，还为具体保护活动提供了行动准则。为了更好地保障畜禽资源的保护，美国将这些措施上升至法律层面，出台了覆盖养殖、生产、疫病管理等各个环节的法律法规，并形成了较为成熟的动物福利、身份识别和追溯系统。这些法律具有明确的定义和较强的可操作性，通过引用标准确保法规的严谨性，同时赋予职能部门明确的职责和权限，为畜禽遗传资源的长效保护提供了有力保障。

中国在畜禽资源保护与利用方面需要加强长期规划和法律法规建设。畜禽遗传资源保护是一项系统性国家工程，需要通过国家层面的长期规划和实施方案来指导保护工作，并设立重大项目推动技术和管理的创新。同时，国家应通过优惠政策和管理办法激励企业积极参与资源保护，并将核心举措上升至法律法规层面。然而，与美国相比，中国在这方面的法律体系仍显不足，存在系统性不强、权限不清等问题。为提升法律的可操作性，中国应进一步细化横向和纵向的畜禽资源保护规范，制定更具体的

地方配套法规，落实主体责任，确保每个品种和保护区的具体任务得以有效实施。

3.2 重视企业作用，提高畜禽资源市场化水平

以企业为代表的私营部门是动物生产和育种的主体。一方面，饲养活的动物种群相关成本很高，完全由政府财政来负担是不现实的；另一方面，畜禽遗传资源的利用工作是有利可图的，引导和支持私营部门进入遗传种质资源领域，更有利于畜禽遗传资源的可持续发展。因此，NAGP重点主要放在迁地/超低温保存工作上，而在其他方面则充分发挥私营部门的作用。例如，大量畜禽原地保种的主体都是私营农场主或者公司。但异地保种也离不开私营部门提供的帮助，如NAGP大部分奶牛的采集都来自商业人工授精（AI）中心，肉牛的采集样本来自个人育种者的捐赠和商业公司。实际上，企业正是美国畜禽种质资源保护与利用的最重要主体，他们通过外来种质资源的获取、创新、再出售，形成了循环高效的商业化畜禽种质资源保护与利用体系。

目前，我国畜禽遗传资源仍以保护为主，开发利用不足。应加强我国畜禽遗传资源保护和开发利用的协调发展，努力做到资源优势和产业优势相融合，加快产业化开发。应对畜禽遗传资源采取分级管理制度，对于市场需求大、商业化程度高的畜种可完全交由市场运作，对于市场需求低、难以商业化的物种可适当财政补贴或者开拓科研、旅游开发等新颖的发展渠道，实现可持续发展。突出生物资源企业和育种公司在我国畜禽资源保护和利用中的主体地位，鼓励企业加强研发和技术投入，支持企业与科研机构间的联合攻关，培育核心竞争力。

我国在商业化体系的建立过程中，应注意完善市场主体利益分享机制，逐步建立以有效保护促进开发利用，以开发利用成效反哺保护工作的良性循环，让企业、个体养殖户等私营主体充分享受到畜禽资源保护的经济收益。企业等私营部门有其自身的认知不足与实力缺陷，应加强政府部门对个体户、企业以及相应协会组织的资金支持、技术援助以及培训教育，以帮助私营部门在畜禽资源保护工作中发挥更大作用。另外需要优化管理体制，可以由政府主管部门牵头，引导和组织各相关行业部门的从业人员、专家学者组成对应的地区级畜禽遗传资源管理委员会，负责日常的畜禽遗传资源调查、保护、评价和利用等技术工作，以及地区与部门间的数据共享、信息交流和协调等拓展工作，这样更有利于政府部门与私营部门间的合作与交流。

3.3 加强科研创新，巩固畜禽保护技术支撑

畜禽保护的发展离不开科研和技术创新的支撑。美国有大量机构在专门从事畜禽保种相关方面的科研，突破了畜禽资源异地保护、辅助生殖等难题，广泛应用信息和自动化技术，这些对畜禽遗传资源的保护与利用工作起到了很好的支撑作用。

我国应持续加强对畜禽遗传资源相关技术的科研创新。加强地方畜禽保护的技术方法研究，开展包括生殖细胞冷冻保存、cDNA文库的构建，以及生殖细胞、体细胞克隆等技术的创新研究。加强地方畜禽品种性状解析方面的研究，应用现代生物学、集成信

息与传感等技术，鉴定、验证具有重要育种经济价值的功能基因及其调控元件，筛选出与主要经济性状显著相关的分子标记。提高畜禽性能测定、数据采集与传输的自动化、智能化水平，充分应用现代自动化、信息化技术为畜禽遗传资源保护保驾护航。

3.4 提倡多方投入，保证畜禽保种经费来源

美国畜禽保种事业经费来源广泛，为其畜禽资源保护与利用奠定了坚实的物质基础。从20世纪末美国开启动物遗传资源保护工作以来，资金局限一直是束缚工作开展的重要因素。为了缓解资金压力，采取了许多方案，如发展更为经济的低温保护方法、以开发促利用等，但无论如何拓宽和优化发展路径，仍需要大量资金。这时社会多方主体的支持就显得尤为重要。一方面，有中央和地方政府各部门的财政支持，解决了畜禽资源保护的大部分资金来源。另一方面，充分开发市场资金、公益资金，弥补保护资金的不足。

我国当前也面临着畜禽保种资金缺乏的问题，应学习美国的做法，充分激发保种主体加大投入，多方增加经费支持保种。国家层面，农业农村部应加强畜禽保种的长期持续经费投入，包括直接保护经费、科研经费、宣传教育等。此外，应与生态环境部、科学技术部、教育部、工业和信息化部、财政部等多部门协同协作，推动各部门在畜禽遗传资源保护、科研、教育、基础设施等方面加大投入。市场层面，优化市场发展模式，引导企业提升开发意识，加强市场主体对畜禽保种的直接参与力度。社会层面，加强畜禽遗传资源保护的宣传与教育，积极引导社会捐献，获取社会公益基金的支持。

3.5 重视国家合作，充分利用国际优质资源

美国的本土畜禽资源并不算丰富，但美国注重外国优质种质资源的引入和利用，不仅实现了美国畜禽遗传多样性的从无到有，而且对美国已有畜禽物种的改进具有重要意义。从外引入的畜禽资源在生长速度、料肉比和经济效益等方面都具有更加优良的表现，美国畜牧业也因此快速发展，在世界市场上占据一席之地。

美国对于种质资源的产权认知不同，美国在进行交易时采取务实的态度，利用合同进行知识产权归属的调整，避免了知识产权争议对交易的影响。同时，美国也积极与世界各国开展广泛的各项合作，如与加拿大、巴西建立共享数据库，而在企业与研究机构层面的合作更是数不胜数。

我国国内畜禽种质资源较为丰富，国内畜禽选育具有较大潜力，但部分畜禽品种仍需要引进。外来优质畜禽遗传资源的引入也有助于我国畜禽品种的选育和优化。但物种引入应充分考虑养殖经验、物种的生活习性、异地生长的潜在风险、疫病风险等问题，进行引入前调查，强化统一管理，规范种质资源的引入，外来种质资源要在专门机构进行统一登记和审批，再进行分发，以避免重复引进和生物风险。

引入和改善畜禽种质资源就必须要加强多层次的国际合作。在这方面我国与美国实际情况不一样，我国相较美国本土畜禽遗传资源丰富，但生物育种技术应用不足，

出口额小。下一步应积极参与国际性的组织或协议,如《生物多样性公约》,保障本土畜禽遗传资源的合法权益,同时畅通交流与交易渠道。开展地区性生物资源合作,如构建以一带一路为基础的国际交流机制、协助发展中国家构建资源保护体系以及开展双边或多边国际合作等。建立国家间的专门合作机制,如与美国进行种质资源低温保存技术合作、与巴西进行热带物种研究合作等。此外,要注意根据各国现实及本国需求采用多种形式的合作方式,如与美国合作应注意通过合同制提前确定产权归属,避免知识产权争议。

3.6 优化信息流程,提高遗传资源管理质量

多年的畜禽保护管理为美国积累了丰富的管理经验,形成了一套科学合理的管理流程:收集、保存、鉴定、评价,以及强化。美国政府建立了动物种质资源保护和开发基因库、种质资源保护与利用中心,使得规划内的禽畜种质资源得以妥善保存。它会收集、保存包括精液、胚胎、卵子和DNA在内的遗传物质,这些遗传物质数量巨大、形式多样,且都建立了详细的记录档案,从而更好地了解各个品种种群数量变迁历史以及品种内遗传多样性情况。与此同时,保护中心还会制定遗传材料冷冻保存的标准,对所收集遗传物质的活力进行评价,将相关信息录入全美遗传资源信息网。在全美遗传资源信息网络中创建独立的动物遗传资源计划信息系统,为全美畜禽遗传资源的原地保种和异地保种的选择提供信息支持。清晰明确的科学管理流程使得美国种质资源保护与利用工作有序可循,有纪可遵,从而实现标准化、统一化、可持续发展。此外为更好地分配资源,美国畜禽保种实行分级制度,强化对市场需求弱、种群数量小的畜禽品种的专项保护,从而实现高效、可持续保护的目标。

我国畜禽遗传保护工作应借鉴发达国家的管理经验,明确畜禽资源保护所需要的流程和环节,建立从收集到加强的一整套完整的标准化管理流程。明确和细化管理流程与细节后应将其信息化,构建高效化的种质资源管理体系。一是建立遗传资源数量足够、材料形式多样的基因库,要随着时间的推移重复采样,以捕获基因频率的变化。二是要构建基于大数据的统一平台、统一标准的信息系统,统筹国家和省级作物种质资源收集、保存、评价、分发等工作,不能只共享收集,不共享评价及后续研究分析内容,要确保全环节信息互联互通、资源共享共用。三是对接种业大数据平台,应用物联网、互联网、大数据技术,加快国家级和省级畜禽保种场(区、库)及遗传资源信息上图入库,全面监控分析资源数据,掌握资源动态变化,及时发布预警信息,提高地方畜禽遗传资源保护的针对性。四是加强种质中心及各地方种质资源保护单位的信息基础设施建设,建成由国家大数据中心、省级地方分中心、基层监测点三位一体的地方畜禽遗传资源的动态监测体系,提高畜禽遗传资源保护数据化、信息化、智能化水平,实现管理科学化、流程化、标准化。

参考文献

刘丑生, 2008. 美国畜禽遗传资源多样性保护与利用的研究进展 [J]. 中国牧业通讯 (1): 33-34.

刘立甲, 2019. 生物遗传资源知识产权保护问题研究 [D]. 武汉: 武汉大学.

夏欣, 刘望宏, 胡军勇, 等, 2022. 中外种畜禽管理法律体系比较与启示 [J]. 中国动物传染病学报, 30 (3): 227-236.

颜志辉, 冯涛, 王爱玲, 等, 2019. 美国动物育种规划及其对中国的启示 [J]. 中国畜牧杂志, 55 (2): 127-131.

赵文豪, 陶红军, 2018. 中美猪业种质资源培育体系对比与合作进展分析 [J]. 世界农业 (9): 58-63.

张德福, 冯景松, 吴彩凤, 等, 2021. 国内外畜禽基因库保种现状及其应用前景 [J]. 上海畜牧兽医通讯 (4): 1-4.

朱晓芳, 2022. 发达国家畜禽遗传资源保护与利用经验及对我国的借鉴 [J]. 中国畜禽种业, 18 (7): 13-14.

中华人民共和国外交部. 美国国家概况 [EB/OL]. https://www.fmprc.gov.cn/web/gjhdq_676201/gj_676203/bmz_679954/1206_680528/1206x0_680530/.

中华人民共和国商务部. 对外投资合作国别（地区）指南美国（2021年版）[EB/OL]. http://www.mofcom.gov.cn/dl/gbdqzn/upload/meiguo.pdf.

BLACKBURN H, STEWART T, BIXBY D, et al., 2003. United States of America country report for FAO's state of the world's animal genetic resources. Washington, DC, USDA-Agricultural Research Service.

BLACKBURN H D, 2006. The national animal germplasm program: challenges and opportunities for poultry genetic resources [J]. Poultry science, 85 (2): 210-215.

BLACKBURN H D, 2009. Genebank development for the conservation of livestock genetic resource sin the United States of America [J]. Livestock Science, 120 (3): 196-203.

LIPTOI K, HORVATH G, GAL J, et al., 2013. Preliminary results of the application of gonadal tissue transfer in various chicken breeds in the poultry gene conservation [J]. Animal Reproduction Science, 141 (1-2): 86-89.

PAIVA S R, MC MANUS C, BLACKBURN H, 2014. Conservation of animal genetic resources: the next decade [C]//Proceedings of the 10th World Congresson Genetics Applied to Livestock Production, Vancouver, B C, Canada.

USDA-ARS. National Program 101: Food Animal Production Action Plan 2018-2022 [EB/OL]. https://www.ars.usda.gov/ARSUserFiles/np101/Final3%20NP101%20Action%20Plan%202018-2022%20Action%20Plan_updated%2017Feb2017.pdf.

USDA-ARS. National Program 101: Food Animal Production Action Plan 2022-2027 [Z/OL]. https://www.ars.usda.gov/ARSUserFiles/np101/NP%20101%202022-2027%20Action%20Plan_7-9-2021_final_updated_11-26-2021.pdf.

USDA-ARS. Agricultural research service strategic plan fy 2018-2020 [Z/OL]. (2018). https://www.ars.usda.gov/ARSUserFiles/00000000/Plans/2018-2020%20ARS%20Strategic%20Plan.pdf.

USDA. Genometo Phenome: Improving Animal Health, Production, and Well-Being-Anew USDA Blueprint for Animal Genome Research 2018-2027. https://www.ars.usda.gov/ARSUserFiles/np101/Animal%20Genome%20to%20Phenome%20Executive%20Summary.pdf.

USDA NIFA. USDA science research, education, and economics action plan 2016.

SANTIAGO-MORENO J, BLESBOIS E, 2022. Animal board invited review: Germplasm technologies for use with poultry [J]. Animal, 16 (3): 100475.

加拿大畜禽遗传资源保护现状及对中国的启示

加拿大位于北美洲北部，国土面积998万平方千米，居世界第二位，东临大西洋，西濒太平洋，西北部邻美国阿拉斯加州，南接美国本土，北靠北冰洋。人口3 950万人，海岸线长约24万千米。东部气温稍低，南部气候适中，西部气候温和湿润，北部为寒带苔原气候。中西部最高气温可达40℃以上，北部最低气温低至–60℃。2022年，加拿大国内生产总值约2.17万亿加元（折合人民币约11.20万亿元），同比增长3.4%（外交部，2023）。加拿大是世界上畜牧业发达的国家之一，畜牧业产值占农业总产值的45%（李翔，2020）。

1 畜禽遗传资源现状

1.1 畜牧业现状

2022年，加拿大畜牧业总产值为339.6亿美元，在所有畜种中，肉牛及其产品产值最大，占畜牧业总产值的35%，其次为牛奶和生猪，分别占24.2%和19.2%（加拿大农业食品部）。

2022年，生产商品牛351.6万头，商品犊牛21.1万头，商品猪2 829.2万头，商品羊74.2万只，生鲜乳959万吨，禽类活体重181.4万吨。2022年7月统计的加拿大奶牛存栏量为138.2万头，肉牛存栏量为1 233.5万头，绵羊存栏量为107.1万只，生猪存栏量为1 391万头（加拿大农业食品部）。

1.2 畜禽遗传资源情况

加拿大畜禽品种数量较多，但畜种间和畜种内不同品种登记的数量存在较大差异，且品种登记对遗传进展的重要性也不尽相同。据加拿大农业食品部统计，2021年品种登记家畜品种有106个。其中，种群数量较大的畜种，如奶牛、生猪、肉牛品种覆盖率最高。登记的奶牛品种有8种，94%的奶牛为荷斯坦，选育工作都基于登记奶牛。肉牛品种27种，安格斯、夏洛莱、海福特和西门塔尔牛合计占登记数量的88%，肉牛遗传育种也主要基于登记品种。生猪品种8种，约克夏、杜洛克和长白猪占登记数量的99%，随着养猪业杂交亲本使用的不断增加，大型育种公司除了使用主流品种外，同时需要没有登记的杂交品种，因此，生猪育种并不限于登记品种。相比之下，绵羊、山羊、马的种群数量较小，品种等级覆盖率低，但更具有多样性。登记的绵羊品种有31种，陶赛特羊、Rideau Arcott、罗曼诺夫羊和萨福克羊占登记数量的60%，选育工作也主要基于登记品种；山羊品种有11种，尼日利亚矮羊、波尔山羊、奴比亚山羊占登记数量的71%；马品种有21个，标准种马、纯种马、佩尔什马、比利时马和克莱兹代尔马占登记数量的73%（表1）。由于加拿大鸡的本土品种只有Chantecler鸡，且属于濒危品种，几乎所有商业鸡和火鸡品种都是从国际育种公司购买的杂交品种，国内禽类品种没有进行登记（Silversides等，2004）。

表1 加拿大牲畜品种登记的主要家畜品种和登记数量及比例

畜种	主要品种	登记数量	占总登记数的比例/%
奶牛	荷斯坦	28.46万头	94
生猪	约克夏	5.04万头	46
	杜洛克	3.07万头	28
	长白猪	2.73万头	25
	合计	10.83万头	99
肉牛	安格斯	5.67万头	46
	西门塔尔	2.44万头	20
	夏洛莱	1.67万头	13
	海福特	1.11万头	9
	合计	10.88万头	88
绵羊	陶赛特羊	1 209只	11
	Rideau Arcott	1 495只	13
	罗曼诺夫羊	2 242只	20
	萨福克羊	1 815只	16
	合计	6 761只	60
山羊	尼日利亚矮羊	1 370只	30
	波尔山羊	1 154只	25
	奴比亚山羊	764只	17
	合计	3 288只	71
马	标准种马	1 172匹	26
	纯血马	938匹	21
	佩尔什马	427匹	10
	比利时马	362匹	8
	克莱兹代尔马	341匹	8
	合计	3 240匹	73

资料来源：加拿大农业食品部。

加拿大联邦政府并没有制定濒危农场动物和家禽的官方目录，而是由一个名为"加拿大遗产畜牧业"的非政府组织发布濒危动物保护名单。名单根据动物的数量分为4个保护层次，即危险（at risk），易受伤害（Vulnerable），濒危（Endangered）和危急（Critical），不同畜种的数量及分类不同。确定了13种牛，4种猪，6种山羊，21种绵羊，19种马，19种鸡，7种火鸡等需要进行重点保护（表2）。

表2 加拿大登记及不同层次濒危动物品种数量　　　　　　　　　单位：个

畜种	登记品种	危险品种	易受伤害品种	濒危品种	危急品种
牛（奶牛+肉牛）	35	1	5	3	4
猪	8	0	0	1	3
绵羊	31	1	3	5	12
山羊	11	2	2	0	2
马	21	3	1	4	11
鸡	—	1	4	5	9
火鸡	—	2	1	2	2

注：品种 White Park cattle、Lynch Lineback 在名单中处于易受伤害等级，但没有进行登记。
资料来源：加拿大遗产畜牧业 https://heritagelivestock.net/poultrybreeds/。

1.3 畜禽遗传资源保护方式

加拿大畜禽遗传资源保护方式主要有原地保护、迁地保护和体外移植或冷冻保存三种方式，这三种方式的保护条件、负责机构和资金来源各不相同。原地保护是让动物正常生活在自然环境中进行保护，如划定保护区。加拿大原地保护主要由农民、非政府组织（如加拿大稀有品种研究组织等）和一些品种协会来承担，资金主要来源于协会会员的会费、市政和旅游资金以及一些私人基金会，通过这种方式已经让很多濒临灭绝的畜禽品种成功地保护下来，如 Chantecler 鸡、Lacombe 猪、Canadienne 牛等。迁地保护是将动物置于非自然的环境中进行人为保护，如建立动物园等。加拿大迁地保护主要由一些农场和非政府组织承担，通过动物救援行动开展，资金通常来源于捐款和游客的资助等。体外移植和冷冻保存是将遗传资源材料放置在实验室或超低温储存条件下进行保存，这项工作主要由加拿大动物遗传组织和一些科研院所承担，如遗传物质基因库等，资金主要来源于政府项目和捐赠[①]。

保护方式主要按照畜种分类施策保护。各个畜种由于自身特点和种群发展不同，采取的保护方式也不同。在肉牛上，因品种较多，有广泛的遗传基础，其遗传资源保护的重点在于精液和胚胎的盘点、评估和保存，主要采取体外冷冻保存精液和胚胎的方式进行遗传物质的保存。在奶牛上，由于人工授精和性控冻精的广泛使用，选择强度不断增大，留种率越来越小，使得荷斯坦奶牛品种本身的遗传基础越来越狭窄，而

---

① Food Policy for Canada［EB/OL］. https://foodpolicyforcanada.info.yorku.ca/embryos-semen-and-animals/#anchor2. YORK，2022.

且变窄的速度越来越快，虽然暂时获得了一些经济效益，但却加速了传统遗传资源的丧失。目前，奶牛遗传资源保护主要由奶业协会、乳制品协会和人工授精中心通过共同收集相关冻精资料信息，并由国家统一协调存储。生猪方面，企业对于猪品种的选择越来越强，标准化品种应用越来越广泛，品种群体分化严重，很多数量小的品种猪越来越少，需要专业、系统地追踪大畜群和小畜群的遗传起源和多样性，并保存特定的品系或品种，用于未来的育种，主要通过原地保护和迁地保护的方式进行追踪保护，尤其是小畜群。羊和马方面，育种不成规模，重点在于品种保护清单的记录，特别是针对那些不符合登记标准，但是有优秀性状的品种，对于濒危灭绝的羊、马的品种采取原地保护或迁地保护的方式进行追踪。禽类方面，加拿大禽类的育种主要由育种企业主导，近年来随着育种企业的合并，育种资源集中加快，这影响了遗传资源的多样性，同时受限于数量较大且精液和胚胎保存的局限，禽类主要内容是在DNA和成纤维细胞存储等技术上开展研究（Silversides等，2004）。此外，加拿大生物技术在畜禽育种和遗传物质保存上应用越来越广泛。如基因测序技术、转基因技术、基因编辑技术、干细胞技术等（王以中等，2022），这些技术都能够有效地延长群体中优良个体的使用和储存周期，适用于所有畜种。

1.4 畜禽基因库建设

加拿大建立了功能多样的动物遗传资源信息系统"Animal Genetic Resources of Canada"，该信息系统主要为用户提供4项信息和服务：一是提供加拿大动物遗传物质概况，通过表格形式显示2015年以来畜禽种质资源基因库储存的不同畜种，不同形式的遗传材料数量，包括遗传材料、采集动物、品系和品种等。二是提供决策辅助，可以比较2～5个动物个体品种的种类、采集目的、繁殖和生产性能系数等信息；可以查看每个收集的动物个体的遗传进化树图；可以查看两个物种的亲缘性，并给出相关系数，以及搜寻与某动物个体有特定亲缘相关度的动物个体或群体。三是种质资源材料捐献及要求，加拿大动物遗传资源计划接受个人畜禽遗传材料的捐赠，在该部分需要捐赠人填写和提交个人和畜禽遗传材料的信息。四是统计和趋势，通过图表形式显示2015年2月以来畜禽种质资源基因库储存的所有遗传材料、采集动物、品系和品种数量发展趋势。

加拿大畜禽遗传资源基因库建设起步虽晚，但发展较快。加拿大畜禽种质资源库始建于2015年，相比于美国晚了10多年。建设之初畜禽种质资源库遗传材料储存量仅有675单位，2020年达到199 692单位，增长近300倍。但这5年遗传材料储存量增长时高时低，2015年2月—2017年5月，2018年11月—2019年7月呈快速增长状态，但后者增长速度明显高于前者；2017年5月—2018年12月呈缓慢增长状态，2018年12月—2020年1月基本处于停滞状态（图1）。

加拿大畜禽遗传资源基因库储存的遗传材料种类多样，数量很大。2020年基因库储存了包括猪、牛、羊、鸡等9个畜禽品种，采自4 021个畜禽个体的199 692单位的遗传材料，主要通过胚胎、卵巢、精液和睾丸的形式储存，其中，精液储存量最大，占到99.45%，胚胎占0.46%，卵巢和睾丸占比最少，不足0.1%，主要在鸡上应用。在畜禽种类上，牛的遗传物质保存的最多，占所有遗传材料的92.6%；其次为绵羊和猪，分别为2.9%和2.3%，其他畜种占比较小（表3）。2015—2020年，胚胎和精液的储存数量、采集动物、品系、品种数量都在不断提升，但仅在2018年采集了卵巢和睾丸（表4）。

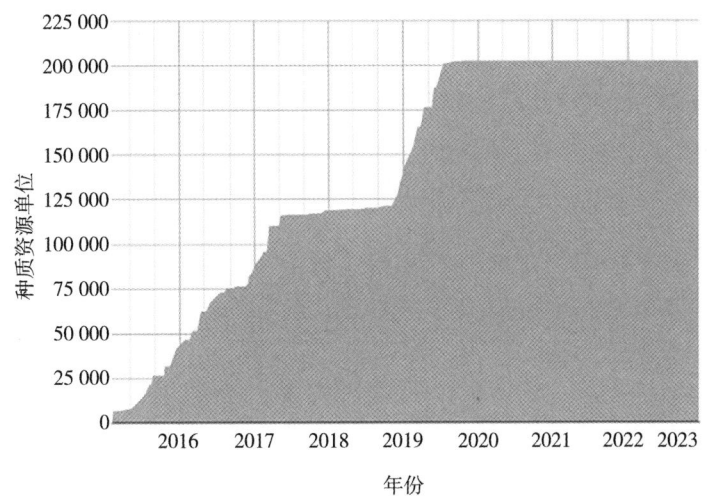

图1　2016—2023年加拿大畜禽遗传资源基因库遗传材料储存量发展情况
资料来源：加拿大农业食品部。

表3　2020年加拿大每个畜种保存的遗传物质数量

畜种	个体数量					种质单位				
	胚胎	卵巢	精液	睾丸	合计	胚胎	卵巢	精液	睾丸	合计
牛	77		3 533		3 610	344		184 511		184 855
鸡		8		7	15		9		14	23
鹿			29		29			1 360		1 360
犏牛			1		1			29		29
驼鹿			36		36			1 718		1 718
山羊			87		96			1 109		1 187
马			5		5			169		169
猪	12		33		49	98		4 447		4 581
绵羊	73		106		180	496		5 264		5 770

资料来源：加拿大农业食品部 Explore the Inventory – Animal Genetic Resources of Canada – agriculture.canada.ca。

表4 2015—2020年加拿大不同畜禽遗传物质存储情况

项目		2015年	2016年	2017年	2018年	2019年	2020年
种质单位	合计	41 701	81 885	116 672	129 710	199 606	202 109
	胚胎	13	770	781	887	938	
	卵巢				9		
	精液	41 688	81 032	115 707	128 682	198 527	
	睾丸				14		
采样动物数量	合计	718	1 615	2 377	2 738	4 016	4 016
	胚胎	1	135	138	153	162	
	卵巢				8		
	精液	717	1 469	2 224	2 558	3 827	
	睾丸				7		
品系数量	合计	22	29	40	43	45	45
	胚胎		1				
	卵巢						
	精液	22	29	40	43	45	
	睾丸						
品种数量	合计	33	63	74	80	83	71
	胚胎	1	5	6	7	8	
	卵巢				1		
	精液	34	60	71	76	79	
	睾丸				1		

资料来源：加拿大农业食品部 Explore the Inventory – Animal Genetic Resources of Canada – agriculture.canada.ca。

1.5 种畜禽及冻精出口情况

加拿大出口的遗传物质种类多样，以牛的遗传物质为主。目前，加拿大出口遗传物质主要包括牛胚胎、奶牛、肉牛冻精、活牛、活猪、禽蛋、用于孵化的蛋类等。2021年，加拿大遗传物质出口额为3.16亿加元，牛遗传物质出口占总出口额的43.6%；其中，牛冻精出口额占总出口额的35.6%，活牛出口额占6.4%，牛胚胎出口额占1.6%（表5），国内主要的牛冻精和牛胚胎出口公司为总部位于加拿大安大略省圭尔夫市的先马士公司和加拿大亚达遗传公司，先马士公司也是全球最大的牛冻精供应商、出口商之一，2013年获得加拿大政府授予的出口奖。活猪出口占总出口额的16%，加裕公司（Genesus）是加拿大最大的一家种猪育种公司，拥有世界最大的登记注册的纯种种猪群，作为一家全球性的种猪企业，它的种猪主要销往美国、墨西哥、韩国、日本、中国、西班牙和俄罗斯等国。

加拿大是全球重要的遗传物质出口国之一。根据 World Integrated Trade Solution

（WITS）显示，2023年，加拿大牛冻精出口额居全球第二位，美国居第一位。1990—2023年，加拿大牛冻精的出口额由2.7亿美元提升到10.5亿美元，增长了近四倍（图2）。

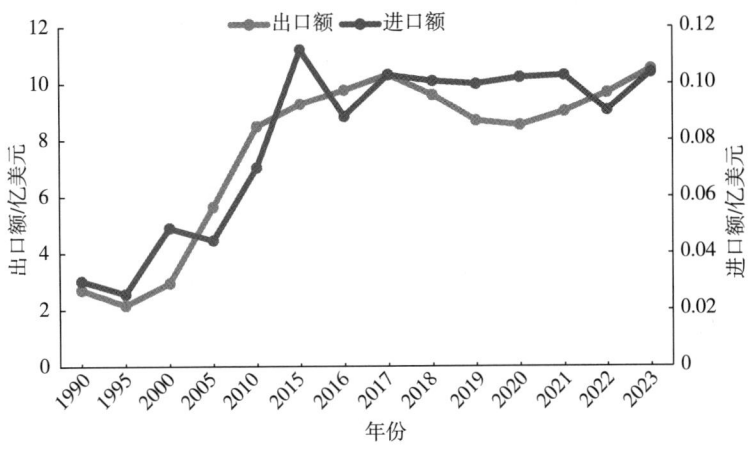

图 2　1990—2023 年加拿大牛冻精进出口额

资料来源：加拿大统计局。

表 5　2015—2021 年加拿大畜禽种质资源出口额　　　　　　　　　　单位：万美元

种质资源	2015年	2016年	2017年	2018年	2019年	2020年	2021年
牛胚胎	524.5	529.4	621.5	552.7	414.5	438.5	382.8
奶牛冻精	8 151.0	9 095.9	9 304.4	8 751.2	7 990.0	8 053.0	7 593.3
奶牛	1 660.1	1 772.0	1 013.7	844.5	1 087.5	898.3	959.6
肉牛冻精	556.8	411.4	495.5	357.5	474.2	342.5	675.0
肉牛	1 708.6	811.2	663.9	621.0	564.1	582.3	528.2
活猪	3 035.2	3 294.5	3 309.2	3 027.9	3 290.8	4 543.1	3 735.1
纯种马	300.3	303.5	656.2	721.3	1 117.7	505.1	467.0
体重不超过185克的家禽			1 711.7	1 519.4	1 454.9	1 055.8	1 143.4
体重不超过185克的火鸡	3 445.9	4 138.3	2 403.6	2 647.4	2 184.7	1 909.2	2 118.3
体重不超过185克活鸭、鹅和珍珠鸡			391.6	277.8	296.8	163.2	174.5
用于孵化的蛋类	3 416.0	4 057.6	5 057.0	4 775.9	5 251.9	4 849.7	5 464.3
总额	22 798.3	24 413.8	25 654.9	24 125.7	24 136.2	23 463.2	23 241.4

资料来源：加拿大统计局。

2　畜禽遗传资源保护管理体系

2.1　保护主体

加拿大畜禽遗传资源保护与管理体系是一个政府部门和公共机构共同参与的网络，

通过开展畜禽遗传资源的收集、保护、鉴定评价、信息汇编和分发研究，向公共和相关行业企业提供所需资源，用于改良畜禽的产量和品质，提升加拿大畜禽品种的国际竞争力。该体系由加拿大农业及农业食品部主导，包含加拿大畜禽记录公司、80 余个品种协会和加拿大牲畜遗传学协会等其他非政府组织。

2.1.1 政府部门

加拿大农业及农业食品部是畜禽遗传资源的主管和领导单位，设立有食品检验署、全国农产品委员会和奶业委员会等部门，主要职责为管理和保护相关的畜禽遗传资源。加拿大各省政府通过出台相关政策用于畜禽遗传资源保护，加拿大魁北克省政府在 1999 年 12 月通过了"尊重构成魁北克省农业遗产部分动物品种的法案"（"An act respecting animal breeds forming part of Quebec's agricultural heritage"），认定加拿大牛、马和公鸡都为魁北克省的遗产品种，并实施保护[①]；纽芬兰拉布拉多省政府在 2013 年 3 月颁布了"遗产动物法案"（"Heritage Animals Act"），对本地畜禽物种进行保护[②]。其他省政府虽然没有直接采取措施参与畜禽遗传资源的保护，但支持"博物馆"的建设和维护，博物馆里储存着畜禽遗传资源（刘丑生，2008）

2.1.2 非政府组织

2.1.2.1 科研机构、协会和基金会

加拿大英属哥伦比亚大学、阿尔伯塔大学、新斯科舍省农学院、圭尔夫大学和萨斯喀彻温大学都以不同形式保存了一些品种的遗传物质用于育种和保护。加拿大稀有品种研究组织和农场动物遗传资源基金会通过给出种畜保存清单，为科研机构、政府和行业协会提供资金支持等形式参与遗传资源保护。此外，加拿大稀有品种研究组织通过原地保种来保护国内濒临灭绝的畜禽品种，并通过向公众宣传遗传资源保护知识等措施以达到保护的目的（Silversides 等，2004）。

2.1.2.2 企业

根据《动物系谱法》要求，成立了非营利性的加拿大畜禽记录公司，该公司由 7 名董事组成的董事会管理，其中，6 名由成员协会代表选举产生，1 名由农业和农业食品部长任命。董事会负责监督公司运转，确保公司的行为符合相关法律和主管单位的要求[③]。截至 2020 年，在加拿大畜禽记录公司（CLRC）及其会员品种协会下登记注册的系谱约有 156 546 个，保存的遗传单位 107 968 个，约占加拿大国家畜禽遗传资源库存储量的 51%（资料来源：CLRC 2020 年报）。此外，一些从事畜禽饲养的公司，出于商业利益也会保存一定数量的畜禽遗传物质，供自身使用，客观上承担了一部分品种的遗传资源保存工作（Silversides 等，2004）。

---

① SQ 1999，c 81［EB/OL］. canlii，https：//www.canlii.org/en/qc/laws/astat/sq-1999-c-81/latest/sq-1999-c-81.html.

② Heritage Animals Act，SNL 1996，c H-2.1［EB/OL］. canlii，https：//www.canlii.org/en/nl/laws/stat/snl-1996-c-h-2.1/latest/snl-1996-c-h-2.1.html.

③ History，Canadian LIVESTOCK RECORDS Corporation［EB/OL］. https：//www.clrc.ca/history.

以猪品种为例，加拿大猪遗传资源保护与管理体系主要由加拿大农业部、加拿大育种者协会（Canada Swine Breeder Association，CSBA）、加拿大种猪改良中心（Canadian Centre for Swine Improvement Inc，CCSI）等组成。1992年，加拿大农业部（AAFC）牵头成立的加拿大生猪改良策略领导小组（Swine Improvement Strategy Steering Group）提出了生猪改良目标，即通过遗传改良提高加拿大猪肉的竞争力，随即成立了加拿大生猪改良咨询委员会（Canadian Swine Improvement Advisory Board，CSIAB）。1994年12月，加拿大猪改良中心CCSI成立并取代了加拿大生猪改良咨询委员会的职责，鼓励行业开展遗传资源和技术交流，共享遗传数据。这些机构主要为参与的育种企业提供测定设备和育种值估计服务，其中，中心性能测定站、人工授精和跨场估计育种值是其纯种选育的关键措施。该体系的优势在于其拥有丰富的国家数据库、先进的遗传评估方案和准确的遗传评估目标性状。可以根据市场需求制定选择指数中的目标性状及其经济加权值，帮助育种企业及其他组织做出判断（李娅兰等，2013）。

2.2 法律法规制度

2.2.1 国内法案制度

加拿大宪法规定，各省畜禽遗传资源属于各省自有的财产资源，由各省负责本辖区的畜禽遗传资源保护和利用。这一规定划定了权属，明确了责任，为各省管辖畜禽遗传资源提供了法律依据。

加拿大与畜禽遗传资源管理有关的法案源头是《动物系谱法》。《动物系谱法》于1988年由加拿大政府颁布，取代了1900年颁布的《牲畜系谱法》。《动物系谱法》自颁布后经历多次修订，最新一次修订是在2004年。《动物系谱法》的主要目的有三：一是在全国范围内保持准确的系谱信息，为动物品种和畜禽的遗传改良提供保障。二是通过国家行为建立一致的动物遗传系谱信息，为国内外种畜交易提供保障。三是对全国动物繁殖种群的代表进行高效管理和控制。

《动物系谱法》要求所有在加拿大出生的纯种畜禽都必须进行登记，要求成立品种协会和畜禽记录公司（CLRC），赋予畜禽记录公司包括选择用于育种繁殖目的的动物品种、管理品种公共登记处、颁发登记证书、制定品种标准和注册资格规则和定义"纯种"等诸多权力，从法律的层面确保了该公司的权力，为遗传资源登记和保护提供了法律支撑。法案还规定了畜禽品种改良和进化的方向，动物品种的鉴定和登记、新品种的认定等内容，为负责动物遗传改良的各品种协会提供了可遵循的法律框架，也赋予品种协会经营国家畜禽登记主体的权力[①]。

加拿大也有省份针对本地畜禽品种出台了关于畜禽遗传资源保护的法案法规，以

---

① Animal Pedigree Act - Secretary's manual，agriculture.canada.ca，2021.06.23［EB/OL］．https：//agriculture.canada.ca/en/canadas-agriculture-sectors/animal-industry/animal-genetics/resources-related-animal-pedigree-act/secretarys-manual#2.

促进遗传资源保护。如加拿大魁北克省政府在1999年12月通过了"尊重构成魁北克省农业遗产部分动物品种的法案";纽芬兰拉布拉多省政府在2013年3月颁布了"遗产动物法案"等。

除了《动物系谱法》,加拿大制定系列法规加强畜禽遗传资源的管理①,如《动物卫生条例》则对动物疫病控制、动物及其产品进出口检验、动物精液收集、加工的机构资质作出要求,规范了动物精液生产、保存和人工授精行业②。《加拿大农产品法》对动物及其产品的进出口贸易、省际间销售及国家标准的应用、产品分级和检验、生产企业的注册和条件作了规定③。《借用纯种公牛条例》规定协会为了改良目的可以向农业部畜牧司借用纯种公牛④。《国家资本委员会动物条例》对动物饲养用地范围作了规定。

2.2.2 国际合作与国际公约

在国际公约上,作为获取遗传资源的发达国家,加拿大积极参与有关畜禽资源的国际公约,并利用国际公约提升和加强自身的获取、保护和利用种畜禽遗传资源的能力,进而保护本国畜禽品种多样性,提高加拿大种畜禽在国际市场上的竞争力。加拿大通过加入《生物多样性公约》(CBD)明确了主权范围内的遗传资源所有权以及对研发成果、知识产权和经济利益的分享权,为其成为全球遗传资源出口大国奠定了基础。加拿大通过与国际生物多样性中心合作,得益于该中心在生物多样性相关主题方面的科学研究,提升了加拿大在基因库中保存遗传资源,平衡使用各种保护作物遗传资源方法的能力。同时,加拿大还通过参加联合国粮食和农业遗传资源委员会的工作,取得了评估国内和世界动物遗传资源状况以及制定全球作物基因库标准在内的一系列成果⑤。

加拿大本土畜禽遗传资源稀缺,种畜禽曾依赖进口。经过长期努力,加拿大从种质进口国转变为出口大国,因而十分重视种畜禽的国际引进与输出。加拿大是WTO与关贸总协定(GATT)的创始国之一,通过在WTO中参与规则制定,能够从条约上获得有利地位,保证加拿大始终能够从其他国家获取优质的种质资源并向其他国家出口本国生产的种畜禽和遗传物质。在2002年,加拿大批准加入《粮食和农业植物遗传资源国际条约》,其中的标准材料转让协议(SMTA)促进了研究人员和育种者之间遗传物质的全球转移,使加拿大科学家能够更加便利地从获取的遗传资源中受益,以培育

---

① The Justice Laws Website. National Capital Commission Animal Regulations [EB/OL].https://laws.justice.gc.ca/eng/regulations/SOR-2002-164/page-1.html#h-681908.

② Health of Animals Regulations(C.R.C.,c.296), Justice Laws Website, 2022-10-20 [EB/OL].https://laws-lois.justice.gc.ca/eng/regulations/C.R.C.%2C_c._296/page-13.html#docCont.

③ The Justice Laws Website. Canada Agricultural Products Act [EB/OL]. https://laws.justice.gc.ca/eng/acts/C-0.4/FullText.html, 2019-1-15/2022-1-19.

④ The Justice Laws Website.Loaning of Purebred Sires Regulations. [EB/OL].https://laws-lois.justice.gc.ca/eng/regulations/C.R.C.,_c._710/index.html.

⑤ international-engagement, agriculture.canada.ca [EB/OL]. https://agriculture.canada.ca/en/science/international-engagement/scientific-cooperation-international-organizations#b.

加拿大生产者所需的新品种[①]。

加拿大非常重视与其他国家在畜禽遗传资源保护上的合作。目前主要集中在三个方面：一是与畜禽生产系统相似国家和地区开展畜禽遗传信息交流，如与北欧一些国家在毛皮动物物种方面、与美国在肉牛方面进行遗传信息交流和遗传物质评估等。二是与美洲的畜禽产业发达国家合作建立遗传信息资源和技术共享。如在2014年，加拿大与巴西、美国合作开发了一个全面的信息系统，即Animal-GRIN，通过互联网向公众开放[②]。该系统除了能够监测收集的样本外，还提供有关品种和特定动物的信息，包括表型、基因型、管理和生产系统信息。三是鼓励国内民间社会组织与国外组织在动物遗传资源保护方面的合作，如加拿大稀有品种研究组织与国际稀有品种研究组织之间的交流合作等。

2.3 科研支撑力量

加拿大农业及农业食品部拥有全国性的农业和农业食品研究中心，同时在各个省份也有相关的研究中心，通过科研项目进行新技术的研发与测试。如在阿尔伯塔省的拉科姆研发中心，正在开展犊牛生长和表观遗传、基因表达和血液代谢物谱的改变情况、猪肉分级测试等方面的研究。类似的研究在萨斯卡通研发中心、舍布鲁克研发中心都有涉及[③]。

加拿大还开展了大量畜禽品种分子水平的研究，采用全基因组扫描获得相关数量性状遗传参数、重要基因测序、DNA分子标记和基因定位，通过这些基础工作找到了与畜禽相关性状相联系的基因，为以后的分子育种工作奠定了基础。阿尔伯塔大学和新斯克亚农业大学保存了多个纯种的禽类品种，用于展览和研究；大不列颠哥伦比亚大学保存了部分鸡和日本鹌鹑品种，用于科研试验，目前已转交联邦专设的一个研究所保存，圭尔夫大学和Saskatehewan大学也保存了当地禽类品种的成纤维细胞和DNA供科研实验使用（刘丑生，2008）。

2.4 政府规划项目

加拿大也十分重视动物改良育种目标和计划实施，通过项目开展特定范围内的畜禽品种普查登记、遗传资源的收集和保护、遗传资源保存技术的开发与应用和品种竞争力提高等工作。例如，加拿大动物遗传资源项目（Canadian Animal Genetic Resources Program，CAGRP）和加拿大农业及农业食品部与马尼托巴省联合实行的提高猪肉牛生产商的竞争力和可持续性项目。

---

① international-engagement，agriculture.canada.ca［EB/OL］. https://agriculture.canada.ca/en/science/international-engagement/scientific-cooperation-international-organizations#b.
② Animal Germplasm Resources Information Network.A-GRIN.［EB/OL］. https://data.nal.usda.gov/dataset/animal-germplasm-resources-information-network-grin#.
③ Research-projects［EB/OL］. Canada.ca，https://agriculture.canada.ca/en/science/research-projects.

加拿大动物遗传资源项目（CAGRP）是在加拿大依赖少数高产动物品种和面临生物多样性减少的情况下提出的。该项目的主要目标：一是确保加拿大牲畜品种的遗传多样性；二是获取和保护加拿大动物遗传资源；三是在遗传多样性、配子、胚胎学、生理学和低温生物学等领域进行研究，以提高应对生物安全问题、环境变化和粮食风险的能力（Ken Richard，2008）。加拿大农业及农业食品部在马尼托巴省实行的三个农业研究项目将重点关注创新应用微生物组分析、计算机断层扫描和基因组学，提高饲料效率、改善胴体质量和提高动物福利标准，提高猪肉生产的竞争力和可持续性，以及创新应用人工智能、机器学习、行为科学和基因组学，以提升该省母猪场的生产效率[①]。

2.5 保护资金来源

加拿大在畜禽遗传资源保护上的资金来源主要有政府拨款和非政府组织自负盈亏两种方式。政府拨款主要包括维持加拿大畜禽遗传资源库，为国家研究中心开展项目研究提供资金支持，成立相关组织为遗传资源保护提供支持。如通过政府投资在曼尼托巴省进行的猪改良项目、成立加拿大猪改良中心等举措。

非政府组织自负盈亏主要指依靠为会员提供相关服务、承接科研项目、运营相关设施等方式来获得收入以维持组织运转。非政府组织方面如加拿大畜禽记录公司和加拿大猪改良中心都是自负盈亏的代表。畜禽记录公司是在《动物系谱法》下成立的非营利性非政府组织，其经费来源为注册在该公司系谱目录下的动物开展服务所收取的服务费，包括所有的注册、转让和相关的行政职能在内的会员费，根据不同品种协会交易的不同，还会单独收取交易费用，以此来抵消公司运营的成本。加拿大猪改良中心（CCSI）最初是依托加拿大政府项目经费成立，后来独立后自负盈亏，经费主要来自其会员企业缴纳的性能测定和数据分析服务费、政府资助的研发课题经费和其他区域性的猪改良中心协作单位的赞助，如加拿大肉类协会CMC，加拿大猪肉理事会CPC等（黄若涵，2015）。

3 对中国的启示

3.1 建立品种登记制度，夯实畜禽育种数据基础

加拿大实行严格的畜禽品种登记制度，所有出生在加拿大的纯种畜禽必须登记，并遵循相应的行业标准。这一制度不仅记录了完整的系谱信息，为育种提供了高质量的种源素材，还为种畜禽交易提供了第三方的系谱证明，保护了养殖者和购买者的权

---

① Governments invest in innovation to help increase competitiveness and sustainability of pork producers，Canada.ca［EB/OL］. https：//www.canada.ca/en/agriculture-agri-food/news/2021/11/governments-invest-in-innovation-to-help-increase-competitiveness-and-sustainability-of-pork-producers.html.

益。例如，在奶牛育种中，加拿大荷斯坦奶牛协会负责记录奶牛的品种登记，牧场主在母犊出生后将相关信息提交给协会，确保了育种的准确性和遗传进展的快速性。类似地，加拿大猪育种改良中心（CCSI）要求所有生产销售的纯种猪按照统一标准进行登记，并获得第三方的系谱证明，这使畜禽登记的体系和数据具有高度的信誉度。这种登记和管理方式帮助加拿大建立全国范围的联合育种机制，增加了选育基础群数量，积累了丰富的遗传数据资源，促进了遗传改良速度的加快。

相比之下，我国的畜禽育种起步晚了近150年，育种资源规模有限，表型数据测定基础薄弱，数据规模小且质量差，许多优质种源仍需从国外引进。此外，由于缺乏有效的联合育种机制，育种企业间难以进行素材交换、经验交流与资源共享，导致育种能力难以提高。为此，我国可以借鉴加拿大的做法，建立统一的品种登记和信息共享发布机制，充分利用专业公司和行业协会的力量，对所有纯种畜禽进行系统登记。这样的制度不仅能为遗传育种提供翔实的数据和优质的素材，还能为畜禽交易提供信誉保障，促进国内畜禽育种的规范化和现代化发展，逐步提升自主育种能力，减少对国外优质种源的依赖。

3.2 建立信息系统，加强畜禽遗传资源的管理利用

加拿大动物遗传资源计划建立了功能多样的动物遗传资源信息系统，该系统对于畜禽遗传资源的管理和利用具有重要意义。一是标准化、数字化整合了畜禽种质资源。该系统记录了遗传物质和采集动物的编号、采集动物的种类、采集目的、繁殖和生产性能系数，动物个体进化树和动物个体间亲缘关系等信息，为加拿大畜禽种质资源的规范化管理提供了有力的技术支撑，为畜禽种质资源的标准化整理、整合和信息共享奠定了基础。二是实现了资源信息和实物共享，提高了资源利用效率和效益。该信息系统服务于社会，向社会公众提供信息浏览、数据检索和数据下载等服务，同时也为畜禽遗传资源捐赠者提供了便捷的捐赠渠道。该信息系统除了提供相关遗传物质的信息之外，还有储存的遗传物质和动物个体的配图，生动全面地展示了畜禽种质资源信息。

目前，我国建有6个国家级畜禽遗传资源基因库，分别为国家级家畜基因库（北京）、国家级地方鸡种基因库（江苏）、国家级地方鸡种基因库（浙江）、国家级水禽基因库（江苏）、国家级水禽基因库（福建）、国家级蜜蜂基因库（吉林），其中，国家级家畜基因库（北京）主要保种形式为冷冻保存，其他5个基因库均为活体保存（张德福等，2021），但至今还未建立起一个功能完善的畜禽遗传资源信息系统，用于畜禽遗传资源的管理和利用。建议建立一个多功能的畜禽遗传资源信息系统或大数据中心，该系统或中心应具有以下功能：一是基于大数据的统一平台、统一标准的信息系统，并依托信息系统建设开放共享平台，促进优异资源共享利用。二是统筹国家和省级畜禽种质资源收集、保存、评价、分发等工作，确保信息互联互通、资源共享共用。三是推进登记资源分类赋权，根据种质资源的知识产权属性划分开放等级，公共资源

开放共享（武晶等，2022）。四是能够与国际信息资源较好接合，加强信息交流与监管（路国彬等，2014）。五是建成由国家、省级、基层三位一体的畜禽遗传资源的动态监测体系，开展畜禽遗传资源种群常态性的监测和登记，通过全面监控分析品种资源数据，及时掌握资源动态变化，提高地方畜禽遗传资源保护的针对性（王启贵等，2022）。

3.3 优化畜禽资源保存技术，提升遗传物质保存质量

加拿大畜禽遗传资源基因库建设发展迅速，畜禽遗传物质的保存技术也非常先进，尤其是在猪和鸡遗传物质的保存上。由于较好的技术支持，加拿大猪冻精配种后总产仔数或产活仔数比中国高 1～1.3 头（郝祖慧，2021），而且在加拿大畜禽遗传资源基因库也较好地保存了猪的胚胎。针对鸡精液保存的局限性，加拿大畜禽遗传资源基因库在 2018 年采集了鸡的 9 单位卵巢和 14 单位睾丸进行遗传物质储存。

畜禽遗传资源异地保种主要集中在精子、胚胎、体细胞等遗传物质，利用这些遗传物质可以有效地延长群体中优良个体的使用期（Holt 等，1999）。在保存方式上，精子由于具有来源充足和应用成熟等优点已经成为最主要收集的遗传物质（刘丑生等，2014）。由于猪冷冻精液对温度降低非常敏感和猪的多胎性特点，国产猪冷冻精液在产仔数、受胎率等指标上还不是特别成熟（宋志芳等，2016），国内家禽精液冷冻技术发展也相对滞后（白佳桦等，2012）。冷冻胚胎技术对于家畜遗传改良的作用越来越大，对于保护家畜遗传资源也发挥了很大作用。猪的胚胎移植是猪冷冻胚胎保存的技术瓶颈（白佳桦等，2012），由于该瓶颈，国内猪的胚胎冷冻至今也没有进行规模生产（张德福等，2021）。在畜禽种类上，由于禽类是靠母鸡来决定子代的性别，保存鸡的精液相当于只保存了一半的染色体，需要更好的保存技术对鸡完整的遗传物质进行保存（郝祖慧，2021）。在今后的研究中，重点要进一步提高猪和鸡冷冻精液保存的质量，突破猪胚胎移植技术的限制。探索鸡更好的遗传物质保存技术，如在所有畜种都适用的体细胞冷冻保存技术、全基因组测序和 DNA 文库保存技术等。

3.4 加强国际交流合作，提升畜禽遗传资源保护话语权

加拿大是多个国际组织和国际条约的成员国，通过在国际组织中参与制定相关规则为自身获取畜禽遗传资源、出口种畜禽，提升自身竞争力提供了便利。一方面，可以引进优质的畜禽遗传资源，用于育种和遗传资源开发，畜禽遗传资源通过信息交流，加快育种进程；另一方面，可以加强技术方面的合作，建立共享的遗传资源基因库，提高效率，减少重复的工作。

目前，我国在畜禽遗传资源国际合作中的参与度相对于加拿大还有一定差距。应找出目前国际合作中存在的短板弱项，针对问题提出解决措施。在国际公约上，要尽可能在规则制定谈判中取得优势，以对我国有利，提高中国遗传资源数字序列信息（DSI）在国际标准化规则制定中的参与程度和话语权；在国内应加快修订相关政策措施，如《国外引种检疫审批管理办法》等，推动国际种质资源的交流和交换（武晶等，

2022）。在合作方面，应该加强与世界各国畜禽种质资源研究机构合作，组织实施重大国际合作项目，开展资源、信息与技术交流。

3.5 从法律层面加强畜禽遗传资源保护与利用

加拿大品种协会和畜禽记录公司是《动物系谱法》的产物，从立法上即赋予了二者登记、管理加拿大本土畜禽品种的权力，依靠法律保证了相关权力的强制力，为二者能够发挥作用提供法律保障。加拿大拥有近80余个品种协会，几乎涵盖了该国主流畜禽品种。通过品种协会，可以集中对单一物种的遗传资源进行有效保存和开发利用。同时，品种协会还会制定相关标准，来优化和提高品种的质量。此外，加拿大在省级层面也有相关的保护当地品种的法案出台。

目前，我国《中华人民共和国畜牧法》中关于畜禽遗传资源保护有单独一章进行阐述，各省份也纷纷出台了有关现代种业的行动方案，但仍需要改进完善。一是要在相关的法律政策中明确品种登记的主体、方式方法，做到品种登记强制化，有利于掌握品种情况，为下一步品种的保护和利用提供支撑。二是根据目前种畜禽行业发展的实际需求，继续完善种畜禽管理办法，围绕《中华人民共和国畜牧法》《中华人民共和国动物防疫法》《中华人民共和国生物安全法》等法律规定进行补充完善，健全种畜禽管理法律法规。三是指导各省根据自身实际情况，不断完善细化行动方案，增强可操作性。

参考文献

白佳桦，田见晖，刘彦，2012.猪的非手术法胚胎移植进展综述［C］.中国畜牧兽医学会动物繁殖学分会.中国畜牧兽医学会动物繁殖学分会第十六届学术研讨会论文集.哈尔滨，2012：156.

陈岩锋，谢喜平，2007.畜禽遗传资源保存理论与方法研究进展［J］.福建畜牧兽医，（4）：58-60.

郝祖慧.2021-03-31,技术、资金、人才——畜禽遗传资源基因库建设仍需跨过三道坎［EB/OL］.https：//www.thepaper.cn/newsDetail_forward_11983121.

何晓红，罗清尧，浦亚斌，等，2010.畜禽种质资源共享平台建设经验［J］.中国科技资源导刊，42（4）：66-71.

黄若涵，2015.中外国家生猪育种体系及职能对比［J］.猪业科学，32（5）：36-39.

李冉，2014.国外畜禽良种繁育发展及经验借鉴［J］.世界农业（3）：30-33，37.

李翔，2020.加拿大农业发展经验及对中国的启示［J］.世界农业（4）：60-65.

李娅兰，刘珍云，刘敬顺，等，2013.世界种猪育种体系及对我国种猪育种借鉴［J］.中国畜牧业（6）：52-54.

联合国粮食及农业组织，2007.世界粮食与农业动物遗传资源状况［M］.北京：中国农业出版社.

刘丑生，2008.国外畜禽遗传资源多样性保护与利用的研究进展［J］.中国牧业通讯，（3）：22-24.

刘丑生，刘刚，陆健，等，2014.我国国家畜禽基因库的现状和前景［J］.中国畜牧杂志，50（12）：10-16.

路国彬，王夏晖，吕文魁，等，2014.中国畜禽遗传资源保护问题分析［J］.家畜生态学报，35（4）：1-6.

牟海日，于春英，张瑞梅，2010.加拿大奶牛业现状及其对中国的启示［J］.中国畜牧杂志（18）：33-37.

秦礼政，韩洪双.2022.我国畜禽种业发展面临的挑战及应对策略［J］.中兽医学杂志（1）：89-91.

宋志芳，芦春莲，曹洪战，2016.猪冷冻精液保存技术的研究进展［J］.猪业科学，33（11）：110-111.

王启贵，王海威，郭宗义，等，2019.加强畜禽遗传资源保护推动我国畜牧种业发展［J］.中国科学院院刊，34（2）：174-179.

王清义，汪植三，王占彬，2008.中国现代畜牧业生态学［M］.北京：中国农业出版社.

王以中，辛翔飞，林青宁，等，2022.我国畜禽种业发展形势及对策［J］.农业经济问题（7）：52-63.

武晶，郭刚刚，张宗文，等，2022.作物种质资源管理：现状与展望［J］.植物遗传资源学报，23（3）：627-635.

于福满，胡红梅，喻洪湛，等，2011.世界生猪育种现状及对我国的借鉴意义［J］.饲料广角（11）：33-35.

张德福，冯景松，吴彩凤，等，2021.国内外畜禽基因库保种现状及其应用前景［J］.上海畜牧兽医通讯（4）：1-4.

中华人民共和国外交部，2023.加拿大国家概况［EB/OL］.https：//www.fmprc.gov.cn/web/gjhdq_676201/gj_676203/bmz_679954/1206_680426/1206x0_680428/.

SILVERSIDES F G, PATTERSON D L, CRAWFORD R D. et.al., 2004.Canada's country report on farm animal genetic resources to the food and agriculture organization of the United Nations［R］.ROME：THE UNITED NATIONS.

HOLT W V, PICKARD A R, 1999, Role of reproductive technologies and genetic resource banks in animal conservation［J］. Rev Reprod, 4（3）：143-150

RICHARDS K, 2008. Canadian Animal Genetic Resources Program［EB/OL］. https：//catalog.libraries.psu.edu/catalog/25346360.

巴西畜禽遗传资源保护现状及对中国的启示

巴西位于南美洲东南部，地跨西经35°至西经74°，北纬5°至南纬35°，东临南大西洋，北面和南面与其他南美国家接壤（除智利和厄瓜多尔外，与其他全部南美洲国家接壤），国土总面积851.04万平方千米（外交部），是南美洲最大的国家，位居世界第五（水利部国际合作与科技司，2023）。截至2022年底，巴西人口2.03亿人，排名拉美第一、世界第七（外交部，巴西国家地理与统计局）。20世纪60年代末到70年代中期，巴西经济年均增长率高达10%，被誉为"巴西奇迹"。2010年巴西曾成为世界第七大经济体，近年来，受国际经济复苏乏力、大宗商品价格低迷和本国经济结构性等问题影响，其经济发展面临一定挑战。2021年，巴西国内生产总值8.9万亿雷亚尔（折合人民币10.65万亿元），2022年经济增长率为2.8%，2023年巴西经济增长2.9%，国内生产总值10.9万亿雷亚尔（折合人民币14.23万亿元），世界排名重返前十，居第九位（外交部）。

巴西80%国土位于热带地区，最南端属亚热带气候，北部亚马孙平原属赤道（热带）雨林气候，中部高原属热带草原气候，分旱、雨两季。巴西日照充足，雨水充沛，旱涝灾害比较少，是世界上适于农林牧渔各业全面发展的少数国家之一。2024年巴西可耕地面积180多万平方千米，尚有100万平方千米未开发利用，被誉为21世纪的世界粮仓（外交部），是全球第一大大豆生产国。豆粕作为大豆的副产品，是畜禽饲料的重要组成部分。巴西牧草地面积173.36平方千米（我国仅为39.28平方千米），占总草原面积的89.6%（我国仅为14.15%）（翟荣花等，2023）。无垠的草场为畜牧业的发展创造了良好的条件，巴西大约90%的牲畜完全以草为食（Renato等，2022）。饲料的充足也是保障畜牧业发展的必要条件。

1 畜禽遗传资源现状

1.1 畜牧业现状

自21世纪初，巴西就持续成为全球农牧业最大生产国。2000—2019年，巴西农牧业产量年增长3.18%，为所有统计国家中最高。2020年巴西国内生产总值为7.4万亿雷亚尔（折合人民币9.9万亿元），负增长4.1%，为1996年以来最差表现，农业支出相当于巴西联邦政府总支出3.6万亿雷亚尔（折合人民币4.81万亿元）的0.4%，是过去40年来最低点。但受大豆、玉米及肉类市场行情利好带动，巴西农牧业生产总值创历史新高，达 8 713 亿雷亚尔（折合人民币 11 651.10 亿元），同比增长 17%。农业、畜牧业生产总值分别为 5 805 亿雷亚尔（折合人民币 7 762.50 亿元）和 2 908 亿雷亚尔（折合人民币 3 888.60 亿元），同比分别增长 22.2% 和 7.9%，畜牧业占农牧业总产值的 33.4%（商务部）。2023 年，巴西农牧业生产总值达到 12 634 亿雷亚尔（折合人民币 16 502.55 亿元），其中畜牧业生产总值为 3 814 亿雷亚尔（折合人民币 4 980.85 亿元）（30.2%）。畜牧业中主要产品为牛肉（38.0%）、鸡肉（30.7%）、牛奶（16.8%）。

巴西主要养殖的畜禽为牛、鸡、猪、马（表 1）。牛、马以放牧为主，猪、鸡的饲料来源是种植业。巴西是世界上最大的牛肉和鸡肉出口国、第四大猪肉出口国（外交部）。根据巴西地理和统计研究所和 FAO 数据，2022 年，牛存栏 23 435 万头，位居世界第一，出栏 4 225 万头，位居世界第二，带骨牛肉产量 1 035 万吨，占全球 12.3%，位居世界第二（FAO 数据库）。适应巴西热带气候的内洛尔牛是肉牛中最主要的品种，占肉牛总数量的 90%（Rafael 等，2019）；奶牛数量为 1.59 百万头，位居世界第二，产奶量 3 530.05 万吨，位居世界第四。奶牛品种以吉尔兰多奶牛为主，该品种为杂交品种，含 5/8 荷斯坦牛和 3/8 吉尔牛（Gyr，瘤牛）血统（Ali 等，2016），占奶牛总数量的 80% 以上（Nathalia 等，2020）。

表 1 2022 年巴西畜禽养殖现状

畜种	存栏量	全球排名	占全球存栏比例/%	主要品种
牛	23 435 万头	1	15.1	肉牛：内洛尔牛 奶牛：吉尔兰多牛
猪	44 39 万头	3	4.5	长白、大白、杜洛克、皮特兰、汉普夏
鸡	15.9 亿只	4	6.2	肉鸡：科宝、罗斯 蛋鸡：白壳蛋鸡为 Lohmann、Isa Babcock、Hisex、Hy-Line Dekalb、H&N、Shaver、Embrapa 011；褐壳蛋鸡为 Isa Brown、Lohmann Brown、Hisex Brown、Embrapa 031、UFSM-TJ、UFSM-TZ、Hy-Line Brown 兼用：Rhode Island Red
山羊	1 237 万只	20	1.1	肉山羊：布尔山羊、Savanna、Moxotó、Canindé、Marota 奶山羊：萨能奶山羊、Alpine、Toggenburg 兼用羊：Anglo Nubian
绵羊	2 151 万只	18	1.6	肉用：Santa Ines、杜泊羊、杂交羊
马	583.45 万匹	3	10.0	Mangalarga Marchador、Arabian、English Thoroughbred
水牛	159.83 万头	8	0.8	兼用：Murrah 奶用：Mediterranean
驴	78.23 万头	15	1.5	Nordestina
鸭	340.30 万只	25	0.2	北京鸭
火鸡	6 50 万只	8	3.0	Hybrid White
兔	17.40 万只	24	0.1	Botucatu
骡	118.54 万头	2	15.4	
蜜蜂	101.72 万只	15	1.2	*Apis mellifera ligustica*、*Apis mellifera caucasica*、*Apis mellifera carnica*、*Apis mellifera scutellata*

资料来源：巴西国家地理与统计局（https://www.ibge.gov.br/）；FAO 数据库（https://www.fao.org/faostat/en/#data）。

巴西猪存栏4 439万头，位居世界第三，出栏5 647万头，位居世界第四，带骨猪肉产量518.6万吨，位居世界第三。鸡存栏15.9亿只，位居世界第四，出栏61.1亿只，产肉量1 452.4万吨，均排名世界第三，蛋鸡2.6亿只，产蛋334.2万吨，均排名世界第五。巴西肉鸡和猪群主要集中在中西部、东南部和南部三个地区，占巴西屠宰肉鸡的97.1%和屠宰猪的99.7%（Gilmar等，2022）。巴西养猪业主要是基于高科技和集约化的生产体系，使用专门用于肉类生产的、具有高遗传标准的品种，在生产中使用各种杂交生产方式，例如，两个、三个或四个品种进行杂交，母本选择长白、大白，父本选择纯种或杂种，如杜洛克、长白、杜洛克×皮特兰、杜洛克×大白、大白×皮特兰，或选择品系如汉普夏。基于杜洛克、汉普夏和皮特兰，巴西农业科学院（Brazilian Agricultural Research Corporation，Embrapa）育成Embrara MS58品系，超过58%的猪肉生产均使用该品系。本土猪品种仅由小农户饲养（Sollero等，2009）。巴西肉鸡生产使用几种高产配套系，主要是美国的科宝和德国的罗斯配套系（Maria等，2021）。巴西南部和西南部饲养了2/3的蛋鸡（Mariana等，2022），主要是笼养商业品种，如Lohmann、Hy-Line Brown等。巴西地方鸡的养殖主要是在东北部地区，因为当地有一种名为"Galinhacaipira"的传统菜肴，需要用土鸡制作。巴西的土鸡起源于美洲、地中海、英国和亚洲的鸡种，主要品种是Andalusian、Buff Plymouth Rock、Silver-Spangled Hamburgs、Australorp、Columbian Wyandottes、Assel、Partridge Plymouth Rock和Brown Leghorn。但巴西农业、畜牧业和供应部于2014年7月2日颁布的第21号监管指令指出，不能在农业、畜牧业和供应部进行巴西鸡品种注册（Embrapa，2018），因此，这些鸡种不属于巴西地方鸡种。

巴西国内65.5%的绵羊分布在东北地区（Vinícius等，2022），多由本地品种和杂交后代组成，主要是Santa Ines（被认为是巴西地方品种）和杜泊羊（来自非洲）及其杂交后代（José等，2021）。巴西国内的山羊群大约1 192万只，其中，93%分布在东北部地区，7%分布在东南部地区，该地区以牛奶生产为主。用于肉用的是布尔山羊、Savanna和当地品种（Type of local goat Without Defined Breed Standard）（Wandrick等，2011），萨能奶山羊是巴西产奶量最高的品种，常用于杂交（Wandrick等，2011）。占养殖数量75%的山羊为未定义品种，这些羊是当地品种与外来品种的杂交种，当地品种主要是Moxotó、Canindé、Azul、Nambi、Gurguéia和Graúna，其中以Moxotó为主，外来品种主要是Bhuj、萨能奶山羊、Murciana-Granadina、布尔山羊和Nubian，其中以Nubian为主（Maria，2018）。

巴西拥有世界第三大马群，仅次于美国和墨西哥，Mangalarga Marchador是巴西的国马，数量超过60万匹，是世界上数量极多的骑乘马种之一，也是巴西数量最多的马种（Marielle等，2022）。巴西驴存栏量在全球排名第15，80%的驴集中在巴西东北部地区，主要饲养的是Nordestina（Naiane等，2022）。巴西目前是世界排名第十五的蜂蜜生产国，巴西的蜜蜂主要是欧洲蜜蜂和非洲蜜蜂的杂交种——非洲化蜜蜂，这些蜜蜂遗传变异很大，南部以欧洲蜜蜂特征为主，北部以非洲蜜蜂特征为主（Embrapa，2003）。

1.2 畜禽遗传资源情况

巴西畜禽遗传资源丰富，有57个牛品种、23个猪品种、13个鸡品种、25个马品种、24个绵羊品种、21个山羊品种、5个水牛品种、3个驴品种和1个兔品种（表2），但巴西没有本土驯化品种。巴西的畜禽品种是1500年被葡萄牙殖民者发现后不久带来的品种发展而来的。这些品种经过5个世纪的自然选择，呈现出适应巴西特定环境条件的特征，被称为克里奥罗（Crioulo，即拉丁美洲繁殖的家畜）、地方（local）品种或归化（naturalized）品种。这些品种通过几个世纪的自然选择，适应了巴西多样化的生态系统。从20世纪初开始，巴西引进一些在温带地区选择的商业品种，具有高生产力但不具有适应性特征（如对某些疾病和寄生虫具有抗性），即外来品种。尽管如此，它们逐渐取代了本地品种，以至于后者有灭绝的危险（Mariante等，2009）。为了避免本地品种重要遗传物质的进一步损失，1983年，Embrapa的国家遗传资源研究中心（National Research Center for Genetic Resources，Cenargen）决定将保护动物遗传资源列为其优先事项之一，重点保护本地品种，因此，巴西濒危品种主要是外来品种（表2）。

巴西濒危品种大多是国外的品种，如Herens牛、Indubrasil牛、Lincoln Red牛、Murray Grey牛、汉普夏猪、Large Black猪、Tamworth猪、Wessex猪、Morgan马、Purebred Spanish马、Black Belly绵羊、Polypay绵羊、Morada Nova绵羊、Somali Brasileiro绵羊、Kalahari山羊、Savanna山羊、Murciana山羊、White Leghorn鸡和White Plymouth Rock鸡。Indubrasil牛和Somali Brasileiro绵羊是20世纪后巴西培育的品种。一直到20世纪40年代，Indubrasil牛都是巴西最常用的瘤牛品种，但从20世纪50年代，随着内洛尔牛越来越受欢迎，它在巴西成为濒危品种。Somali Brasileiro绵羊是1939年由里约热内卢州的农民带来，与当地羊杂交育成，这些动物更好地适应了巴西东北部的半干旱条件，但由于巴西农民喜欢杜泊羊，该品种用于杂交，因此面临灭绝的危险。其他一些羊种也是因为农民喜爱大型肉羊品种，在生产中随意与专门化肉用品种杂交，从而导致了数量的减少。

目前，商业品种也纳入保护范围，例如已对家鸡品种全部进行了保护（表2）。除表中所列畜禽遗传资源外，巴西还非常重视蜜蜂种质资源的保存，建立了南部、东南部、中北部、北部和半干旱地区蜜蜂种质资源保存库。

表 2 巴西畜禽遗传资源状况

畜种	品种类型	品种资源	濒危品种	保护品种
牛	地方品种	Blonel、Canchim、Caracu、Crioulo Lageano、Curraleiro-Pé-Dur、Flemish、Ibage、Junqueiro、Lavinia、Mantiqueira、Mocho Nacional、Pantaneiro、Pitangueiras		Caracu、Crioulo Lageano、Curraleiro-Pé-Dur、Ibage、Junqueiro、Mocho Nacional、Pantaneiro
牛	外来品种	Aberdeen Angus、Ayrshire、Beefmaster、Blonde d'Aquitaine、Bonsmara、Braford、Brahman、Brangus、Cangaian、Charolês、Chianine、Devon、Dinamarquesa Vermelha、Droughtmaster、Galloway、Gir、吉尔兰多牛、Guzerá、海福特、Herens、荷斯坦、Indubrasil、娟姗、利木赞、Lincoln Red、Maine Anjou、Marchigiana、Murray Grey）、内洛尔牛、Normando、Pardo-Suíço、Pinzgauer、Salers、Santa Gertrudis、Senepol、短角、Simbrasil、西门塔尔、Sindi、South Devon、Tabapua、Tarentaise、Ultrablack、和牛	Herens、Indubrasil、Lincoln Red、Murray Grey	Brangus、Sindi
水牛	地方品种	Tipo Baio		Tipo Baio
水牛	外来品种	Carabao、Jafarabadi、Mediterranean、Murrah		Carabao、Jafarabadi、Mediterranean、Murrah
猪	地方品种	Canastra、Canastrão、Caruncho、Embrapa MO 25C、Embrapa MS 115、Embrapa MS 60、Monteiro、Moura、Nilo、Piau、Sorocaba、Tatú		Monteiro、Moura、Piau
猪	外来品种	巴克夏（Eerkshire、杜洛克、汉普夏、长白、Large Black、大白、Meishan、反特兰、Poland China、Tamworth、Wessex	汉普夏、Large Black、Wessex、Tamworth	
马	地方品种	Baixadeiro、Brasileiro de Hipismo、Campeiro、Pantaneiro、Campolina、Crioulo、Lavradeiro、Mangalarga Marchador、Marajoara、Nordestino、Pantaneiro、PiquiraPônei）、Puruca		Baixadeiro、Campeiro、Pantaneiro、Lavradeiro、Marajoara、Puruca
马	外来品种	Appaloosa、Arabian、Breton、Lusitano、Mangalarga、Morgan、Paint、Percheron、Purebred Spanish、Quarto de Milha、Thoroughbred、Trotter	Morgan、Purebred Spanish	
驴	地方品种	Nordestina、paulista、Pega		Northeastern、Pega

续表

畜种	品种类型	品种资源	濒危品种	保护品种
绵羊	地方品种	Botucatu、Cariri、Crioula、Pantaneiro		Morada Nova、Fat Tail、Criollo Lanado、Pantaneiro
	外来品种	澳大利亚美利奴、Bergamasca、Black Belly、Border Leicester、Corriedale、杜泊、Hampshire、Ideal、Ile de France、Karakul、Lacaune、Morada Nova、Poll Dorset、Polypay、Rabo Largo、Romney Marsh、Santa Ines、Somali Brasileiro、Suffolk、Texel	Black Belly、Morada Nova、Polypay、Rabo Largo、Somali Brasileiro	Black Belly、Bergamasca、Morada Nova、Somali Brasileiro、Santa Ines
山羊	地方品种	American Alpine、Azul、Bhuj、Caninde、Grauna、Gurgueia、Mambrina、Marota、Moxotó、Repartida		Azul、Caninde、Marota、Moxotó、Repartida
	外来品种	Alpine、Anglo-Nubian、安哥拉、布尔、British Alpine、Jamnapari、Kalahari、Murciana、萨能、Savanna、Toggenburg	Kalahar、Murciana、Savanna	
鸡	地方品种	Canela Preta、Rabo de Leque		Canela Preta、Rabo de Leque
	外来品种	洛岛红 GG、洛岛红 GGp、洛岛红 MM、白来航 CC、白来航 CCc、白来航 DD、White Plymouth Rock KK、White Plymouth Rock PP、White Plymouth Rock PPc、White Plymouth Rock SS、White Plymouth Rock TT	白来航 CC、白来航 CCc、白来航 DD、White Plymouth Rock KK、White Plymouth Rock PP、White Plymouth Rock PPc、White Plymouth Rock SS、White Plymouth Rock TT	洛岛红 GG、洛岛红 GGp、洛岛红 MM、白来航 CC、白来航 CCc、白来航 DD、White Plymouth Rock KK、White Plymouth Rock PP、White Plymouth Rock PPc、White Plymouth Rock SS、White Plymouth Rock TT
兔	地方品种	Botucatu		

资料来源：DAD-IS，2023，Embrapa 遗传资源网络平台：https://alelo.cenargen.embrapa.br/（2023），Mariante 等（2009）。

1.3 畜禽遗传资源保护方式

巴西畜禽遗传资源保护的方式主要有原地保护和异地保护两种形式。异地保护包括迁地保护和体外保护（精液、胚胎、组织和DNA库保存）。动物活体保护采用原地保护和迁地保护。体外保护在原地或异地种质资源库保存。

畜禽活体保护方面，由遍布全国的个体项目进行保护，包括原地保护和迁地保护，由巴西农业研究院（Embrapa）负责。原地保护是位于栖息地附近的Embrapa的研究中心试图拯救濒临灭绝品种的有效种群，迁地保护是将濒危种群重新安置在适宜的地方包括保种场的农场公园保护。目前保护的畜禽品种有29种，24种为原地保护，包括水牛（1种）、牛（3种）、山羊（4种）、绵羊（3种）、马（1种）、猪（1种）和鸡（11种），迁地保护包括水牛（3种）和牛（2种）。巴西苏库皮拉实验场是巴西的动物多样性农场公园，目前有200多种动物，代表着巴西面临灭绝威胁的主要家养畜种，包括牛、马、山羊、猪、绵羊和驴。此外，农场还有一个濒危动物DNA库。

体外保护方面，1983年，Embrapa的国家遗传资源研究中心（Cenargen）决定将动物遗传资源的保护纳入其研究项目"遗传资源的保护和利用"，起因之一是圣保罗州的Mocho Nacional品种被发现仅存活有3头公牛和8头母牛。Mocho Nacional牛是巴西唯一的无角本土品种，鉴于此，中心安排两名兽医开始收集精液和胚胎进行冷冻保存。1987年，FAO为发展中国家建立区域性动物基因库（Regional Animal Gene Banks，RAGBs），Cenargen被选为负责北美洲存储濒危畜禽品种精液和胚胎的单位。但巴西动物遗传资源保护没有受到损害，因为巴西建立动物基因库早于FAO提议。目前，来自不同畜禽品种的精液和胚胎在原地或位于巴西利亚的Cenargen的种质资源库（Cenargen AnimalGermplasm Bank，CAGB）进行保存，组织和DNA库也位于Cenargen。牛、马、驴、山羊、绵羊、鱼和猪的精液和/或胚胎储存在Cenargen动物种质库，目前，拥有近110 000多剂精液和880多个胚胎。此外，水牛、马、绵羊、山羊、鸡、牛和蜜蜂还建有原地保存库。

1.3.1 畜禽遗传资源保护的先进技术

Embrapa有一个专门从事动物遗传资源研究的小组，主要研究基因特征和动物繁殖，协调保护畜禽遗传资源的战略。巴西动物繁殖技术居于国际领先水平。

（1）繁殖技术

巴西胚胎移植占全世界胚胎移植总数的25%～30%。Cenargen的动物遗传资源保护的繁殖团队建立了两个实验室，一个利用老鼠作为生物模型开发新技术，另一个将开发的技术应用于Cenargen实验农场的牲畜。成功开发了在农场收集和冷冻精液、收集胚胎（开始时通过外科手术）、冷冻解冻并将其转移到受体牛、胚胎显微操作等技术，从而允许从单个胚胎产生同卵双胞胎。在试管内受精和克隆也是在这些实验室发展起来的。2001年，在拉丁美洲首次克隆出名为"Vitória da Embrapa"的西门塔尔母牛；2003年，克隆出死去的荷斯坦母牛；2005年，克隆出Junqueira牛，该品种在巴西当时不足100头。2016年，Embrapa的动物育种生物技术和遗传资源团队开发了另一项创新技术——未成熟卵母细胞的卵泡内移植（Intrafollicular transfer of immature oocytes，TIFOI），是牛胚胎生产的替代技术。该技术旨在克服体内胚胎生产使用超排激素和体外生产胚胎所需昂贵的实验室设备和其他不良影响。首先将供体母牛卵丘-卵母细胞复合体（COCs）注射到同期发情的母牛的优势卵泡中，使其在该母牛体内成熟并排卵。对排卵期母牛进行人工授精，受精卵在体内发育，注射8天后，冲胚，进行胚胎移植或冷冻保存。

（2）生物技术

巴西很长一段时间区分不同畜禽品种的方法都是基于表型数据（外貌特征和产量），在实际测定中，这些数据易受环境影响，不能正确区分。例如，巴西牛品种Crioulo Lageano、Franqueiro和Junqueira都有巨大的角，一些人认为是同一品种，一些人认为是不同品种，因此仅依据表型区分品种不可靠。学者考虑使用基因特征作为补充，最初发表的论文里仅包括细胞遗传学研究、血型和蛋白质多态性研究。考虑到本土品种缺乏遗传特征，1998年，塞纳根在Cenargen建立了动物遗传学实验室，主要任务是对濒危物种的遗传特征进行研究，目的是维持、保护和保存这些动物的遗传多样性，例如，通过测定基因相似度决定哪些种群应该被保护，被保护的品种和个体的考虑因素包括经济利益、适应性特征、独特基因、品种在当地或区域生产系统中的重要性。

Cenargen还建立了一个DNA库，从血液、精液和毛发中提取样本。目前，有7 000多个来自不同种群的DNA样本，包括商业品种以及一些具有农业潜力的野生物种（啮齿动物水豚和两种野猪）。Cenargen还保存了一些组织和细胞样本，用于寻找与生产性状相关的分子标记，以及用于生物技术研究。这种扩大获取基因组分析的业务增加了基因库的知名度，并且带来短期和长期的利益。巴西对动物基因库90%的样本进行了基因组研究（美国是20%），这些数据允许直接推断种群遗传结构、建群效应、基因渗入和定向选择标记，以及动物/品种间最大或最小差异的基因组片段的鉴定。这一信息反过来能够更好地决定哪些动物应该用于组建核心群和动物选择，以优化表型和生产工作。2014年，巴西、加拿大和美国开始将基因组信息纳入它们的联合数据库Animal-GRIN（http：//nrrc.ars.usda.gov/A-GRIN/或者http：//aleloanimal.cenargen.embrapa.br/），并通过互联网公开发布。这种资源共享减少了重复的基因分型工作（Samuel等，2016）。

1.4 畜禽基因库建设

1973年4月26日，巴西成立了巴西农业研究院（Embrapa），致力于为食品、纤维和能源生产提供技术解决方案。Embrapa是拉丁美洲第一个按照FAO/环境规划署的建议建立保护濒临消失的动物遗传资源方案的研究机构之一。1974年，巴西政府在Embrapa内设立了国家遗传资源研究中心（Cenargen）。1983年，Cenargen决定将保护动物遗传资源列为其优先事项之一。1984年，该单位还纳入了旨在保护和利用遗传资源的生物技术研究活动，成立Embrapa网络的遗传资源和生物技术中心（the Genetic Resources and Biotechnology Centre of the Embrapa Network）。中心的主要目标是保护和鉴定遗传资源（植物、动物和微生物），以及开发先进生物技术、生物控制和生物安全方面的信息和技术。随后整合40个Embrapa研究中心、国家农业研究机构以及大学在内的巴西国家农业研究系统资源，成立了国家遗传资源网络（National Network of Genetic Resources，Renargen）。自 2003 年开始，Embrapa 在 Renargen 运行第一个基于网络的遗传资源管理和保护模式。2009 年，由四大项目网络组成的国家遗传资源平台（National Platform for Genetic Resources formed by four big project networks）取代了 Renargen：植物网络、动物网络、微生物网络以及网络整合（横向网络）（网址：https：//alelo.cenargen.embrapa.br/）。前三个网络项目侧重于保护遗传资源，而第四个网络项目由三个交叉的项目部分组成：监管、文件和种质交流，他们与三个网络的其他组成项目有着密切的互动（Alfredo 等，2018）。

核心群保种的原地保护方式是保护计划的基本部分，用以收集濒危品种的精液、胚胎和卵子。在遍及全国的原地保护计划建立后，Embrapa 启动了异地保护计划，进行异地保存，创建了动物种质库。Embrapa 遗传资源和生物技术中心的动物遗传资源研究小组管理着一个动物种质库，即位于巴西利亚的苏库皮拉（Sucupira）实验农场，自 1983 年开始进行精液和胚胎的冷冻保存（表 3）（Mariant 等，2002）。

表 3 巴西苏库皮拉动物种质库保存品种与状况

动物	品种/个	雄性个体/个	雌性个体/个	冻精/支	胚胎/枚
牛	8	20	41	43 536	151
山羊	6	12	27	655	—
绵羊	2	4	6	500	56
马	2	6	11	—	1
驴	1	2	5	150	—
猪	7	7	11	—	—
总计	26	51	104	44 841	208

资料来源：Mariant 等，2002。

1987 年，Cenargen 被 FAO 选为负责北美洲存储濒危畜禽品种精液和胚胎的单位，材料副本保存在阿根廷国家农业技术研究所（National Institute of Technology in Agriculture of Argentina）。2000 年后，DNA 和组织样本也纳入保护项目。2014 年 4 月，Cenargen 建立了基因库，基因库是一座两层建筑，总面积为 3.2 万 m^2（图 1），这也是目前世界上最大和最重要的基因库之一，该库配有现代化的安全设施，可以中期和长期保存植物和动物的基本种质收藏，并备份来自 Embrapa 和伙伴机构的微生物收藏。该建筑配备了种子保存冷室（-18℃）、体外保存室（10℃ 和 20℃），植物结构、动物和微生物组织和细胞的液氮罐（-196℃），冷冻保存微生物的种质加热室（25℃）和用于存储动物、植物和微生物 DNA 的 -80℃ 冰箱，动物种质保存能力得到了提高。冷冻库配备氮气工厂和自动冷冻库进料系统，确保储存材料的最低安全水平。

动物基因库由动物种质资源库（Banco de Germoplasma Animal，BGA）和 DNA 与组织库组成。BGA 有两个冷冻库，可存储 1.8 万个样本，一个结构可容纳多达 8 个冷冻库，最多可存储 70 万个样本。BGA 除了保留 Embrapa 原地保护品种的遗传变异性之外，还保护商业品种的遗传物质，使 Embrapa 更接近生产部门，并使其在全球遗传资源保护领域处于领先地位。

图1 巴西动物基因库大楼

动物DNA和组织库建立于1998年，目的是保护品种的遗传特性。Embrapa的研究人员和来自不同大学、州研究机构、品种协会和私人育种者的合作伙伴丰富了该库。该库不仅保存了当地适应品种的遗传物质，还保存了商业品种和一些具有经济潜力的本地品种。样品采集后（血液、精液、毛发、羽毛和其他动物组织）被送到动物遗传学实验室，进一步提取DNA并存储。DNA样品储存在 –80℃ 的冰箱中。DNA库的建立促进了动物遗传资源研究的进展。目前保护的畜禽遗传资源状况见表4。

表4 巴西动物基因库保存状况

动物	DNA	精液	组织	胚胎
驴	43 107（155）	366（5）		
牛	511 501（3 483）	74 627（274）	23 340（1 314）	229（46）
山羊	188 971（1 390）	10 268（121）	19 118（1 379）	133（23）
绵羊	524 956（7 088）	26 246（149）	19 290（3 024）	516（75）
水牛	84 693（602）			
马	112 516（913）	1 316（21）	747（130）	6（6）
猪	46 058（686）	535（14）	185（40）	
家禽	51 607（320）		1 012/243	
总计	1 563 409（14 737）	113 114（945）	63 662（6 130）	884（150）

资料来源：https://alelo.cenargen.embrapa.br/numeros/Executar?acao=BGE.numeros（2023.5.9）。
注：括号外数据表示样本数，括号内数据表示个体数。

1.5 种畜及遗传资源进出口

巴西的畜禽遗传资源贸易既有进口也有出口，但出口份额远大于进口份额。巴西从其他国家进口了一些高品质的畜禽品种，如种马、种牛、种猪、种禽等，除此之外，巴西还大量进口牛精液，以提高巴西本土的畜禽品质和生产水平。同时，巴西也向其他国家出口各种家禽和家畜的遗传资源，如各品种的鸡、牛、猪、马等。从2018年开始，巴西连续四年畜禽进口数量持续走低，但出口数量呈现上升趋势，其原因可能与巴西畜禽资源品质逐步提升以及巴西加大支持农业发展的力度有关（表5）。

（1）畜禽遗传资源进口情况

2021年，巴西畜禽遗传资源进口额是5 518万美元，主要从北美洲、欧洲和南美洲进口种质资源，其中，美国是巴西最大的进口国，进口额为3 539万美元，占巴西总进口额的64.14%，其次是加拿大、阿根廷、丹麦和荷兰，进口额分别是1 042万、217万、194万、123.46万美元，市场占比分别为18.88%、3.93%、3.51%和2.24%。这五个国家占了巴西进口市场的92.70%（表6）。

巴西主要进口的畜禽遗传资源是牛精液和种猪，牛精液进口额居全球第三，占巴西全部进口额的80.7%，主要从美国、加拿大和阿根廷进口；其次是种猪，占11.3%，主要从加拿大、丹麦和美国进口（表5、表6）。其他畜禽品种进口较少。

（2）畜禽遗传资源出口情况

2021年，巴西畜禽遗传资源出口额是9 516.58万美元，与进口相比出现贸易顺差。活鸡是巴西国际贸易出口的最重要畜禽种类。2021年出口超2 000万只，价值约9 000万美元，居世界第八位，占出口额的92.89%；牛精液也是巴西主要出口的种质资源之一，2021年出口超572千克，价值约400万美元，居世界第十三位，占出口额的3.97%。巴西的出口国主要是位于南美洲的阿根廷、哥伦比亚、秘鲁、玻利维亚、厄瓜多尔和巴拉圭，出口额分别是1 692万、1 689万、1 301万、1 193万、1 072万、1 000万美元，分别占总出口额的17.78%、17.75%、13.67%、12.54%、11.26%和10.51%，总计占83.52%。巴西进出口贸易中的其他畜禽品种在国际市场均排名处于中间甚至靠后位置，且羊、鸭、鹅、火鸡和珍珠鸡的品种和数量稀少。巴西总出口额的97%是由活鸡和牛精液贡献（表7、表8）。

（3）巴西知名育种公司

巴西没有知名的动物遗传育种和遗传物质进出口公司，很多国际遗传物质进出口知名公司在巴西有分公司，例如，美国库朋（Koepon Holding BV）与荷兰CRI（Cooperative Resources International）合并成立的总部在美国的URUS公司，其将两个牛业遗传公司（ALTA和GENEX）联合，成为人工授精遗传物质及牧场信息管理方面的全球领导者。URUS在巴西设有GENEX和ALTAGENETICS分公司，主要经营牛精液的进出口。此外，经营牛精液进出口的巴西ABS进出口公司也是总部在美国的公司。

但巴西有全球知名农业企业。巴西食品公司（Brasil Foods S.A.，BRF）是全球最大的食品公司之一，也是巴西最大的鸡肉出口商。Minerva公司在巴西牛屠宰行业排名第三，是主要牛肉出口商之一。巴西JBS（创始人为José Batista Sobrinho）公司是全球最大的食品饮料公司和第二大食品公司、巴西最大的私营公司，主要生产牛肉、猪肉和家禽。Marfrig是全球第二大食品和饮料公司，有21个牛肉生产工厂、10个分销中心。Aurora Alimentos是巴西最大的合作社之一，由圣卡塔琳娜州西部的8家合作社合并而成，是巴西主要的粮食生产商和出口商，拥有8家猪肉屠宰厂、9家家禽屠宰厂、1家乳品厂、10个饲料和储存仓库、9个孵化场和农场、26个销售及12个区域分销实体。C.Vale属于农业合作社，主要生产牛奶、鸡肉、猪肉。Lar Cooperativa属于农业合作社，主营家禽、养猪和奶牛养殖等。

表 5 巴西 2015—2021 年主要畜禽种质资源进口数量与进口额

种质资源	项目	2015 年	2016 年	2017 年	2018 年	2019 年	2020 年	2021 年	2021 年排名
牛精液	数量/千克	4 702	5 185	9 137	7 035	7 065	7 966	13 053	3/115
	价值/万美元	2 988.40	2 378.26	2 299.35	2 823.59	3 223.64	3 783.85	4 454.51	
马[1]	数量/头	200	173	162	1,936	151	97	123	22/102
	价值/万美元	254.71	274.04	346.99	277.05	558.50	315.00	265.06	
牛[1]	数量/头	45	116	98	25	29	42	72	48/103
	价值/万美元	5.72	25.60	9.53	10.65	20.18	69.51	124.38	
猪[1]	数量/头	778	322	831	1 098	1 490	2 175	2 400	10/74
	价值/万美元	171.21	124.79	212.92	195.78	388.85	434.87	625.85	
活绵羊	数量/只	82	1	4	620	36	10	1	88/89
	价值/万美元	3.65	0.60	1.39	2.51	4.72	0.18	0.03	
活家禽[2]	数量/只	72 876	81 443	39 930	99 515	46 633	20 887	14 387	106/132
	价值/万美元	194.40	411.86	147.87	388.41	400.98	102.81	39.20	
活家禽[3]	数量/只	11 040	—	—	—	10 000	7 488	11 025	47/79
	价值/万美元	6.82	—	—	—	6.72	5.94	8.84	
总计	数量	85 021	82 055	41 025	103 194	58 339	30 699	28 008	
	价值/万美元	636.51	836.89	718.70	874.40	1 379.94	928.30	1 063.36	

注：[1] 活的纯种繁殖动物；[2] 鸡种，重量不超过 185 克；[3] 鸭、鹅、火鸡和珍珠鸡，重量不超过 185 克。总计不包括牛精液。2021 年排名，分子为名次，分母为有数据国家总数。

资料来源：World Integrated Trade Solution (WITS), https://wits.worldbank.org/。

表 6　巴西 2021 年畜禽种质资源主要国家进口数量与进口额　　　　单位：万美元

种质资源	国家	数量	进口额
牛精液	美国	8 508 千克	3 175.14 万美元
	加拿大	2 023 千克	792.66 万美元
	阿根廷	870 千克	217.03 万美元
	荷兰	1 236 千克	123.46 万美元
	英国	90 千克	65.42 万美元
	法国	95 千克	26.77 万美元
	新西兰	119 千克	22.84 万美元
	西班牙	88 千克	16.88 万美元
马[1]	美国	39 匹	77.23 万美元
	比利时	17 匹	53.15 万美元
	乌拉圭	7 匹	21.04 万美元
	巴拉圭	2 匹	3.57 万美元
	智利	44 匹	2.95 万美元
	西班牙	5 匹	7 580 美元
	爱尔兰	1 匹	2 290 美元
牛[1]	美国	7 头	124.38 万美元
猪[1]	加拿大	1 187 头	249.10 万美元
	丹麦	668 头	193.70 万美元
	美国	406 头	123.22 万美元
	法国	89 头	39.24 万美元
	挪威	50 头	20.59 万美元
活绵羊	乌拉圭	1 只	300 美元
活山羊	—	—	
活家禽[2]	美国	14 387 只	39.20 万美元
活家禽[3]	—	—	
活家禽[4]	法国	11 025 只	8.84 万美元
活家禽[5]			

注：[1] 活的纯种繁殖动物；[2] 鸡种，重量不超过 185 克；[3] 鸡种，重量超过 185 克；[4] 鸭、鹅、火鸡和珍珠鸡，重量不超过 185 克；[5] 鸭、鹅、火鸡和珍珠鸡，重量超过 185 克。总计不包括牛精液。

资料来源：World Integrated Trade Solution (WITS), https://wits.worldbank.org/。

表 7 巴西 2015—2021 年主要畜禽种质资源出口数量与出口额

种质资源	项目	2015 年	2016 年	2017 年	2018 年	2019 年	2020 年	2021 年	2021 年排名
牛精液	数量/千克	206	308	447	424	469	402	572	12/49
	价值/万美元	140.88	169.40	226.86	242.58	242.47	254.17	377.47	
马[1]	数量/匹	1 164	371	274	—	—	—	—	21/75
	价值/万美元	183.78	449.31	454.69	553.12	875.81	238.79	189.47	
牛[1]	数量/头	368	129	6 525	5 504	454	74	12.98	53/68
	价值/万美元	105.92	37.49	623.39	466.10	67.66	29.37	12.98	
猪[1]	数量/头	3 068	573	2 704	1 317	1 431	1 032	639	18/34
	价值/万美元	129.20	57.16	187.88	84.34	133.09	108.25	96.78	
活绵羊	数量	—	—	—	—	—	—	—	—
	价值	—	—	—	—	—	—	—	
活山羊	数量	—	—	—	—	—	—	—	—
	价值	—	—	—	—	—	—	—	
活家禽[2]	数量/万只	1 518.01	1 531.45	1 785.03	2 290.64	2 220.01	2 425.65	2 430.24	8/79
	价值/万美元	6 042.95	6 579.34	6 998.12	7 678.17	8 440.60	7 789.14	8 839.88	
活家禽[3]	数量	—	—	—	—	—	—	—	—
	价值	—	—	—	—	—	—	—	
活家禽[4]	数量/只	—	—	—	—	30	—	5	39/39
	价值/美元	—	—	—	—	1100	—	600	
活家禽[5]	数量	—	—	—	—	—	—	—	—
	价值	—	—	—	—	—	—	—	
总计	数量/万头	1 518.47	1 531.56	1 785.98	2 291.32	2 220.20	2 425.76	2 430.30	
	价值/万美元	6 461.85	7 123.30	8 264.08	8 781.72	9 517.18	8 165.55	9 139.11	

注：[1] 活的纯种繁殖动物，重量不超过 185 克；[2] 鸡种，重量超过 185 克；[3] 鸡种，重量不超过 185 克；[4] 鸭、鹅、火鸡和珍珠鸡，重量不超过 185 克；[5] 鸭、鹅、火鸡和珍珠鸡，重量超过 185 克。总计不包括牛精液。2021 年排名，分子为名次，分母为有数据国家总数。
资料来源：World Integrated Trade Solution (WITS)，https://wits.worldbank.org/。

表8　巴西2021年畜禽种质资源主要国家出口数量与出口额

种质资源	国家	数量	出口额
牛精液	哥伦比亚	572 千克	109.81 万美元
	玻利维亚	117 千克	63.69 万美元
	巴拉圭	155 千克	55.39 万美元
	哥斯达黎加	119 千克	39.86 万美元
	厄瓜多尔	57 千克	32.88 万美元
	危地马拉	44 千克	27.04 万美元
	阿根廷	30 千克	19.82 万美元
马[1]	美国	36 匹	120.19 万美元
	阿根廷	25 匹	40.60 万美元
	乌拉圭	119 匹	21.04 万美元
	巴拉圭	12 匹	3.57 万美元
	智利	4 匹	2.95 万美元
	西班牙	1062 匹	7580 美元
	爱尔兰	30 匹	2290 美元
牛[1]	玻利维亚	53 头	9.18 万美元
	巴拉圭	24 头	3.79 万美元
猪[1]	委内瑞拉	163 头	43.45 万美元
	巴拉圭	315 头	33.48 万美元
	阿根廷	23 头	7.80 万美元
	乌拉圭	60 头	6.86 万美元
	荷兰	78 头	5.20 万美元
活绵羊	—	—	—
活山羊	—	—	—
活家禽[2]	阿根廷	66.46 万只	1623.86 万美元
	哥伦比亚	72.22 万只	1579.56 万美元
	秘鲁	63.16 万只	1300.95 万美元
	玻利维亚	205.62 万只	1120.54 万美元
	厄瓜多尔	181.21 万只	1039.15 万美元
	巴拉圭	1735.96 万只	904.10 万美元
	智利	37.62 万只	543.17 万美元
	委内瑞拉	11.29 万只	393.61 万美元
	乌拉圭	23.67 万只	140.68 万美元
	埃塞俄比亚	17.16 万只	74.04 万美元
活家禽[3]	—	—	—
活家禽[4]	中国香港	5 只	100 美元
活家禽[5]	—	—	—

注：[1] 活的纯种繁殖动物；[2] 鸡种，重量不超过185克；[3] 鸡种，重量超过185克；[4] 鸭、鹅、火鸡和珍珠鸡，重量不超过185克；[5] 鸭、鹅、火鸡和珍珠鸡，重量超过185克。总计不包括牛精液。
数据来源：World Integrated Trade Solution (WITS), https://wits.worldbank.org/

2 畜禽遗传资源保护管理体系

2.1 保护主体

2.1.1 联邦政府

巴西联邦政府的畜禽管理部门是农业和畜牧部（Ministério da Agricultura e Pecuária，Mapa），Mapa 在畜禽遗传资源保护中的主要职责是：与其他部委共同制定预算资助战略；与教育部、科技部、创新部和通信部联合行动，培训和加强农业生物多样性遗传资源保护和可持续利用方面的专门人力资源；与环境部协调，保护在这些保护单位中发现的农业生物多样性遗传资源；管理或授权管理国家农业生物多样性遗传资源信息网络；Mapa 的遗传资源小组在政策和能力建设方面发挥作用。

巴西政府在各种联邦、州和市级、公立和私立研究机构，以及针对传统社区、土著居民和家庭农民，一直开展关于该国遗传资源的介绍、收集、交流、特征描述、保护、文献记录和信息活动，包括本地和外来动物品种。这些活动旨在增加遗传资源的可变性，以便为动物品种开发提供所需的种质改良计划，并长期保存这些材料以备将来使用。

2.1.2 巴西农业研究院

巴西农业研究院（Embrapa）隶属于 Mapa，负责巴西畜禽遗传资源的具体保护工作。Embrapa 的遗传资源和生物技术中心的动物遗传资源研究小组协调在 Renargen 保护家畜遗传资源的战略。在该中心的牵头下，Embrapa 下属的各研究所、大学、国有研究机构以及私营牧场，都投入到了动物遗传资源的保护中。

目前，巴西动物的原地保护和异地保护由 Embrapa 的 13 个研究所具体实施：遗传资源与生物技术中心负责苏库皮拉实验场、畜禽（包括蜜蜂）种质资源、DNA 和组织库的管理；猪禽研究所负责商业鸡品种和猪的原地保护；本土鸡品种和 Azul 山羊、中北部蜜蜂的种质资源原地保存库位于中北研究所，此外，还有 CurraleiroPé-Duro 牛、Marota 山羊和 Santa Ines 绵羊的原地保护中心；山羊和绵羊研究所主要负责管理 Somalis Brasileira 绵羊种质资源的原地保存库和 Canindé 山羊、Moxotó 山羊、Morada Nova 绵羊、Santa Ines 绵羊的原地保护；森林研究所、环境研究所和半干旱地区研究所分别负责管理南部地区、东南部地区和半干旱地区蜜蜂种质资源保存库，后者还负责 Sindi 牛原地保护；潘塔内罗研究所负责管理潘塔内罗牛和潘塔内罗绵羊的种质资源原地保存库和潘塔内罗马的原地保护；东部亚马孙研究所负责管理 Carabao 水牛、Marajoara 马、Puruca 马的种质资源原地保存库和北部地区蜜蜂种质资源保存库，还负责 Baio 水牛原地保护，并且还有 Jafarabadi 水牛、Jafarabadi 水牛和 Murrah 水牛的保种场；肉牛研究所主要负责 Caracu 牛原地保护；南部家畜研究所建有 CrioulaLanada 绵羊原地保护中心和 Brangus 和伊 Ibagé 牛保种场；罗莱玛研究所建有 Lavradeiro 马种质资源保存库和 Barriga Negra 绵羊种质资源原地保存库；沿海高原研究所负责 Santa Ines 山羊原地保护。

2.2 法律法规制度

巴西政府高度重视畜禽遗传资源保护，有专门针对畜禽遗传资源保护的立法和相关法规。

2.2.1 国内法律法规

巴西实行大陆法系，以联邦宪法为基础，强调动物保护，并在宪法第 23 条、第 24 条和第 225 条中规定了动物资源保护的相关立法和禁止虐待动物的法律措施。2001 年，巴西颁布《保护生物多样性和遗传资源暂行条例》，规范生物遗传资源的保护和利用。其资源保护计划包括通过数量普查和地理分布调查鉴定遗传稀释群体，采用血型和细胞遗传学分析确定遗传特征，并通过表型和遗传参数评估生产潜能。

2020 年，巴西农业和畜牧业部颁布了《国家粮食和农业遗传资源政策》，该政策旨在推动农业遗传资源的综合管理、保护、增值、可持续利用和估价。政策强调多方参与，包括民间社会组织、私营部门、土著居民、传统社区以及家庭和传统农民的积极参与。在遗传资源定义方面，政策明确了种质库、迁地保护、原地保护、农场保护、种质、遗传改良等术语。同时，政策特别重视提高公众对遗传资源保护重要性的认识，通过大众传媒宣传这些内容，并将其纳入各级教育课程，以提升社会和生产部门的意识和理解。政策还指出，要在科学和经济可行的基础上保护和可持续利用动物品种，并为这些行动提供充足的资金支持。此外，政策还提到建立国家农业生物多样性遗传资源信息网络，以优化现有资源的保存，并推进国家原地保护计划。为进一步完善遗传资源管理，2021 年 4 月，巴西农业和畜牧业部通过了建立国家粮食和农业遗传资源平台的提案（Mapa 2021 年 4 月 7 日第 57 号训令），旨在建立一个国家信息系统，以支持粮食和农业遗传资源的保护和利用，包括决策提案、建立遗传资源保护国家方案和实施管理战略等措施，进一步推动遗传资源的科学保护与可持续发展。

除上述政策外，巴西针对畜禽遗传资源保护还制定了多项法律、政策和计划，包括《农业政策法》（1991 年第 8.171 号）、《农场保护法》（1997 年第 9456 号法令）及相关补充法令、《创新法》（2004 年第 10973 号）、《林业法》（2012 年第 12651 号）、《国家农业生态和有机生产政策》（2012 年第 7794 号法令）、《生物多样性法》（2015 年第 13123 号）及其实施条例，以及《粮食和农业植物遗传资源国际条约》（2011 年第 297 号法令）。此外，还有促进农业生产技术创新的 Inovagro 计划、国家有机农业投入计划、生物投入方案等，体现了巴西在遗传资源保护和可持续发展方面的全面部署。

2.2.2 国际公约

巴西是联合国国际承诺的签署国，如 FAO 遗传资源委员会的《粮食和农业植物遗传资源国际条约》，以及《生物多样性公约》和《名古屋议定书》。因为巴西既是依赖外来遗传资源的农业大国，也是地球上生物多样性最丰富的国家之一，还是可持续利用和保护生物多样性以及分享其利用所产生的利益的国际讨论的主要参与者之一，因此，巴西在《生物多样性公约》和《名古屋议定书》的谈判中发挥了重要作用。众议院和生产部门一直在讨论巴西批准《名古屋议定书》的问题，一些初步分析表明，巴西对该国利用粮食和农业遗传资源（RGAA）的获取和惠益分享义务表示担忧。因此，巴西生物多样性法案（2015年第13.123号法案）规定了本国保护使用RGAA的差别待遇权。

2.3 科研支撑力量

目前，巴西有高等教育机构2 199所，其中公立大学252所，私立大学1 947所，与农业相关院校有79所，主要通过与农业和畜牧部和Embrapa合作参与遗传资源保存工作。

2.3.1 巴西农业研究院

Embrapa遗传和生物技术资源中心通过四个研究团队致力于动物遗传资源的保护与研究。遗传资源就地保护和管理团队专注于地方保护、保护规划、气候变化和生物多样性管理，以支持自然环境和农业生态系统的保护。动物繁殖生物学团队集中改进生殖技术，研究内容涵盖雌性生殖生理、卵巢功能控制、胚胎生产与保存、精液保存技术、基因组编辑及生物图像分析等。动物遗传资源的保护和表征团队则专注于遗传和基因组分析，发展和改进配子、胚胎和体细胞的冷冻保存方法，以及利用分子标记进行遗传表征与选择的方法，推动保护和繁殖的技术创新。合成生物学和生物信息学团队通过高通量测序和基因编辑研究，深入理解基因、转录本、非编码RNA及其代谢途径，以促进动物育种和生物设计。此外，Embrapa还在Renargen框架内提供多种国际课程，特别是与FAO合作的胚胎移植技术课程，推动国际间的知识交流与合作。

2.3.2 巴西农业高校

巴西国内相关农业院校，围绕畜牧业生产、畜禽遗传资源评定和保护开展相关的教学、培训等。巴西大学与巴西农业科学院合作，与遗传资源和生物技术中心一起提供硕士研究生两条研究路线进行培养，一条侧重于动物遗传资源的表征和保护，另一条侧重于动物繁殖策略。这种合作对于巴西动物遗传资源的保护和特征描述方面的最新进展至关重要。迄今为止，已经完成了40篇硕士论文。这些论文一般涉及与数量遗传学（18篇论文主要关于羊、牛、水牛和马）、分子遗传学（6篇论文关于羊、牛、水牛和马）和生殖（16篇论文）相关的主题。除教学外，巴拉那联邦大学协助Mapa识别、组织和便利获取巴拉那联邦大学维护的动物收藏（猪）信息。西亚尔联邦大学协助Mapa识别、组织和获取西亚尔联邦大学保存的遗传资源收集信息。伯南布哥联邦农业大学协助Mapa识别、组织和获取由伯南布哥联邦农业大学和伯南布哥农学院维护的遗传资源收集信息。这些合作有助于政府对畜禽遗传资源的统筹管理。

2.4 政府规划项目

2.4.1 动物遗传资源保护和利用

1984年，Renargen开展了遍及全国的10个计划：动物种群的鉴定及其长期保护；动物种质的遗传特性；山羊核心群保种；毛用绵羊核心群保种；亚马孙动物遗传资源核心群保种、潘塔纳尔动物遗传资源核心群保种、中北部动物遗传资源核心群保种、南方牧场动物遗传资源的保种、拉夫拉多动物遗传资源核心群保种、猪和家禽遗传资源核心群保种。目标包括以下内容：①确定处于高度遗传稀释状态的种群；②种质的表型和遗传特征；③生产潜力评估。保护是在核心畜群（保护核心）中进行的，在动物被自然选择的栖息地中保护（原地的），以及胚胎和精液储存（天然状态外），由苏库比拉实验农场的动物种质库保存。

2.4.2 巴西动物遗传资源的就地保护（2009年1月—2015年12月）

项目目标是保留大型物种的原地保护中心，并继续收集、保护、鉴定和交换种质的基本活动，由Embrapa东亚马逊研究所主持，与Embrapa其他下属单位（Embrapa遗传资源和生物技术、Mid North、Pantanal和Roraima）、大学（UEMA、UNB、UPIS、UFG、UFPA和UFRA）、国家研究公司（State Research Firms，EPAGRI）、育种者组织［巴西Marajoara马育种者协会（Brazilian Association of Breeders of MarajoaraHorses，ABCCRM）、巴西普鲁卡育种者协会（Brazilian Association of Puruca Breeders，ABCRP）、巴西潘塔内罗马育种者协会（Brazilian Association of Breeders of Pantaneiro Horses）、帕拉水牛育种者协会（Pará's Association of Buffalo Breeders，APCB）］，以及保种场饲养者合作。保种场的工作是维持并与其他单位合作。保种场工作人员的工作是直接参与保护、维持和公开濒危物种种质。项目由一系列行动计划组成，所有的计划是围绕保护、记录、充实原地保护中心的动物，并且评估国家BGA动物。

2.4.3 动物遗传物质的保存、交换和交易面临的挑战（2015年1月—2019年12月）

项目的总目标是开发和修改遗传物质保存方法和规程，提高不同家畜物种的种质（配子和胚胎）保存效果和安全性。项目分为五个行动计划：PA1（管理），PA2（动物福利和热应激对配子质量的影响），PA3（卵母细胞和胚胎的冷冻保存），PA4（精液的冷冻保存）和PA5（健康方面）。

2.4.4 动物遗传资源保护和利用的研究项目（2009年1月—2015年12月）

项目旨在确保迁地保护活动的连续性，侧重于对每个保护核心采取更直接的行动。除了Embrapa遗传资源和生物技术中心，该项目还依赖Embrapa其他单位、国家机构、大学和私人育种者的参与。该项目有三个行动计划，具体目标：①丰富BGA；②丰富DNA库；③将这些库的文件信息化。该项目在Sucupira实验农场饲养每个品种的少量动物，以便用作种质的供体，此外还有助于教育公众保护动物遗传资源的重要性。该项目建立了一个遍布全国的保护核心网络，为动物种质库（BGA，葡萄牙语缩写）和位于动物遗传学实验室（LGA）的血液DNA库提供精液和胚胎。

2.4.5 动物繁殖创新网络（2015年1月—2019年12月）

动物繁殖创新网络旨在提升Embrapa动物繁殖生物技术领域的技术水平，增强巴西动物生产链的竞争力。该网络通过建立新技术平台、转让技术、制定公共政策参考，以及研究不同动物胚胎技术，支持新型生产系统的开发和种质保存、交换与贸易。其研究涵盖奶牛、肉牛、绵羊、水牛和马的生殖表型特征，识别提高繁殖效率的关键因子，以应用于当前或未来的动物育种计划。

2.4.6 生殖生物新技术平台的开发（2015年1月—2019年12月）

近年来，巴西在生物学前沿领域有了巨大的进步，20世纪初完成的动物体细胞克隆以及随后的纳米生物技术、表观遗传学和基因组学等方面的探索为本项目奠定基础。本项目是通过整合三个前沿领域：克隆和干细胞、动物转基因和纳米生物技术，寻求解决与生物技术和动物繁殖有关问题的新办法。

2.4.7 QUALIANI项目（2016年1月—2020年12月）

QUALIANI（动物遗传资源保护中质量管理的实施和监测）项目旨在根据国际规范和标准保证畜禽遗传资源保护的质量。目前，Embrapa与大学和育种者协会合作，在全国范围内拥有26个育种点。QUALIANI项目的最终目标是在2020年前实施质量体系。该项目目的是使所有公司质量要求与国际标准接轨，包括：文件、记录、人员、实验场和创造的环境条件、动物和投入和设备以及测量的可追溯性。

2.5 保护资金来源

巴西畜禽遗传资源的保护和利用主要依赖国库支持，年度预算由巴西年度预算法（LOA）决定，经总统批准后分配给各相关部门，如农业研究院（Embrapa），每年预算为36.2亿雷亚尔（约51.73亿元人民币）。此外，巴西国家研究委员会资助与南美其他国家（如乌拉圭和哥伦比亚）的Prosul项目以及与伊比利亚半岛的大学和研究中心的合作项目，推动国际合作。巴西政府对农业科研的支持力度较大，多个银行设立了支持农业发展的专项基金，例如，巴西东北银行的"绿色基金"、巴西银行和巴西发展银行的专项资金支持。为改进数据管理和研究信息系统，2019年11月，巴西农业部（Mapa）与Embrapa遗传资源和生物技术中心签署了直接执行协议（TED），预计3年内投资30万雷亚尔（约42.87万元人民币）用于现代化Alelo系统，并对Embrapa种质库中保存的遗传材料进行基因组表征和收集。

3 对中国的启示

发展中国家没有把保护畜禽遗传资源作为优先事项，最主要的原因是要在短期内提高动物的产量和全球市场的竞争力，巴西也是发展中国家，但巴西高度重视畜禽遗传资源保护，经过多年努力，巴西动物基因库已成为世界第五大基因库，为我国畜禽遗传资源保护工作提供了可借鉴的经验。

3.1 加强遗传资源保护意识，健全畜禽遗传资源保护机制

巴西政府高度重视畜禽遗传资源的保护，认为这是国家农业和粮食文化可持续发展的战略部署。从20世纪70年代起，巴西开展了多样的保护工作，其《国家粮食和农业遗传资源政策》旨在组织和维护遗传资源的长期保护，减少遗传多样性的丧失，促进其可持续利用，以确保粮食安全、应对气候变化和减少贫困。该政策强调通过大众传媒宣传遗传资源保护，并将其纳入各级教育课程中。这种做法对我国遗传资源保护具有重要的参考价值，提示我们应加强社会宣传，把遗传资源保护作为国家战略的一部分，提升公众意识，推动可持续发展。

保护畜禽遗传资源是一项关乎国家基础国力和生物多样性的长期事业。我国应从国家层面出发，宣传并引导地方政府全面保护畜禽遗传资源，特别是对濒危资源的抢救性保护和对国家、省级重点保护品种的精心管理。同时，鼓励企业和社会各方参与保护工作，避免只为追求经济效益而过度引进外来品种或改良品种。应制定科学合理的保护法规，加强畜禽资源保护体系建设，把畜禽资源保护视为公益事业，为畜牧业的可持续健康发展提供坚实基础。

3.2 重视合作，提升畜禽资源保护工作效率

巴西的国家遗传资源网络整合了40个Embrapa研究中心、国家农业研究机构以及大学在内的巴西国家农业研究系统资源，不仅能够保存巴西粮食和农业研究至关重要的种质，而且有利于提高组织和活动的效率，如收集、交换和检疫、鉴定、评估、记录，而且提高了巴西社会对于遗传资源和生物多样性对国家未来的战略重要性的认识（Mariante等，2018；Alfredo等，2018）。

我国应加强全国从事畜禽遗传资源工作人员之间的合作，提升保护工作的质量：一是加强国内各管理部门之间的协调工作，制定统一的管理规章制度，便于保种管理工作的顺利实施；二是加强科研单位与企业之间的合作，提高科研成果的转化力度，促进品种保护；三是增进与国外单位或组织之间的合作与交流。

3.3 开发先进生物技术，稳步推进畜禽种业创新发展

巴西现在在动物育种生物技术领域属世界领先地位，为了实现其"使遗传资源的研究、开发和创新解决方案能够促进巴西农业的可持续性"的使命，Embrapa遗传资源和生物技术中已制定了其研究和开发行动：保护、丰富和促进遗传资源的利用；分析基因功能，为遗传资源增值；开发以遗传资源为重点的技术；促进种质资源的安全交换，并产生以植物检疫为重点的技术。与此同时，它开始迎接未来的挑战，投资于生物技术研究、基因组学，以及最近的纳米技术，这是新旧结合的具体证明：这门科学主要专注于寻找新分子来应对农业问题。

我国应重视生物技术在畜禽遗传资源保护中的开发和应用，一方面，做好畜禽资

源创新性开发利用，在不断地充分挖掘种质资源特性的基础上，结合社会形势，顺时顺势开发出适销对路的产品，变被动保护为主动保护。建立畜禽全基因组选择技术平台，开展奶牛、生猪、肉牛全基因组选择育种。加强对地方畜禽资源开发利用的研究，有组织、有计划、有目标地进行合理开发，防止盲目改良和杂交。

3.4 优化信息交流，建立全国和地方家畜多样性信息网络监测中心

巴西重视畜禽遗传资源网络建设，早在2003年，Embrapa在Renargen运行第一个基于网络的遗传资源管理和保护模式。并且于2021年通过了建立国家粮食和农业遗传资源平台的提案，目前使用的用于畜禽遗传资源研究和开发活动的数据和信息管理Alelo系统，为畜禽遗传资源保护工作交流提供了便利。

我国应设立基础性科学技术研究机构，继续深入开展畜禽品种资源多样性保护方面的研究。目前，我国畜禽遗传资源管理工作主要是政府行为，其他的企业、事业单位尚不具备开展该项管理工作的条件。因此，应建立国家级的畜禽品种多样性监测体系，及时对家畜种群数量、分布、发展趋势、个体生产成绩、特性等进行监控，及时了解外来品种对土著品种的威胁及自然环境和市场经济对畜禽品种多样性的影响，以便采取合理措施保护畜禽多样性。

3.5 加强畜禽遗传资源调查，强化畜禽种质资源科学规划和保护

畜禽资源调查是保种和利用工作的基础，巴西有专门的遗传资源就地保护和管理小组对地方品种进行评估和保护。我国应该充分发挥畜禽遗传资源委员会的作用，围绕重点资源，统筹规划，紧扣保护、监测和利用等重点环节，编制畜禽遗传资源保护和利用指导意见及分品种保护方案。开展畜禽遗传资源普查，指导开展畜禽地方品种登记，定期开展畜禽遗传资源普查工作，切实摸清家底。科学制定畜禽遗传资源保护利用规划，实现畜禽遗传资源调查全覆盖。对在品种调查中发现的独特生产性能、独特适应性和珍稀濒危的地方品种资源启动畜禽遗传资源种质特性科学评价。完善畜禽遗传资源保护理论和方法，制定保种场个性化保种方案，评估保种效果，提升保种效率。补充完善《畜禽品种（配套系）审定标准》，制定品种标准和不同类型畜禽品种保护场、保护区和基因库建设标准。

参考文献

翟荣花，张庆萍，2023. 基于"双循环"视角的中国与其他金砖国家畜牧产业：比较优势与合作潜力[J]. 中国：中国农业资源与区划，44（8）：32–41.

Alfredo Augusto Cunha Alves，Vânia Cristina Rennó Azevedo，2018. Embrapa Network for Brazilian Plant Genetic Resources Conservation[J]. Biopreserv Biobank，16（5）：350–360.

Ali William Canaza-Cayo, Jaime Araújo Cobuci, Paulo Sávio Lopes, et al., 2016. Genetic trend estimates for milk yield production and fertility traits of the Girolando cattlein Brazi [J]. Livestock Science, 190: 113-122.

Concepta McManus, Olivardo Facó, Luciana Shiotsuki, et al., 2019. Pedigree analysis of Brazilian Morada Nova hair sheep [J]. Small Ruminant Research, 170: 37-42.

Gilmar Antônio da Rosa, Luiz F Broetto, Thiago Demczuk, et al., 2022. Water footprint and productivity in broilers and swine production in Brazil from 2008 to 2018 [J]. Environ Sci Pollut Res Int., 29 (48): 73020-73028.

José Gabriel Gonçalves Lins, Serginara David Rodrigues, Ana Cláudia Alexandre Albuquerque, et al., 2021. Role of integrated crop-livestock system on amelioration of heat stress on crossbred Brazilian sheep in semiarid region of northeastern Brazil [J]. Small Ruminant Research, 204: 106513.

Marcelo Bchara Nogueira, Danielle Assis de Faria, Patrícia Ianella, et al., 2022. locally adapted Brazilian horse breeds assessed using genome-wide single nucleotide polymorphisms [J]. Livestock Science, 264: 105071.

Maria Eliza Antunes de Oliveira Sidinei, SimaraMárcia Marcato, Henrique Leal Perez, et al., 2021, Biosecurity, environmental sustainability, and typological characteristics of broiler farms in Paraná State, Brazil [J]. Preventive Veterinary Medicine, 194: 105426.

Maria N. Ribeiro, Laura Leandro da Rocha, Francisco F. Ramos de Carvalho, et al., 2018. Threatened Goat Breeds from the Tropics: The Impact of Crossbreeding with Foreign Goats [J]. Sustainable Goat Production in Adverse Environments, I: 101-110.

Mariana C. Torres, Tatiana R. Vieira, Marisa R.I. Cardoso, et al., 2022. Perception of poultry veterinarians on the use of antimicrobials and antimicrobial resistance in egg production [J]. Poultry Science, 101 (9): 101987.

Mariante A. da S., Albuquerque M. do.M, Egito A.A., et al., 2009. Present status of the conservation of livestock genetic resources in Brazil [J]. Livestock Science, 120 (3): 204-212.

Mariante A. da S., Egito A.A., 2002. Animal genetic resources in Brazil: result of five centuries of natural selection [J]. Theriogenology, 57 (1): 223-235.

Marielle Moura Baena, Izally Carvalho Gervásio, Renata de Fátima Bretanha Rocha, et al., 2020. Population structure and genetic diversity of MangalargaMarchadorhorses. Livestock Science. r, 239: 104109.

Matheus Mansour El Batti, Pedro Gerber Machado, Adam Hawkes, et al., 2023. a Land use policies and their effects on Brazilian farming production [J]. Journal for Nature Conservation, 73: 126373.

Naiane Araújo Felix, Jorge Eduardo Cavalcante Lucena, Juliano Martins Santiago, et al.,

2022. Evaluation of colostrum quality and passive immunity transfer in donkeys of the Brazilian Nordestino ecotype via different methods [J]. Emerging Animal Species, 1: 100017.

Nathalia Silva da Costa, Marcos Vinicius G. B. da Silva, João Cláudio do CarmoPanetto, et al., 2020. Spatial dynamics of the Girolando breed in Brazil: analysis of genetic integration and environmental factors [J]. Trop Anim Health Prod., 52 (6): 3869-3883.

Paim T P, Paiva S R, Toledo N M de, et al., 2021. Origin and population structure of Brazilian hair sheep breeds [J]. Anim Genet., 52 (4): 492-504.

Rafael Araújo Nacimento, Vitória Toffolo Luiz, Cecília Mitie Ifuki Mendes, et al., 2022. a Sustainability comparison of commercial Brazilian organic and conventional broiler production systems under a 5SENSU model perspective [J]. Journal of Cleaner Production, 377: 134297.

Rafael De Oliveira Silva, 2019. The nexus of beef cattle-deforestation and the sustainable intensification era in Brazil [J]. J Anim Breed Genet, 136 (6): 411-412.

Renato S. Maluf, Luciene Burlandy, Rosângela P. Cintrão, et al., 2022. Sustainability, justice and equity in food systems: Ideas and proposals in dispute in Brazil.Environmental Innovation and Societal Transitions. 45: 183-199.

Samuel Rezende Paiva, Concepta M. McManus, Harvey Blackburn, 2016. Show more conservation of animal genetic resources – A new tact [J].Livestock Science, 193: 32-38.

Sollero B.P., Paiva S.R., Faria D.A., et al., 2022.Vinícius Pereira Guimarães, CíceroCartaxo de Lucena, Olivardo Facó, Marco AurélioDelmondes Bomfim, Francisco Ferraz Laranjeira, Jean-Paul Dubeuf.The future of small ruminants in Brazil: Lessons from the recent period and scenarios for the next decade [J]. Small Ruminant Research, 209: 106651.

WandrickHauss Sousa, Milton Daniel Benitez Ojeda, Olivardo Facó, et al., 2011. Genetic improvement of goats in Brazil: Experiences, challenges and needs [J]. Small Ruminant Research, 98 (1-3): 147-156.

欧洲篇

德国畜禽遗传资源保护现状及对中国的启示

德意志联邦共和国，简称德国，位于欧洲中部，东邻波兰、捷克，南接奥地利、瑞士，西接荷兰、比利时、卢森堡、法国，北接丹麦，毗邻北海和波罗的海，由16个联邦州组成，首都为柏林，领土面积35.8万平方千米，以温带气候为主，人口约8 340万人（中国外交部），是欧盟中人口最多的国家，以德意志人为主体民族，欧洲四大经济体之一。

德国全年降水量丰富，光照少，山地和沼泽地多，适合牧草及饲料作物的生长，是欧盟畜牧业大国。德国畜牧业主要饲养乳用、肉用牲畜。2021年，德国农林牧渔产值为680亿欧元（折合人民币5 059亿元），同比增长5.8%，创历史新高，其中超过一半来源于动物产品，且在动物产品创造的产值中有60%来源于牛相关产业（中国商务部）。

1 畜禽遗传资源现状

1.1 畜牧业现状

德国是欧盟农业生产大国之一，畜牧业发达，牛奶和猪肉产量居欧盟首位。2022年，德国畜牧业产值为2 471亿元，占农业总产值的46.3%。

牛产业已成为德国农业的最重要组成部分之一，并为养殖者带来了较大的经济效益。在德国有一半的农民养殖奶牛、肉牛或两者兼顾。2022年，牛的存栏量大约为1 104万头，包括奶牛410万头（德国联邦农业部），是欧盟牛奶生产大国，仅次于法国，同时，德国也是欧盟牛肉第二生产大国，来源于牛奶和牛肉的收入约占农民收入的25%（张弦等，2020）。主要养殖牛品种有荷斯坦（Holstein）、罗特邦特（Rotbunt）、弗莱克维赫牛（Fleckvieh）、棕色瑞士牛（Braunvieh）等。

猪产业在德国畜牧业中也占有重要地位，是德国畜牧业的重要支柱产业，2022年，德国猪存栏2 376万头，猪肉年产量450万吨（FAO），是欧洲最大的猪肉生产国（周立新，2012），主要养殖猪品种有皮特兰猪（Pietrain）和长白猪（Large White），分别占90.76%和3.91%。

家禽方面，德国是禽肉净出口国，2016—2018年的平均家禽产值为35亿欧元，其中禽肉产值占近70%，家禽存栏1.74亿只（农业农村部对外经济合作中心），蛋鸡存栏占比在30%以上，共33个品种，其中奥平顿鸡（Orpington）、拉肯菲尔德鸡（Lakenfelder）和福维克鸡（Vorwerkhühner）等为主要品种。

德国马产业发达，2021年马存栏130多万匹，占世界存栏6.3%，且数量稳步增加（表1）。全国有马术俱乐部7 400多个，会员近76.5万人，从事马相关产业的公司近3 000多家，从业人员年开支约26亿欧元，赛马投注额在50亿欧元左右。作为马术强国，德国在奥运会马术项目上始终保持着领先优势，国内马术运动人数在百万人以上。

表1 2021年德国主要畜禽存栏和品种情况

畜种	存栏量	占世界存栏比例/%	世界排名	主要品种
牛	1 104万头	0.7	32	荷斯坦（Holstein）、罗特邦特（Rotbunt）、弗莱克维赫牛（Fleckvieh）、棕色瑞士牛（Braunvieh）
绵羊	150.8万只	0.1	71	斯瓦莱代尔羊（Swaledale）、莱恩羊（Lleyn）、波尔多塞特羊（Poll Dorset）
山羊	16.4万只	0.002	113	图林根森林羊（Thüringer Wald Ziege）、弗兰克山羊（Frankenziege）、施瓦茨瓦尔德山羊（Schwarzwaldziege）、莱茵山羊（Rhönziege）
猪	2 376.2万头	2.9	7	德国兰德瑞斯猪（Deutsche Landrasse）、长白猪、皮特兰猪、杜洛克猪
马	130万匹	6.3	—	德国运动马（German Sport Horse）、汉诺威温血马（Hanoverian Warmblood）、荷斯坦温血马（Holstein Warmblood）等
鸡	16.0亿只	37.3	6	奥平顿鸡（Orpington）、拉肯菲尔德鸡（Lakenfelder）和福维克鸡（Vorwerkhühner）等

资料来源：FAO、德国联邦农业部、德国畜禽遗传资源委员会。

1.2 畜禽资源情况

德国畜禽遗传资源较为丰富，共有畜禽品种738个，居世界第一（FAO），其中，本土品种265个，包括牛、绵羊、山羊、猪、马和家禽。根据德国国家统计局数据，2021年，德国共有42个牛品种，85个羊品种，15个猪品种，27个马品种，家禽中鸡的品种数量最多，共33个（表2）。

表 2　德国主要畜禽存栏和品种情况

畜种	品种
牛	Angler、Ansbach-Triesdorfer、Braunvieh、Braunvieh Alter Zuchtrichtung、Deutsch Angus、Deutsche Holsteins Rotbunt、Deutsches Schwarzbuntes Niederungsrind、Deutsches Shorthorn、Doppelnutzung Rotbunt、Fleckvieh、Gelbvieh、Glanrind、Hinterwälder、Limpurger、Murnau-Werdenfelser、Pinzgauer、Rotes Höhenvieh、Rotvieh alter Angler Zuchtrichtung、Uckermärker、Vorderwälder
绵羊	Alpines Steinschaf、Bentheimer Landschaf、Braunes Bergschaf、Braunes Haarschaf、Brillenschaf、Coburger Fuchsschaf、Graue Gehörnte Heidschnucke、Krainer Steinschaf、Leineschaf、Merinofleischschaf、Merinolandschaf、Merinolangwollschaf、Nolana、Ostfriesisches Milchschaf、Rauhwolliges Pommersches Landschaf、Rhönschaf、Schwarzes Bergschaf、Schwarzköpfiges Fleischschaf、Skudde、Waldschaf、Weiße Gehörnte Heidschnucke、Weiße Hornlose Heidschnucke、Weißes Bergschaf、Weißköpfiges Fleischschaf
山羊	Bunte Deutsche Edelziege、Thüringer Wald Ziege、Weiße Deutsche Edelziege
猪	Bunte Bentheimer、Deutsche Landrasse、Deutsches Edelschwein、Leicoma、Rassegruppe der Sattelschweine in Deutschland、Angler Sattelschwein、Deutsches Sattelschwein、Rotbuntes Husumer Schwein、Schwäbisch Hällisches Schwein
马	Alt-Württemberger、Deutsche Reitpferde、Deutsches Reitpony、Dülmener、Lehmkuhlener Pony、Leutstettener、Ostfriesisch-Altoldenburgisches Schweres Warmblut、Pfalz Ardenner Kaltblut、Rheinisch Deutsches Kaltblut、Rottaler、Sächsisch-Thüringisches Schweres Warmblut、Schleswiger Kaltblut、Schwarzwälder Kaltblut、Senner、Süddeutsches Kaltblut、Traber、Vollblut
鸡	Altsteirer、Andalusier、Augsburger、Barnevelder、Bergische Kräher、Bergische Schlotterkämme、Brakel、Deutsche Lachshühner、Deutsche Langschan、Deutsche Reichshühner、Deutsche Sperber、Deutsche Zwerghühner、Deutsche Zwerg-Langschan、Dominikaner、Federfüßige Zwerghühner、Hamburger Hühner、Italiener、Krüper、Lakenfelder、Mechelner、Minorka、Nackthalshühner、Orpington、Ostfriesische Möwen、Plymouth Rock、Ramelsloher、Rheinländer、Sachsenhühner、Sundheimer、Thüringer Barthühner、Vorwerkhühner、Westfälische Totleger、Wyandotten
鸭	Aylesburyenten、Deutsche Pekingenten、Hochbrutflugenten、Landenten、Laufenten、Orpingtonenten、Pommernenten、Rouenenten、Warzenenten
鹅	Bayerische Landgänse、Deutsche Legegänse、Diepholzer Gänse、Emdener Gänse、Leinegänse、Lippegänse、Pommerngänse
火鸡	Bronzeputen、Cröllwitzer Puten、Deutsche Puten
兔	Alaska、Angora、Deutsche Großsilber、Deutsche Riesen、Deutsche Riesenschecken、Deutsche Widder、Fuchskaninchen、Englische Schecken、Englische Widder、Großchinchilla、Hasenkaninchen、Havanna、Helle Großsilber、Hermelin、Holländer、Japaner、Kleinchinchilla、Kleinsilber、Lohkaninchen、Luxkaninchen、Marburger Feh、Marderkaninchen、Meißner Widder、Perlfeh、Rexkaninchen、Rheinische Schecken、Rote Neuseeländer、Russen、Thüringer、Wiener

资料来源：德国畜禽遗传资源委员会（DEFRA）、2021年德国畜禽品种红色名录。

位于波恩的生物多样性信息和协调中心（IBV）通过德国国籍动物遗传资源中心名录（TGRDEU）[1]对德国饲养的所有牲畜品种进行了监测、记录。表3显示了目前储存在

---

[1] 德国动物遗传资源中央库（TGRDEU）。TGRDEU是由联邦农业和食品办公室（BLE）的生物多样性信息和协调中心（IBV）代表联邦食品和农业部维护的国家动物遗传资源目录。TGRDEU列出并记录了所有在德国被认可的育种协会以及在那里饲养的牲畜品种。TGRDEU内的一个重点是目前对品种的濒危类别分类。除了品种描述外，还有关于联邦各州的资助项目的信息。TGRDEU可在网上自由搜索，自2021年以来，该数据库已经以新的现代化形式呈现（tgrdeu.genres.de）。此外，TGRDEU还记录了每个动物物种公认的授精站，以及生物技术领域的机构（胚胎移植）。

此中心的品种数据。对种群数据和本地品种的濒危状况的监测在国家保护计划中被重点关注。用于评估一个品种状况的决定性标准是有效种群规模,因为它与近亲繁殖概率的增加密切相关,从而与等位基因的损失密切相关。如果 TGRDEU 中没有完整的亲子关系数据,就只能根据雄性和雌性的数量计算出一个相对准确的有效种群数量估计。

表3 列入 TGRDEU 的品种数量 单位:个

畜种	所用品种	本土品种
马	94	27
牛	42	21
绵羊	59	5
山羊	26	24
猪	15	3
共计	236	80

资料来源:德国畜禽遗传资源中心名录。

德国对大型动物和家禽种群的濒危状况采用不同的划分标准。大型动物的濒危类型由种群规模(Ne[①])决定,根据濒危程度可划分为安全种群(NG)、监测种群(BEO)、保护种群(ERH)、表型保护种群(PERH)四类,具体见表4。家禽涉危程度是根据危险指数(GK[②])划分,分为极度脆弱(Ⅰ,$GK \leq 200$),高度脆弱(Ⅱ,$200 < GK \leq 400$)、濒危(Ⅲ,$400 < GK \leq 600$)、安全(Ⅳ,$GK > 600$)四类。

表4 德国大型动物濒危类型划分情况

类别	判断标准	描述
保护种群(ERH)	$Ne \leq 200$	濒临灭绝的高危种群,需要尽快制定保护计划,以稳定有效种群数量,尽量减少基因的进一步损失
表型保护种群(PERH)	$Ne \leq 50$	在保护种群中,$Ne \leq 50$ 的品种往往没有机会作为一个独立的生活种群长期维持下去。因此,它们剩余的遗传种群应通过冷冻保存。之后,它们可以被整合到相关的大型种群中。然而,由于其文化和历史的重要性,保存这些品种,特别是其表型,可能是有意义的
监测种群(BEO)	$200 < Ne \leq 1\,000$	濒危种群将被置于监控之下,一旦成年雄性动物的数量低于100只,就应立即启动精液冷冻计划
安全种群(NG)	$Ne > 1\,000$	目前没有受到威胁的种群,但必须记录其趋势

资料来源:德国畜禽遗传资源化委员会。

根据德国畜禽遗传资源委员会统计数据,德国大多数畜禽品种处于濒危状态。具体来看(表5),在德国本土的80个马、牛、猪、绵羊和山羊品种中,有56个品种已经濒临灭绝。从不同危险类别比重来看,7.5%是表型保护种群,17.5%是保护种群,45%是监测种群,30%为安全种群。2006—2019年,德国大型家畜品种数量从64种

[①] $Ne=4\times$(雌性个体数量 $\times$ 雄性个体数量)/(雌性个体的数量 + 雄性个体的数量)。

[②] $GK=2\times N_z+(N_m\times N_w)/(N_m+N_w)$,$GK=$ 危险指数;$N_z=$ 饲养者数量;$N_m=$ 雄性动物的数量;$N_w=$ 雌性动物的数量。

增加到80种，安全种群比重从15.6%增加到30%，保护种群和表型保护种群比重都显著减少。家禽种群的85个本土品种中有46个已濒临灭绝。从不同危险类别比重来看，极度濒危占19%，高度濒危占21%，濒危占14%，安全种群占46%，家禽的非濒危种群比重比大型家畜高（图1）。

表5　德国大型家畜和家禽濒危情况统计（本地品种）　　　单位：个

类别	家畜种类	表型保护种群（PERH）	保护种群（ERH）	监测种群（BEO）	非濒危种群（NG）	总计
大型家畜	马	5	3	5	14	27
	牛	1	9	5	6	21
	猪	0	1	4	0	5
	绵羊	0	1	19	4	24
	山羊	0	0	3	0	3
	合计	6	14	36	24	80
	家禽种类	极度濒危Ⅰ	高度濒危Ⅱ	濒危Ⅲ	安全Ⅳ	总计
家禽	鸡	10	6	7	10	33
	鸭	1	4	1	3	9
	鹅	3	2	1	1	7
	火鸡	1	2	1	0	4
	鸽子	0	0	0	3	3
	合计	15	14	10	17	56

资料来源：德国本土牲畜品种和濒危牲畜品种红色清单（2021）。

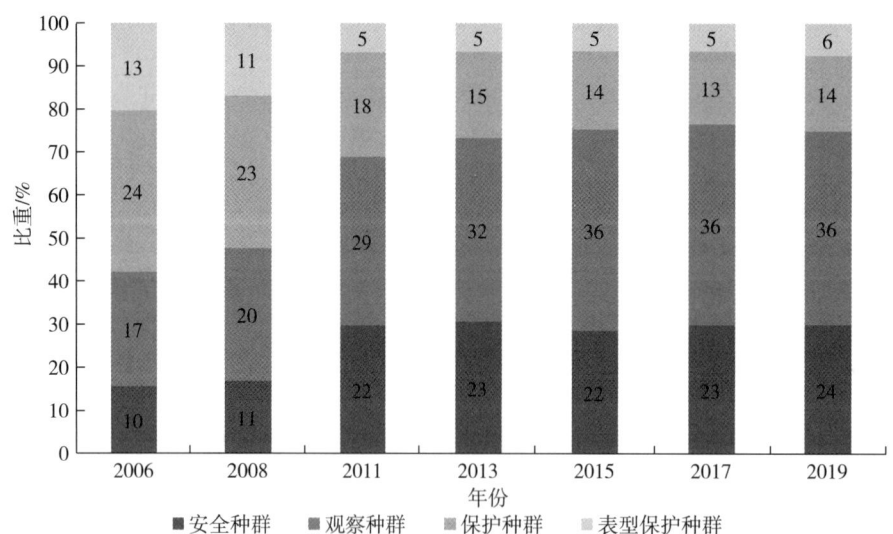

图1　2006—2019年德国大型家畜不同种群危险类别比重情况

资料来源：德国本土牲畜品种和濒危牲畜品种红色清单（2021）。

1.3 畜禽遗传资源保护方式

德国对畜禽遗传资源保护有法律规定。2003年,德国出台了畜禽遗传资源保护行动纲要(以下简称"行动纲要"),成立了专业委员会。分畜禽品种建立信息库,对濒危畜禽品种进行观察、监测,了解其种群变化状况,进行濒危程度评估,对达到一定危险级别的畜禽品种及时列入红名单进行公布,红名单每2年更新,在线公布。红名单最早由民间组织德国古老畜禽保护协会[①]提出,并设立保护协调员、辅导员,对德国当时的畜禽遗传资源保护起到了重要作用。濒危畜禽品种红名单后来被联邦农业部采用,作为国家畜禽品种保护行动纲要中的一个内容,从政府管理层面予以肯定与沿用。同时,行动纲要指出德国畜禽遗传资源化保护方式主要为原地保护和异地保护。

1.3.1 原地保护

德国原地保护主要指农业保护,包括景观管理、发展农场等。德国保护本地畜禽品种多样性的最佳方法是促进畜禽品种可持续利用,即发展农场保护(就地保护)。对于大多数非濒危、高性能(育肥、产奶、羊毛、产品质量以及其他性能)品种开展育种计划,主要是为了提高环境适应性和遗传多样性。而对于高度濒危的畜禽品种则采取保护性育种计划,最重要的是避免近亲繁殖。畜禽品种的濒危通常是由于经济劣势造成的,因此,通过多途径增收的方式补偿濒危品种的经济劣势,例如,开展区域市场营销、实行价格补贴等措施,使得濒临灭绝的畜禽品种可以重新利用,提高市场需求,促进可持续利用。

德国畜禽品种景观保护和自然保护是原地保护的另一种方式。一般认为不同畜禽品种对放牧的土壤条件、气候和饲料有不同要求,同时对于保护地方植物多样性也会发挥作用。此外,畜禽品种本身也是一种文化遗产,区域特定畜禽品种的可见性可以强调景观的独特性,反映区域特性,利用本土畜禽品种塑造国家景观,有助于保护其生境生态健康。

1.3.2 异地保护

德国畜禽品种异地保护分为动物园保护和基因库保护。动物园对保护野生动物的重要性是众所周知的,而对于濒危畜禽品种的保护公众意识较弱,然而,动物园为保护畜禽濒危品种作出了重要贡献。许多本地牲畜品种濒临灭绝的主要原因之一是在农业动物生产和使用中注重特定的生物和商业性能。因此,只有少数高产基因被用于畜牧业生产,而众多性能水平较低的牲畜品种在农业实践中却较少出现,而动物园在饲养牲畜品种时,较少关注此类性能特征。因此,在动物园对本土畜禽品种进行原地保护,即在商业性农业背景之外对活体标本进行保护和培育,具有重大意义。德国畜禽

[①] 1979年,德国一些有识之士就对地方畜禽品种逐渐消失开始关注与呼吁。1981年,成立了民间组织"德国古老畜禽保护协会",目前已发展到2 200个会员,主要由农民、兽医、专家学者等组成。1984年,协会开始出版濒危古老畜禽品种红名单,呼吁社会各界重视古老畜禽保护。协会下设若干个品种保护协调员、辅导员,既直接与养殖户联系指导,又与各州及联邦农业部联系协调。

品种中超半数已经进行了动物园保护，其中，山羊和火鸡所有品种都实施了动物园保护。另外，绵羊、鸡、鹅和鸭中也有超过50%的品种采取了动物园保护。马品种采取动物园保护的比重最低，仅有20%（图2）。

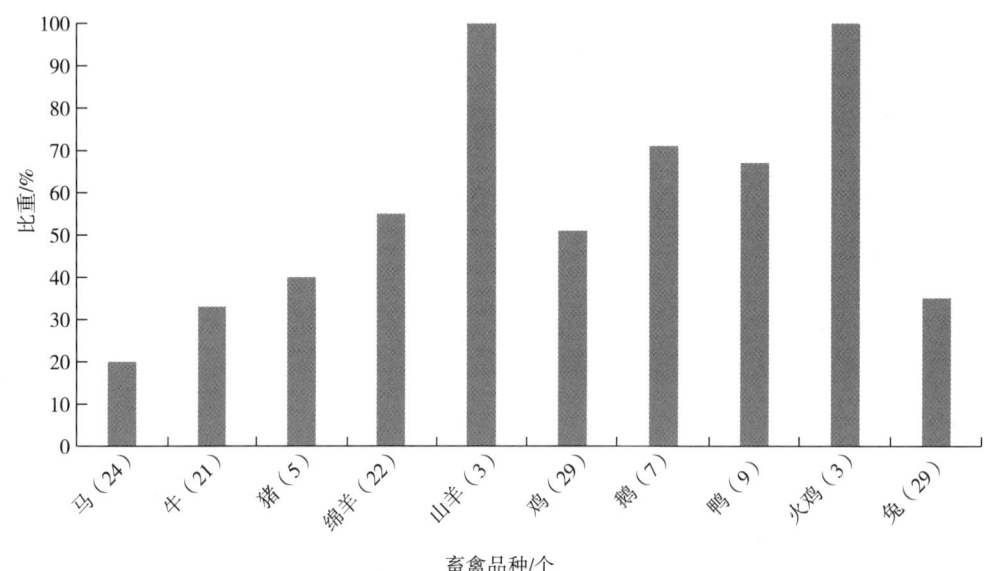

图 2　德国 54 个动物园饲养的畜禽品种数量占总品种数的比重情况
注：括号内为品种总数量（2015 年德国畜禽品种清单统计数量）。

除了活体异地保护外，基因库保护也是畜禽遗传资源保护的重要途径，生殖细胞和体细胞的深度冷冻保存在保护生物多样性方面发挥着重要作用。农场动物的精子、卵细胞或胚胎以及其他体细胞能在 -196℃温度下"冷睡眠"，永久储存在液氮中而不会受到损害。德国农场动物基因库储存了德国所有本土品种的卵子、精液、胚胎和体细胞，主要作为农场保护的补充。

1.4　畜禽基因库建设

德国农场动物基因库成立于 2016 年 1 月，由联邦和州政府的相应机构组成。基因库的办公室设在弗里德里希 - 勒弗勒研究所（Friedrich-Loeffler-Instituts，FLI）。生物多样性信息和协调中心负责记录存储的材料。弗里德里希 - 勒弗勒研究所的玛丽恩湖实验站承担建立和支持德国农场动物基因库的任务，以保护农场动物的遗传多样性，该实验站可容纳 200 头牛、30 头猪、250 只羊、1 300 只家禽以及 280 公顷的饲料种植基地。同时，弗里德里希 - 勒弗勒研究所以前使用的容器被现代低温系统取代，并根据法律规定为单个牲畜物种建立了独立的存储。20 世纪 90 年代后期在下萨克森州农业部资金的帮助下，哥廷根大学（农业科学学院兽医研究所授精站）建立的猪基因储备现也已搬迁到玛丽恩湖。2016 年 3 月 24 日，德国联邦食品和农业部（BMEL）和参与的联邦州正式开放了德国农场动物基因库。

1.5 种畜及畜禽资源出口情况

德国畜禽遗传资源丰富，是世界畜禽遗传资源重要出口国之一。2021年畜禽遗传资源出口额超过8亿美元，其中种鸡出口额最高，约5.2亿美元，占总出口额的65%，世界排名第一，占全球总出口额的32.7%。其次是种牛和牛精液出口，出口额约1.6亿美元，占总出口额的20%，世界排名第三，占全球总出口额的18.5%（表6）。

德国最大的动物遗传育种和遗传资源出口企业是埃里希-韦斯霍恩集团（Erich Wesjohann Group，简称EW集团），是世界上最大的家禽育种集团，是德国的一家私营企业集团，旗下拥有全球市场份额最大的3家蛋鸡育种公司（罗曼、海兰、尼克）及3家肉鸡育种公司（爱拔益加、罗斯、印度安河）及Nicolas、BUT火鸡育种公司，也是全球最大的蛋鸡和白羽肉鸡育种公司。

表6 德国2015—2021年主要畜禽种质资源出口数量与出口额

种质资源	项目	2015年	2016年	2017年	2018年	2019年	2020年	2021年	2021年出口额排名
牛精液	数量/千克	491.8	515.8	494.9	493.9	446.6	505.3	463.4	3
	价值/万美元	2 024.2	2 116.3	2 034.4	2 440.4	2 359.6	2 829.8	2 877.6	
马	数量/万匹	0.14	0.13	0.11	0.13	0.11	0.13	—	8
	价值/万美元	3 684.8	4 129.3	5 814.5	5 744.8	4 602.0	4 945.9	2 945.6	
牛	数量/万头	11.4	12.6	14.3	12.7	12.4	10.7	8.9	2
	价值/亿美元	2.2	2.3	2.8	2.6	2.3	1.9	1.6	
猪[1]	数量/万头	1.2	1.3	1.4	1.1	2.2	1.7	2.4	8
	价值/万美元	420.4	461.2	554.7	595.4	830.0	735.3	889.8	
活绵羊	数量/万只	1.3	1.0	1.0	0.8	1.7	1.5	1.7	21
	价值/万美元	150.5	124.3	156.1	95.8	191.7	215.7	290.9	
活山羊	数量/只	258	339	189	77	65	97	4	52
	价值/万美元	19.20	24.10	9.40	2.80	2.20	0.50	0.05	
活家禽[2]	数量/万只	7 265.0	6 819.6	7 537.0	8 609.2	8 640.9	7 694.6	9 465.2	3
	价值/亿美元	1.2	1.2	1.2	1.3	1.2	1.1	1.2	
活家禽[3]	数量/万只	22 439.6	26 854.9	25 307.6	22 325.5	21 553.1	18 838.5	16 680.3	1
	价值/万美元	47 855.9	49 655.3	53 538.6	53 999.2	48 350.3	41 169.4	41 048.6	
活家禽[4]	数量/万只	1 815.1	2 217.6	2 321.2	2 609.7	2 582.3	2 621.5	2 094.5	2
	价值/万美元	3 752.9	4 506.7	4 558.4	5 453.1	5 019.7	4 886.7	4 023.7	
活家禽[5]	数量/万只	298.3	293.8	193.9	203.3	174.6	114.3	111.4	10
	价值/万美元	1 226.9	1 283.7	813.9	925.8	756.4	536.6	520.4	

注：[1] 活的纯种繁殖动物；[2] 鸡种，重量不超过185克；[3] 鸡种，重量超过185克；[4] 鸭、鹅、火鸡和珍珠鸡，重量不超过185克；[5] 鸭、鹅、火鸡和珍珠鸡，重量超过185克。

资料来源：World Integrated Trade Solution（WITS）。

2 畜禽遗传资源保护管理体系

2.1 保种主体

德国畜禽遗传资源保护工作由政府机构、科研单位、协会等民间组织共同负责，建立了完整的管理机制。联邦政府负责制定政策，公布遗传资源信息和资源保护红名单，各州政府负责原产地保护，制定扶持措施，决定并落实补贴额度；科研机构（专业委员会）主要负责评估、基因数据库的建立、观测和数据收集；协会主要负责畜禽濒危品种的生产和开发利用，各级机构职责明确，分工合作，成效显著。

政府方面。德国联邦农业部（BMEL）和州政府统筹负责畜禽遗传资源保护政策制定和落实。联邦农业部定期公布畜禽遗传资源信息和资源保护红名单，制定保护政策，并对政策实施情况进行监管。各州政府负责原产地保护，制定扶持措施和补贴额度，州政府对处于危险之中的品种提供资金支持。例如梅克伦堡－前波美尼亚出台州法律《关于促进农业动物遗传资源保护的指令》，在梅克伦堡－前波美拉尼亚的保护育种计划框架内，对饲养濒临品种的养殖户（企业）提供资金补贴。目前，13个州实施了76项支持措施，其中，46个品种得到了推广，其中许多品种在一个以上的州都有得到保护（表7）。

表7 各州根据动物品种推广的农场动物品种数量　　　　　　　单位：个

地区	总数量	对每个畜禽品种的支持措施数量				
		马	牛	绵羊	山羊	猪
巴登符登堡	8	3	4	—	—	1
巴伐利亚州	11	1	4	6	—	—
勃兰登堡	3	—	1	1	—	1
黑森	1	—	1	—	—	—
梅克伦堡－前波美尼亚	3	1	—	1	—	1
下萨克森州	15	5	3	6	—	1
北莱茵－威斯特法伦	9	3	2	1	—	3
莱茵兰－普法尔茨	1	—	1	—	—	—
萨尔	2	1	1	—	—	—
萨克森	7	1	1	2	2	1
萨克森－安哈尔特	4	2	1	—	1	—
石勒苏益格－荷尔斯泰因	5	1	2	—	—	2
图林根	7	2	1	2	1	1
总措施数量	76	20	22	19	4	11
品种数	46	13	12	13	3	5

资料来源：《Conservation of Agricultural Biodiversity, Development and Sustainable Use of its Potentials in Agriculture, Forestry and Fisheries》。

协会方面。品种协会主要有牛、绵羊、猪、山羊、马等五类主要协会，每个协会负责一个或多个品种的保护和培育、推广，制定每个品种的育种计划，并记录品种谱系，共享到德国畜禽遗传资源委员会（表8）。例如，德国柏林-勃兰登堡养牛协会（Rinderzuchtverband Berlin-Brandenburg eG，RBB）[1]，专注牛的育种，通过使用精液转移或有执照的种公牛生产高质量的动物材料，在精液收集中心饲养种牛，以收集、储存和销售精液和胚胎，以及实施授精和胚胎移植，使生产和销售的牛适应市场需求。同时，德国协会也提供拍卖服务，使畜禽种质能够直接面对客户，减少了中间流通环节，从而提高交易效率，而且交易过程完全公开、公平、公正，竞买人进退自如，不受约束，畜禽种质交易成本低、频次高、品质好，提高了畜禽种质的保护和利用积极性。例如 Rinderunion Baden-Württemberg e.V.（RBW）[2]，拍卖者可以提前在协会网站注册拍卖信息，内容包括拍卖日期、拍卖地点、拍卖畜禽各类指标（奶产量、是否转基因、父代和母代情况等），协会发布并组织拍卖公告，从而促进优质畜禽的育种和推广。

表8　育种者协会及其负责品种的数量　　　　　　　　　　　　单位：个

农场动物畜种	育种协会数量	负责品种数量	在生产系统中主要使用/发挥重要作用的品种数量
马	37	104	6
牛	37	54	10
猪	23	16	3
绵羊	18	50	6
山羊	14	25	2

资料来源：《Tiergenetische Ressourcen in Deutschland》。

德国家禽和兔子等小型家畜遗传资源主要由私人育种公司和专业协会负责。这些育种组织都是由德国纯种家禽饲养者联合会（BDRG）[3]和德国兔子饲养者中央协会（ZDRK）组织起来的，能够提供定期的存栏数量报告，适合于品种濒危情况监测。鸡的品种保护主要由德国古老畜禽保护协会（GEH）负责，通过协调牲畜管理者和与育种组织的合作，在各州之间组织活动、提出倡议，进行欧洲联合保护活动中的跨境合作、科研项目的发起和管理、特殊保护措施的开发和应用（包括计算机支持措施）、市场营销等。

---

[1] https：//www.rinderzucht-bb.de/unternehmen/rinderzuchtverband-303.html.
[2] https：//www.rind-bw.de/vermarktung/auktion/tieranmeldung-grossvieh-66.html.
[3] 德国纯种家禽饲养者联合会（BDRG）（Federation of German breeders of pedigree poultry e.v.），BDRG 成立于1881年。来自各行各业的约150 000人加入BDRG中，他们单独或集体饲养鸡、鸽子、火鸡、珍珠鸡、鹅和鸭等品种的家禽。BDRG为德国的家禽养殖者提供了一个结构化的组织保护伞。此外，BDRG还经营着一个科学家禽农场。BDRG与德国动物育种领域的所有相关人员、机构和行政机构保持联系。BDRG的目标是确保品种的保护，从而确保遗传基因的储备。联邦品种书促进了育种者的记录工作，目的是"通过表现来获得美感"。

2.2 法律法规制度

德国畜禽遗传资源保护都是在法律法规框架内进行，主要包含《动物育种法》和《动物园技术立法》。

《动物育种法》对德国畜禽遗传资源保护提供了全方位依据。其相关条例规定了动物育种措施，特别是育种者协会和育种公司组织的申请条件，育种动物的销售，以及涉及动物育种的生物技术机构和措施（人工授精程序和胚胎移植）。该法第1（2）条规定了公共资金支持畜禽遗传资源保护的标准，各州在享受欧盟、国家政策支持外，还可以接受额外的支持，以保证生物多样性。此外，《动物育种法》包含了关于在人工授精和胚胎移植过程中实施和使用生物技术活动的规定，各州政府负责批准和监督活跃在育种领域的组织，包括育种者协会、育种公司、人工授精中心和胚胎移植机构。通常人工授精中心以注册协会、合作社、私营公司等形式运营。

《动物园技术立法》对动物遗传资源的保护和可持续利用提供了重要的法律框架。在《动物园技术立法》中，规定了牲畜品种的育种计划由育种者协会制定和实施。并规定了哪些牲畜品种被认为是本土品种，以及承担发布畜禽遗传资源保护相关信息责任。

2.3 科技支撑力量

弗里德里希-勒弗勒研究所（Friedrich Loeffler Institute，FLI）[①]，是全世界最早的病毒研究机构，德国的联邦动物卫生研究机构，是一个独立的联邦高级权威机构，总部设在Riems岛（属于梅克伦堡-前波美拉尼亚州），隶属于"联邦食品、农业和消费者保护部"，由分布在德国6个地方的10个分支机构组成，其中，位于Mariensee的畜禽遗传学研究所（ING）[②]是其重要分支机构之一，该研究所就与牲畜遗传学有关的问题向联邦政府提供建议。研究的重点是遗传资源的特征描述和保护，保护遗传资源的生物技术方法，以及制定可用于在全球范围内管理遗传资源的信息技术战略。遗传资源的特征包括识别个体表型差异，例如生长和繁殖，从而能够分析牲畜的性能限制。此外，生殖生物学方法，如胚胎的体外生产、体细胞克隆和干细胞技术是另一个研究重点。

2.4 政府规划项目

国内规划方面。作为畜禽遗传资源大国，德国在2003年颁布了国家级项目《德国动物遗传资源保护和可持续利用国家计划》，在联邦政府、联邦各州、非政府组织和其他行为者之间建立了透明的责任体系，由联邦政府制定补贴政策，各州根据本州情况，依照政策制定扶持措施，决定补贴额度，对参加畜禽遗传资源保护的农户给予资金补贴。通过适当措施提高本地牲畜品种市场需求，包括在自然和景观保护区推广本地牲

---

① https：//www.fli.de/en/institutes/institute-of-farm-animal-genetics-ing/.

② https：//www.fli.de/de/institute/institut-fuer-nutztiergenetik-ing/.

畜品种的使用等，促进畜禽遗传资源可持续发展。

国际合作方面。德国十分重视畜禽遗传资源保护的国际合作，有三个非常重要的合作。第一作为《生物多样性公约》缔约国之一，德国致力于保护生物多样性，促进其可持续利用，并公平、公正地分享利用遗传资源所产生的利益。同时，德国高度重视生物多样性的就地保护；第二，加入了《21世纪议程》，并根据相关规定制定了国家生物多样性可持续发展计划，同时，向DAD-IS和欧洲农场动物生物多样性信息系统（EFABIS）提供数据，从而能够共享国际数据，有利于国际品种交流；第三，履行欧盟《共同农业政策》，享受欧盟理事会对濒危品种保护组织提供的资金支持，并且该政策对畜禽遗传资源的保护、定性、描述、收集和利用做出了明确规定，以保证欧盟成员国畜禽贸易技术壁垒，促进对畜禽遗传资源的保护和利用。

2.5 保护资金来源

德国不同遗传资源保护主体的资金主要来源于政府投入和个体投入两方面，政府投入分为欧盟、联邦政府和州政府，个体投入主要指不同育种协会、私人企业、个体农场支持畜禽遗传资源的保护和培育。

德国通过协会组织，充分发挥市场功能和作用，把政府、协会和养殖农户（企业）有机地连接起来，共同完成畜禽物种信息登记、采集和研究，并以课题项目和现金补贴的形式获得保种经费，促使畜禽遗传资源保护工作顺利实施。

3 对中国的启示

3.1 制定畜禽品种红名单和保种补贴制度，提高保种效率

德国对禽遗传资源保护始于20世纪70年代末和80年代初，濒危畜禽品种红名单起初由民间组织建立，目前已成为德国政府畜禽品种保护行动纲要中的一个内容。通过红名单明确保护对象，引起社会各界关注，促进养殖者提前采取保护措施。同时，德国畜禽品种保护行动纲要对各州开展原产地保护和扶持措施作出规定，现在全德国有76个措施正在执行，全部是针对具体品种的，具体补贴范围按照欧盟《共同农业政策》执行。如拜恩州对当地种马的保护，在规定条件下，政府每年给养殖户一定补贴。

目前，我国的畜禽遗传资源保护工作虽已展开，但深度不够，许多珍稀物种资源仍然面临灭绝的危险。建议我国尽早实行适合我国国情的濒危地方畜禽品种红名单制度，加大对地方畜禽品种观察和监测力度，及时了解其种群变化状况，分品种建立动态的信息库，完善濒危畜禽品种专家风险评估分级制度，定期公布畜禽品种红名单。同时，要完善地方良种保种补贴制度，把补贴制度与红名单制度相结合，突出重点，加大投入，确保濒危资源得到有效保护。对列入红名单的濒危种畜禽，可在明确保种主体、政府部门、科研单位等各方权利义务的前提下，实行挂牌保护，财政每年定额补贴。

3.2 加强畜禽产品市场开发,促进保种主动性

德国畜禽遗传资源保护非常注重市场开发,促进畜禽产品的消费需求。欧盟关于有机农业的立法明确要求,优先使用本地畜禽品种,市场对有机产品需求的提高也促进了本地部分稀有畜禽品种的发展,为一些稀有畜禽品种保护提供了机会。同时,德国古老畜禽保护协会针对羊、猪等地方畜禽品种,提出了"以用促保护""以吃促保护"口号,大力倡导畜禽品种的开发利用。

积极开发和推广特色畜禽产品,利用我国消费群体大的优势,不仅能发挥畜禽濒危品种的经济价值,满足消费者的多样化需求,还能实现畜禽遗传资源有效保护。建议出台相应政策规定,对濒危级别较高的畜禽品种,鼓励其产品进入市场交易。畜禽养殖者应与销售商建立联合,从多种渠道对相关产品进行推广和销售,同时,科研单位和相关保种主体应根据市场需求,利用生物技术手段,不断对畜禽品种进行遗传改良,使其产品竞争力更强。随着养殖户收益的不断提高,对畜禽养殖的投入也会加大,从而实现对畜禽遗传资源的有效保护。

3.3 建立畜禽种质拍卖机制,促进保种市场化

德国育种企业、协会等会定期组织畜禽种质的拍卖会,对畜禽种质进行拍卖,促进优质畜禽品种市场化,降低畜禽种质市场交易成本,提高了畜禽育种企业、协会的积极性。例如,德国巴伐利亚州魏尔海姆的穆尔瑙-韦登费尔瑟育种者协会(Zuchtverband für Murnau-Werdenfelser in Weilheim)每个月在 Gartlage 大厅举行荷斯坦牛拍卖会。德国每年种牛拍卖收益达 2 300 万欧元,是各畜禽种质拍卖收益最高的物种,也是德国育种组织大力投资畜禽育种的动力之一。

多年来,我国一些养殖企业总是花费大量外汇从国外引种,形成引种—退化—再引种—再退化—再引种的怪现象。主要原因是我国的育种机制缺乏活力,育种投入严重不足。要解决这一问题,除了科研、经费、政策等因素外,关键是大力推行严格的种畜禽生产性能测定,实行优秀种畜禽拍卖制度,尽快形成充满活力的畜禽育种机制。积极引导工商企业和民间资本投资畜禽遗传资源保护和开发利用,鼓励和支持有条件的企业和个人参与保护、开发和利用,逐步形成多元化保护与开发的格局,使地方资源优势转化为经济优势、商品优势。

参考文献

陈岩锋,谢喜平,2007.畜禽遗传资源保存理论与方法研究进展[J].福建畜牧兽医(4):58-60.

何晓红,罗清尧,浦亚斌,等,2010.畜禽种质资源共享平台建设经验[J].中国科技资源导刊,42(4):66-71.

联合国粮食及农业组织，2007. 世界粮食与农业动物遗传资源状况［M］. 第 1 版 . 北京：中国农业出版社 .

王清义，汪植三，王占彬，2008. 中国现代畜牧业生态学［M］. 第 1 版 . 北京：中国农业出版社 .

王薇，2015. 动物疫情公共危机政府防控能力建设研究［D］. 长沙：湖南农业大学 .

张桂香，2015. 新形势下我国畜禽遗传资源保护和利用工作的挑战与机遇［J］. 中国畜牧业（14）：31-32.

英国畜禽遗传资源保护现状及对中国的启示

大不列颠及北爱尔兰联合王国,简称英国,国土面积24.41万平方千米,位于欧洲西部,由大不列颠岛(包括英格兰、苏格兰、威尔士)、爱尔兰岛东北部和一些小岛组成。隔北海、多佛尔海峡、英吉利海峡与欧洲大陆相望。海岸线总长11 450千米。属海洋性温带阔叶林气候,通常最高气温不超过32℃,最低气温不低于-10℃。北部和西部的年降水量超过1 100毫米,其中山区超过2 000毫米,中部低地为700~850毫米,东部、东南部只有550毫米。每年2—3月最为干燥,10月至翌年1月最为湿润。英国人口6 702.6万人(中国外交部),农业从业人数约45万人,不到总就业人数的2%,农业人口人均拥有70公顷土地。2022年国内生产总值2.2万亿英镑(折合人民币18.3万亿元),农业生产总值占比不到1%,农用土地占国土面积的70%,其中多数为草场和牧场,仅1/4用于耕种(中国商务部)。英国拥有世界上较为丰富和多样化的畜禽遗传资源,约有630个品种,是世界畜禽遗传资源重要出口国之一(FAO)。

1 畜禽遗传资源现状

1.1 畜牧业现状

英国畜牧业发达,2021年畜牧业产值162.8亿英镑(折合人民币1 351.6亿元),占农业总产值的45.4%。英国以温带海洋性气候为主,其特征是:冬无严寒,夏无酷暑,全年降水均匀,没有旱涝灾害,适宜牧草生长,适合发展畜牧业。

英国主要养殖畜禽种类为牛、绵羊、猪、马和肉鸡(表1),根据英国国家统计局数据,2021年,牛存栏总计960.3万头,本地牛品种共30种,其中,海福特牛(Hereford)、英国弗里斯兰牛(British Friesian)、短角牛(Shorthorn)、泽西牛(Jersey)、艾尔郡牛(Ayrshire)为主要品种,这些品种产奶量不高,但环境适应能力强。

英国养羊历史较久。绵羊存栏3 295.7万只,共有61个品种,其中,斯瓦利代尔羊(Swaledale)、莱恩羊(Ryan)和珀尔多塞特羊(Perdorset)是主要品种。近20年来,由于合成纤维工业发达,养羊业转向肉用羔羊生产。英国养羊主要靠放牧,饲草可满足其养分需要的90%以上。各地养羊的品种各异,丘陵山地以苏格兰黑面羊(Scottish Blackface)、雪维特羊(Cheviot)等品种为主;高地以克雷·希尔(Kerry Hil)和克棱森林(Clun-Forest)等品种为主;低地以萨福克(Suffolk)、汉普夏(Hampshire)

表1 英国主要畜禽存栏和品种情况

畜种	存栏量	占世界存栏总量比例/%	世界排名	品种名称
牛	960.3万头	0.6	37	Aberdeen-Angus, Aberdeen-Angus（Original Population）, Abondance, Ancient Cattle of Wales（Coloured Welsh Cattle）, Angler Rotvieh, Ankole, Armoricaine, Aubrac, Ayrshire, Balata Romaneasca, Bazadaise, Beef Shorthorn, Beefalo, Belted Dutch, Belted Galloway, Bison, Blonde D'Aquitaine, Blue Albion, Brahman, Bretonne Pie Noire, Belgian Blue, British Friesian including, British White, Brown Swiss, British Charolais, Chianina, Chillingham, Dairy Shorthorn（Original Population）, Dairy Shorthorn（including Northern Dairy Shorthorn）, Danish Red, Devon（Red Ruby Devon）, Dexter（UK）, East Finnish Brown, Estonian Red, Fleckvieh, Frisona Espagnola, Galloway（including White Galloway）, Gasconne, Gayal, Gelbvieh, Gloucester, Groningen Blaarkop, Guernsey, Guernsey（Island）, Heck, Hereford, Hereford Traditional, Highland, Holstein Friesian（includes Holstein, Holstein Friesian, Red and White Friesian）, Hungarian Steppe, Irish Moiled, Jersey, Jersey（Island）, Kerry, Lakenvelder, British Limousin, Lincoln Red, Lincoln Red（Original）, Longhorn, Lowline, Luing, Maine Anjou, Malkekorthorn, Marchigiana, Meuse-Rhine-Isse, Miniature Zebu, Montbeliarde, Murray Grey, Normande, Northern Dairy Shorthorn, Norwegian Red, Parthenais, Piemontese, Pinzgauer, Red Poll, Reggiana, Romagnola, Rotbunte, Salers, Shetland, South Devon, British Simmental, Stabiliser, Sussex, Welsh Black, Whitebred Shorthorn
绵羊	3 295.7万只	2.2	11	Arapawa（Island）, Badger Face Welsh（Torddu and Torwen）, Beltex, Beulah Speckled Face, Bleu Du Maine, Blue Texe, Bluefaced Leicester, Border Leicester, Boreray, British Milksheep, Cambridge, Castlemilk Moorit, Charmoise, British Charollais, Clun Forest, Cotswold, Dalesbred, Derbyshire Gritstone, Devon and Cornwall Longwool, Devon Closewool, Dorper, Dorset Down, Dorset Horn, Drysdale, Epynt Hardy Speckled, Est a Laine Merino, Exlana, Exmoor Horn, Galway, Gotland, Greyface Dartmoor, Hampshire Down, Hebridean, British Icelandic, Ile De France, Jacob, Kerry Hill, Leicester Longwool, Lincoln Longwoo, Llandovery Whiteface Hill, Llanwenog, Lleyn, Lonk, Manx Loaghtan, Norfolk Horn, North Ronaldsay, Oldenburg, Ouessant, Oxford Down, Poll Dorset, Polwarth, Portland, Romney, British Rouge, Rough Fell, Roussin, Ryeland, Shetland Mainland, Shetland Island, Shropshire, Soay, South Country Cheviot, Southdown, South Wales Mountain（Nelson type）, Suffolk, Swaledale, Teeswater, Texel, British Vendeen, Welsh Hill Speckled Face, Wensleydale, White Face Dartmoor, Whitefaced Woodland, Wiltshire Horn
山羊	212.6万只	1.7	122	Alpine, Anglo Nubian, Angora, Arapawa, Bagot, Boer, British Goat, British Guernsey, British Saanen, British Toggenburg, Cashmere, Cheviot（Feral）, English Goat, Golden Guernsey, Kalahari Red Boer, Nubian, Pygmy, Saanen, Toggenburg
猪	532.3万头	0.7	30	Berkshire, British Landrace, British Lop, British Saddleback, British Duroc, Gloucestershire Old Spots, Hampshire, Kune-Kune, Large Black, Large White, Mangalitza, Middle White, Oxford Sandy & Black, Pietrain, Tamworth, Welsh
马	135.7万匹	2.1	24	Alpine, American Miniature Horse, American Quarter Horse, American Saddlebred, Andalucian, Anglo-Arab, Anglo European, British Appaloosa, Arab Horse, Ardennes, Bavarian Warmblood, British Falabella, British Percheron, British Piebald, British Riding Pony, British Show Horse, British Skewbald, British Spotted Pony, Camargue, Caspian Horse, Cleveland Bay Horse, Clydesdale Horse, Coloured Horse & Pony, Connemara Pony, Dales Pony, Dartmoor Hill Pony, Dartmoor Pony, Donkey, Eriskay Pony, Exmoor Pony, Falabella, Fell Pony, Fjord Horse, Friesian Horse, Hackney Horse, Hackney Pony, Haflinger, Highland Pony, Icelandic Horse, Irish Draught, Kerry Bog Pony, Lipizzaner, Lusitano, Miniature Horse, Miniature Mediterranean Donkey, New Forest Pony, Palomino, Shetland Pony, Spanish Horse, Sport Horse, Standardbred Trotting Horse, Suffolk, Tennessee, Thoroughbred, Traditional Gypsy Cob, Trakehner, Welsh Cob（Section D）, Welsh Mountain Pony（Section A）, Welsh Pony（Section B）, Welsh Pony of Cob Type（Section C）
肉鸡	12 669.3万只	0.3	25	Dorking, Marsh Daisy, Norfolk Grey, Leghorns, Rhode Island Red, New Hampshire, Plymouth Rock and Cornish, Indian Game, Game, Brabanter, Barnevelder, Dorking

资料来源：英国国家统计局，环境、食品和农村事务部（DEFRA）。

等品种为主。在饲养系统上可分为粗放型和集约型两种，前者多在丘陵山地，羔羊肉占羊肉总产量的一半；后者多在高海拔地区，一年产羔两次，快速肥育。

英国养猪业也有很久的历史，育成许多优良品种，例如约克夏（Yorkshire）等。猪存栏数为532.3万头，占世界总存栏的0.7%，共有11个品种，其中，英国马鞍猪（British Saddle）、牛津桑迪黑猪（Oxford Sandy Black）、格格斯特斑点猪（Gegster Spotted）为主要品种。养猪业主要在英格兰南部和北部。趋势是养猪户减少，每户饲养头数增加。规模化饲养易于防疫和机械化，有利于降低生产成本。为了满足消费者需要，以饲养瘦肉型猪为主。

英国马产业发达，马品种优良，存栏数为135.7万匹，占世界总存栏2.1%，培育出了世界上著名的英纯血马，以速度快和身体结构优美闻名。

养鸡业发展迅速。家禽中肉鸡存栏量最多，为12 669.3万只，占全国家禽总存栏量的66%以上，共有23个品种，其中，道根鸡（Dogen）、沼泽雏菊鸡（Swamp Chickadee）和诺福克灰鸡（Norfolk Grey）为主要品种。近20年来，肉鸡存栏量增长了近20倍（英国畜牧业发展报告，2021），养鸡业的经营主要是由企业与个体养鸡户订立合同，企业供给雏鸡、饲料、防疫，并收购屠宰鸡或鸡蛋，企业保证养鸡户的利益。目前采用的有杂交型肉鸡、肉蛋兼用型鸡、轻型来航鸡、洛岛红和苏赛克斯鸡等。

1.2 畜禽资源情况

英国拥有世界上较为丰富和多样化的畜禽遗传资源，约有630个品种，包括牛、绵羊、山羊、猪、马和家禽。根据英国农场动物遗传资源（FAnGR）委员会通过的定义，大约有200个本地品种[①]，其中大多数被认为是"处于危险之中"。英国农场动物遗传资源委员会品种清单于2014年首次发布，包含品种有猪、山羊和马，2015年扩大到绵羊和牛。根据2021年的统计数据，英国畜禽品种中，绵羊最多，达到87种，其中，本土61种，林肯长毛羊、北罗纳德赛羊、白面林地羊和威尔士山羊、佩吉里羊等29种绵羊处于濒危状态，需要被优先保护；山羊最少，有14种，本土品种仅有4种，且全部处于濒危状态。自1973年以来，英国没有报道过任何品种的山羊、猪、马、绵羊或牛的灭绝（表2）。

表2 不同危险类别畜禽品种的数量　　　　　　　　　　　　单位：个

畜种	总数量	本地品种	危险品种	濒危品种
牛	52	30	23	16
绵羊	87	61	48	29
猪	16	11	11	11
山羊	14	4	4	4
马	34	19	13	13

资料来源：英国国家畜禽遗传资源品种清单统计数据（2022）。

---

① 英国对本地品种的定义为：品种历史记录了英国境内的品种起源（包括本地品种的合并），已经形成了目前适应形式的品种或原产地品种发展的主要环境；品种历史记录了它在英国存在40年或6代以上（其中马的一代为10年，牛为6年，绵羊和山羊为3年半，猪和家禽为2年）；不超过20%的遗传贡献来过去40年或6代以上任何一代在英国境外出生的动物（为批准的保护项目进口的动物除外）。

英国许多畜禽栖息地因其生物多样性而倍受重视。遗传多样性是生物多样性的重要组成部分，英国品种的遗传多样性可以通过有效种群规模（Ne）来评估，即该种群规模占种群中动物的总数以及雄性和雌性的相对数量。FAO建议最小有效种群规模（Ne）至少为50头（只），以将近亲繁殖率降低到1%以下，确保品种的长期存活，低有效种群规模意味着近亲繁殖的可能性更大，遗传多样性丧失的风险更大。2000—2020年计算有风险的本地山羊、猪、马、绵羊和牛品种的平均有效种群规模均超过50头（只）。然而，在2020年，在面临风险的本地品种中，1个品种的山羊（老英国山羊）、4个品种的马（英国珀切隆/珀切隆、克利夫兰湾马、埃里斯凯小马和萨福克潘趣）、1个品种的绵羊（德文郡和康沃尔长羊毛）和2个品种的牛（北方奶牛短角牛、Vaynol），Ne小于或等于50头（只）。

1.3 畜禽遗传资源保护方式

英国畜禽遗传资源保护也以原地和异地保护两种方式进行，两者结合是保种的有效途径。原地保护通常是在农场公园或家庭农场保存有灭绝风险的品种，这也是《生物多样性公约》中的首选方案，这种方法有几个优点：一是人们仍然能看到和欣赏这些动物，发挥其更多的社会价值；二是品种特性可以继续得到体现；三是品种有机会进化，例如，增强对新疾病的抵抗力或改变饲养方式。然而原地保护也会面临疾病和自然灾害的风险，特别是如果没有财政支持，商业压力会选择其他品种替代正在被保护的稀有品种。异地保护则通过在博物馆或农场公园收集畜禽，或建立基因库（如冷冻精液、冷冻胚胎或DNA）保存，其中精液一般通过购买和捐赠的方式收集，胚胎或DNA的收集一般通过购买的方式，政策要求满足8个胚胎才能进行完整的基因库采集，每个雌性物种单个胚胎费用约为850英镑。异地保护可以较大程度避免流行疾病的影响，但此方式的采用通常受成本较高的限制。

由于资金和力量有限，英国畜禽遗传资源保护分类进行，尽可能保护现有品种。英国从外来品种和本地品种、濒危品种和主流品种两个维度对畜禽遗传资源进行划分。对所有品种进行保护的财政压力很大，根据《生物多样性公约》，每个国家对其本地品种的遗传资源负有特别责任，因此，保种的第一个门槛是该品种是否在国家品种目录中被列为本地品种，这需要对是否纳入本地品种进行科学鉴定；某些情况下，外来品种也有必要进行有效保护[①]。当然，本地品种中处于濒危中的品种应当予以优先保护，英国建立了濒危品种清单，会进行定期审查，并对每个品种制定保护计划，但由于对处于濒危品种的标准界定仍不清晰，使得一些品种可能得不到有效保护，英国国家标准委员会建立并不断更新品种保护的阈值（表3），更加明确界定品种的地理集中性、地方适应性和品种独特性，以保护遗传资源的完整性。

---

① 相关品种对英国农业做出了重要的经济贡献，并被选为与原产国的种群有明显区别的品种。

表 3　本地畜禽风险品种和濒危品种界定阈值（具备繁殖能力的雌性畜禽数量）

畜种	本地风险品种界定阈值	濒危品种界定阈值
牛/头	<7 500	<3 000
马/匹	<5 000	<3 000
山羊/只	<10 000	<3 000
猪/头	<15 000	<1 500
羊/只	<10 000	<3 000
家禽/只	<25 000	<1 000

资料来源：英国畜禽遗传资源品种清单 2021 年统计数据。

同时，英国畜禽遗传资源保护注重可持续利用以及不断刺激市场对遗传资源的需求。21 世纪以来，欧盟共同农业政策和英国相关政策的共同主题就是鼓励畜牧业生产，提高环境效益，保护生物多样性，减少水和空气污染，这对畜禽遗传资源带来一定挑战，因为具有市场竞争力的品种在商品化过程中会迅速扩大，但在资源有限的情况下会威胁到另一些品种的生存。随着政策变化更加倾向环境效益、独特属性等，更加重视生物多样性，从而为其他畜禽品种的生存和发展创造了机会，2007 年出台的《欧洲农业农村发展基金条例》提出对没有资格参加任何支持计划的濒危畜禽遗传资源所有者给予特别支持。

1.4　畜禽基因库建设

稀有品种信托基金（RBST）终身会员 Robert Overend MBE，为了应对 2001 年口蹄疫危机，创办于北爱尔兰的 Deerpark Pedigree Pigs 企业研发了冷冻公猪精液的新技术，并由此创建了英国国家畜禽基因库。起初，基因库主要由来源于牛、马、绵羊、山羊和猪品种的精液组成，目标是从每个品种收集 25 个不相关品系的集合。近年来，随着胚胎技术的发展，基因库进行了更多的胚胎储存，2016 年，成功收集了牛、山羊和绵羊的胚胎。目前，基因库收集的遗传物质已成功用于保护育种计划。

1.5　畜禽资源出口情况

英国畜禽遗传资源丰富，是世界畜禽遗传资源重要的出口国之一。2021 年畜禽遗传资源出口额接近 9 亿美元，其中马出口额最高，约 6 亿美元，占总出口额的 68%。英国马产业发达，其中，赛马更是成为英国仅次于足球的第二大体育产业，马种质资源丰富、品质良好，受到各国青睐，出口品种主要有英纯血马、设特兰矮马、夏尔马等，出口价格较高，2021 年平均每匹出口价格为 25 198 美元，出口总额不断增加，2021 年出口额较 2015 年增加了 42.6%。其次是鸡遗传资源出口，英国鸡品种丰富，育种产业发达，2021 年鸡种质资源出口额约 1.9 亿美元，占出口总额的 21%（表 4）。

英国最大的动物遗传育种和遗传资源出口公司是 Genus 公司，旗下有两个子公司，分别是专注于猪基因改良的 PIC 公司和专注于奶牛、肉牛基因改良的 ABS 公司，Genus 公司主要产品包括种猪、种牛、精液、胚胎及相关附属产品，其猪育种和牛育种分别占全球市场份额的 16% 和 9%，分别居世界第一位和第二位。

表 4 英国 2015—2021 年主要畜禽种质资源出口数量与出口额

种质资源	项目	2015 年	2016 年	2017 年	2018 年	2019 年	2020 年	2021 年	2021 年出口额排名
牛精液	数量/剂	2 116.90	1 842.50	2 921 220	13 691 300	2 877 900	3 704 310	3 711 250	6
	价值/万美元	3 549	8 204	2 155.70	2 362.70	2 468.80	2 573.90	2 791.20	
马	数量/匹	4.22	3.90	4 987	3.80	4.03	7 444	23 860	1
	价值/亿美元	10	1 268	4.01			4.32	6.01	
牛	数量/头	0.30	8.90	503	28.90	2 704	12	177	41
	价值/万美元	126	66	67.00	168	45.59	3.40	55.20	
猪[1]	数量/头	12.50	24.20	44	21.20	1 467	2 608	1 252	13
	价值/万美元	22.28	22.96	5.80	24.58	69.90	339.30	234.20	
活绵羊	数量/万只	2 611.70	2 413.10	19.11	2 856.70	26.10	0.00	13.97	13
	价值/万美元	47		2 016.90		2 824.64	2 114.00	2 172.20	
活山羊	数量/只	2.80					1 285	12	42
	价值/万美元	1 783.01	3 234.38	2 301.06	2 667.06	2 336.43	16.20	0.60	
活家禽[2]	数量/万只	1.15	1.50	1.38	1.57	1.58	2 307.74	2 364.86	4
	价值/亿美元	20.73	19.25	32.96	11.50	9.57	1.79	1.89	
活家禽[3]	数量/万只	47.00	23.70	66.70	10.70	19.90	47.36	69.08	32
	价值/万美元	20.73	19.25	32.96	11.50	9.57	95.30	96.50	
活家禽[4]	数量/万只	2 620.20	3 069.60	2 895.00	3 209.00	2 979.90	47.36	69.08	3
	价值/万美元	8.13	3.26	0.13	0.13		3 440.70	4 019.40	
活家禽[5]	数量/万只	88.60	19.00		3.30		0.30	0.63	25
	价值/万美元						12.00	6.90	

注：[1] 活的纯种繁殖动物；[2] 鸡种，重量不超过 185 克；[3] 鸡种，重量超过 185 克；[4] 鸭、鹅、火鸡和珍珠鸡，重量不超过 185 克；[5] 鸭、鹅、火鸡和珍珠鸡，重量超过 185 克。
资料来源：World Integrated Trade Solution（WITS）。

2 畜禽遗传资源保护管理体系

2.1 保种主体

英国畜禽遗传资源保种主体以非政府机构、稀有品种信托基金（RBST）等慈善机构、品种协会、小农户和私人经营的农场公园为主，农场公园和品种协会一般通过RBST进行认证。

环境、食品和农村事务部不直接负责保护畜禽遗传资源，2004年成立了一个专门的委员会负责农场动物遗传资源（FAnGR）工作，由于职权范围扩大，2022年更名为英国畜禽和马匹遗传资源委员会（UKGLE），由24个委员组成的UKGLE委员会是英国主要负责畜禽遗传资源保护的机构，该机构主要的责任：一是提高人们对遗传资源在畜禽养殖和高标准生产方面重要性的认知；二是对动物技术立法提供可行性建议；三是审查遗传学相关技术的进展并提供建议；四是就英国风险品种名单所需的任何更改提供建议。

稀有品种保护信托基金（RBST）每年从品种协会收集数据来监测英国稀有品种和本地品种的数量，这些数据与环境、食品和农村事务部共享，以产生RBST的年度观察名单，类似于环境、食品和农村事务部的英国国家畜禽遗传资源品种清单。RBST还运营着英国国家牲畜基因库，还经营一些特殊品种繁殖群体的农场公园。

农场公园包含了农场园区、城市农场、联营企业和教育园区，其中一些也是直接由RBST管理的特殊品种畜禽繁殖群的家园。例如，梅里斯特伍德学院（Merrist Wood College）[①]是RBST经营的一家农场公园，负责保护波特兰绵羊，温斯利代尔绵羊，牛津桑迪和黑猪，金根西岛山羊和稀有品种家禽。除了保护畜禽及其相关的遗传资源外，农场公园还可以作为景点供人们游玩。小农户养殖也是英国畜禽遗传资源保护的重要力量。小农户养殖畜禽一方面可以获得销售收益，另一方面通过对照国家畜禽遗传资源品种清单，政府会给予养殖相关品种的小农户一定的资金支持，以鼓励他们开展相关养殖活动。

品种协会主要有牛、绵羊、猪、山羊、马五类协会，每个协会负责一个或多个品种的保护和培育、推广，制定每个品种的育种计划，并记录品种谱系，共享到英国畜禽和马匹遗传资源委员会。例如，英国国家农协（National Farmers Union，NFU）是英国最大的全国性农民联合组织，是农民政治、经济利益的代言人。它成立于1908年，经过100多年的发展，目前已经成为英国最具影响力的行业协会之一。英国国家农协的畜禽繁育基因系谱收集了英格兰、威尔士每头牛的遗传系谱信息，可为每户农民提供品种配种选育信息，指导农户提高牲畜质量。同时，协会也开展教育和培训，提供实用技术指导，并且会向英国政府提供相关政策建议。

---

① https://www.rbst.org.uk/education-centres.

2.2 科技支撑力量

英国动物科学学会（British Society of Animal Science，BSAS）、农业食品和生物科学研究所（Agri-Food and Biological Sciences Institute，AFBI）、Genus plc 以及罗斯林研究所是英国畜禽遗传资源保护的主要科技支撑力量，英国动物科学学会是一个慈善机构，AFBI、Genus plc 和罗斯林研究所都是其赞助商。

英国动物科学学会[1]成立于 1944 年，起初是英国动物生产协会（British Society of Animal Production，BSAP），当时英国正处于战后饥饿年代和第二次农业革命开始之际，成立该学会，主要是为了促进教育和科学的发展，并致力于提高人们对动物科学各个方面的理解，且确保研究和知识转移具有实际和有益的应用，此愿景主要通过本科生理事会、职业委员会、媒体三种方式实现。BSAS 的"动物"系列期刊（《Animal-Journal》《Animal-Open Space》《Animal-Science Proceedings》）受到成员和利益相关者的重视，是传播相关研究成果、分享知识的重要渠道，并且为动物科学家提供交流和指导平台。

农业食品和生物科学研究所（AFBI）[2]是一个多学科的科学研究所，为农业食品领域提供科学服务。在农业、食品、动植物健康、海洋和淡水生态系统以及农业环境方面提供分析和诊断服务，并进行技术研发、科学培训和政策建议。AFBI 还提供法定的动物健康测试以及动物疾病监测和调查，保持对已知和新出现的疾病威胁的应急响应能力。AFBI 的主要资助者是环境、食品和农村事务部，同时还与其他政府部门、公共机构、大学和研究机构以及农业食品行业合作。在畜禽遗传资源保护方面，AFBI 长期开展可持续畜牧业研究，包括肉鸡抗生素替代品研发、通过杂交提高山羊遗传潜力的研究、畜禽生产性能检测系统开发等，旨在提高英国畜禽的市场竞争力，为政府政策制定提供建议和参考，促进畜牧业可持续发展。

Genus plc[3]是一家世界领先的动物遗传学公司。Genus plc 最初成立于 1933 年，是英国牛奶和营销委员会育种和生产部门的一部分，在全球拥有 3 100 多名员工。公司主要研究、培育基因优越的种畜，帮助各种规模的农民更有效地生产肉类和牛奶，并实现可持续性，以满足全球对动物蛋白日益增长的需求。该公司分析动物的 DNA，并寻找与市场需求相关的性状，然后从自有或合作伙伴经营的种群中选择具有最强遗传特征的动物，并使它们进行连续、循环繁殖，以产生更好的后代，从而将这些优质种畜以活体、精液或胚胎的形式提供给客户。

罗斯林研究所[4]是爱丁堡大学皇家（迪克）兽医研究学院的一部分，该研究所研究

---

[1] https://bsas.org.uk/about.
[2] https://www.afbini.gov.uk/services/research-development.
[3] http://www.genusplc.com/about-us/at-a-glance/.
[4] https://www.ed.ac.uk/roslin.

资金来源于生物技术和生物科学研究理事会。1996年，世界上著名的第一只成年细胞克隆的哺乳动物多莉羊就出生于该研究所。该研究所的主要目标就是利用遗传学知识来改善养殖动物的健康、生产力和福利，减轻其对气候和环境的影响，并改善动物传染病的检测、预防和治疗，从而解决可持续农业、水产养殖和粮食安全方面的全球挑战。

2.3 法律法规制度

法律法规是进行畜禽遗传资源保护的保障，英国畜禽遗传资源保护相关法律法规包括欧盟立法和英国立法。欧盟立法中关于保护动物遗传资源的法律法规主要有《欧盟动物育种条例》和《欧盟动物卫生法规》。脱欧后，虽然英国不再受欧盟法律直接约束，但英国可能会根据实际需要采用相似的规定或在国内立法中保留这些规则，英国立法主要有《野生动物和乡村法》《农业法》《动物技术标准条例》。

欧盟成员国通过制定标准，促进具有特殊遗传特征的牲畜的生产，但这些标准之间的差异有可能对种畜及其产品的贸易造成技术壁垒，为此欧洲议会和理事会于2016年6月通过《欧盟动物育种条例》，促进成员国之间的畜禽及其精液、卵子和胚胎的贸易，保护整个欧盟的畜禽品种，并给予欧盟成员国相同品种的合法入群权利。为了促进种畜及其产品自由贸易，根据该立法，如果符合某些条件，成员国必须承认经营畜禽品种的相关协会，但这些协会必须有畜群登记簿，每只纯种动物都要在其中登记，被认可的协会必须接受从其他成员国进口的动物记入其畜群登记簿。在保护遗传多样性的同时，根据技术进步和既定做法，这些规则也会被更新，从而鼓励品种协会在公平竞争条件下提供跨境服务活动。

1981年，英国颁布的《野生动物和乡村法》是第一部专门为保护动物遗传资源出台的法律，明确提出了国家自然保护区、乡村和国家公园作为保护动物品种的一种方式，受法律保护，任何人不得在禁猎季节以外杀害或夺取受保护的野生动物。

2.4 畜禽遗传资源保护资金来源

英国不同遗传资源保护主体的资金主要来源于政府投入和个体投入两方面，个体投入主要指品种协会、农场公园和慈善机构通过不同渠道获取收入以支持遗传资源的保护和培育。

英国环境食物和农村事务部（Defra）及其农场动物遗传资源委员会负责监测英国品种的状况，如它们是本地的或外来的，是否有风险；并确保符合条件的品种在外来疾病暴发时被保护（尽可能在控制疾病的限制范围内），并根据农业环境计划获得放牧补助。

政府对于畜禽遗传资源保护的资金主要用于支持稀有品种信托基金等慈善机构、小农户以及对畜禽遗传资源保护相关课题感兴趣的研究人员。稀有品种信托基金负责认证品种协会和农场公园，同时也运营国家遗传基金库以及特殊畜禽农场公园，大部分资金由政府和社会捐款支持，并通过提供咨询服务吸引会员。由于畜禽遗传资源保护对于生物多样性提升以及环境保护具有积极作用,而且小农户养殖稀有品种获得收益较难,因此,英国政策也会为在这方面做出贡献的小农户提供资金支持。同时,如果有公众对畜禽遗传资源保护相关研究课题感兴趣,政府或社会也会给予资金支持,国家畜禽和马匹遗传资源委员会也会支持相关研究成果的有效传播。

个体投入主要有品种协会、慈善机构和农场公园的保种投入。英国目前有上百家品种协会,各品种协会一般经营单品种或多品种畜禽。品种协会在保护遗传资源的同时,不断培育新的性状,使其更加受市场欢迎,从而增加市场需求。协会由官方认证,不同品种协会经营的畜禽品种相关标准由协会测定,并在育种过程中不断更新。协会通过提供畜禽交易平台、宣传品种特性、吸纳会员、出售畜禽相关物资获得收入,并将其用于支持品种保护和培育。例如,克利夫兰湾马协会(CBHS)[①]成立于1884年,其目标是保护克利夫兰湾马,不断提高其品质和标准,该协会靠生产和出售自己品牌的马克杯、运动衫、马甲等获得相应收入,从而更好地进行品种的保护和培育。慈善机构肩负着大家共同的动物保护愿景,以此吸引会员入会,会员缴纳的会费是其主要收入,社会捐款也是收入的重要组成部分。例如,以保护野生动物和维护自然保护区为主的英国野生动物信托基金,目前拥有会员达87万人。

3 对中国的启示

3.1 分类分级开展保护

2021年中国公布了最新的《国家畜禽遗传资源化保护名录(2021年版)》,覆盖品种类别更加全面,对传统畜禽、特种畜禽等不同类型划分更加清晰,但保护体系仍需不断完善。早期建立的保种单位基础设施等保障条件建设滞后,影响着保种效果。蜂、蚕等品种缺少科学有效的保护方法。我国疆域辽阔,部分品种生存受区域环境限制较大,得不到有效保护而面临灭绝危险情况较为严重。因此,有必要对畜禽遗传资源保护品种分类分级分区保护,并定期更新保种名录(英国为每年更新一次),制定定期审查、更新办法,及时发现需要保护的品种,完善各品种不同危险级别情况下的保种措施,按照《生物多样性公约》,进一步优化调整我国国家级和省级畜禽品种保护名录,制定定期审查、更新办法,压实地方责任,对风险程度大的品种给予优先保护,对特性差异不大的品种适当降低保护级别,同时建议采用分区(原产地)保护,新建、改扩建一批保种场、保护区,加快布局建设区域性基因库,不仅能够节约保护资源,更重要的是提高遗传资源保护效率,更大程度防止物种灭绝。

3.2 保种主体多元化发展

我国畜禽资源保护特别是大家畜的保护主要落在政府层面,企业等社会力量参与

[①] http://www.clevelandbay.com/.

较少。应不断完善畜禽保种体系,激发畜禽保种的社会力量,推动中央、地方、企业、协会等保种主体多元化发展。针对我国畜禽保种协会力量较弱的状况,应大力发展不同品种协会,尽可能涵盖所有畜禽品种,发挥协会在品种宣传、推广方面的作用,让社会各界充分认识品种保护的重要性。在开展原地保护过程中,政府应支持建设农场公园、观光农场,保种的同时也能发挥物种的社会经济效应,促进可持续发展。小农户在保种方面发挥的作用同样不容小觑,对于特殊地区的稀有品种的养殖者,他们对于该品种的饲养可能更加擅长,保种的成本也更低,政府应给予资金支持。

3.3 制定疫病暴发应变计划

近年来,中国及周边接连暴发禽流感、非洲猪瘟等疫情,严重时可能会危及地方品种的生存,口蹄疫、高致病禽流感和布鲁氏菌病等重大动物疫病和重点人畜共患病防治面临的形势依然不容乐观,局部发生疫情的风险依然较高。据统计,我国动物疫病约有200多种,造成的畜禽死亡率比发达国家至少高出一倍多(王薇,2015),对畜禽遗传资源保护造成巨大威胁。因此,政府相关部门应重视疫病暴发应变计划的制定,出台疫病暴发应变计划管理办法,确保保种单位积极制订疫病暴发应变计划,并进行定期更新,在突发情况下有效落实该计划,控制疫病传播的同时,降低养殖损失,这也是保护畜禽遗传资源的重要一环。同时,科研单位应在疫病暴发应变计划制定方面给予科学指导。

3.4 加强遗传资源信息交流

当前,我国畜禽遗传资源大部分信息主要以识别、监测和保护目的而收集,畜禽遗传资源信息与生产中使用遗传资源信息的交流较少,根据英国的实践经验,畜禽遗传资源除了实现保种外,企业也可以通过畜禽遗传资源信息交流平台,利用畜禽遗传资源信息指导生产。因此,应借鉴英国的做法,尽快建立畜禽遗传资源信息交流体系,保护遗传资源的同时更大程度发挥遗传资源信息的作用。要发挥相关协会、非政府机构的组织和宣传作用,促进国家畜禽遗传资源委员会与其他组织的有效交流,使需要使用遗传资源信息的单位或个人能了解到最新的、准确的信息,发挥其在畜禽生产中的指导作用。

参考文献

陈岩锋,谢喜平,2007.畜禽遗传资源保存理论与方法研究进展[J].福建畜牧兽医(4):58-60.

何晓红,罗清尧,浦亚斌,等,2010.畜禽种质资源共享平台建设经验[J].中国科技资源导刊,42(4):66-71.

联合国粮食及农业组织,2007.世界粮食与农业动物遗传资源状况[M].第1版.北京:

中国农业出版社.

王清义,汪植三,王占彬,2008.中国现代畜牧业生态学[M].第1版.北京:中国农业出版社.

王薇,2015.动物疫情公共危机政府防控能力建设研究[D].长沙:湖南农业大学.

意大利畜禽遗传资源保护现状及对中国的启示

意大利共和国,简称"意大利",位于欧洲南部,属于温带地中海气候,是欧洲传统的工农业强国之一。世界银行数据库显示,意大利国土面积为30.2万平方千米,纬度跨度最大至1 180千米,经度跨度达530千米。主要由南欧的亚平宁半岛及两个位于地中海的岛屿,西西里岛与萨丁岛所组成。意大利自然资源贫乏,75%以上的能源供给都要依靠国外进口。意大利地形以丘陵为主,平原面积约700万公顷,耕地面积约910万公顷且分布分散,大型农场较少,农业劳动力占全国总人口的3.5%。农业总产值占全国总产值的5%,居欧洲第三位,仅次于德国和法国,其第二产业食品加工和农业机械以及第三产业中的农业技术研究、运输销售和农业观光等领域产值高达1 200亿欧元(折合人民币约9 240亿元),为意大利第三大优势集群产业。

1 畜禽遗传资源现状

1.1 畜牧业现状

意大利的畜牧业形成了工业化、自动化、产业化生产经营的健康发展模式。2021年其农业产值达603亿欧元,其中,农业种植业占53.1%,畜牧饲养业占28.0%,其余部分来自农业的多元化产业(支持性业务和副业)(表1)。

鉴于屠宰量在新冠疫情的第一年放缓,疫情后产量的恢复和价格上涨支持了产值的增长(表2)。

意大利约80%的国土面积为丘陵,山地坡度较小,林草丰茂,可作人工草场供放牧使用,有利于畜牧业的发展,主要饲养畜种为牛、绵羊、山羊、猪和马(表3)。

表 1 2021 年意大利主要农业类的产品和服务产值

类别	现值		2021 年 /2020 年变化 /%	
	亿欧元	占总产值（%）	按现值	按连锁价值
草本植物种植	166.04	27.5	9.4	-1.9
木材种植	134.22	22.2	0.1	-6.2
饲料种植	20.08	3.3	17.6	-0.2
畜牧饲养	168.90	28.0	5.5	1.8
农业支持性业务	71.96	11.9	5.9	3.4
副业 1	53.24	8.8	16.0	9.6
副业 2	10.90	1.8	6.7	-8.4

资料来源：意大利国家统计局（ISTAT）。
副业 1，包括主动和被动承包、农产品包装、公园和花园维护、与养殖有关的服务、人工授精等；
副业 2，在农业领域开展的活动，包括农家乐、牛奶、水果和肉类加工等。

表 2 2021 年意大利主要畜禽产品产值

种类	产值	
	欧元	2021 年 /2020 年变化 /%
牛奶	48.80 亿	3.0
猪	30.52 亿	10.0
牛	29.77 亿	6.4
鸡	29.30 亿	9.7
鸡蛋	14.56 亿	-0.5
兔肉、野味	72.20 万	0.0
羊奶	5.72 亿	12.0
羊	1.67 亿	6.3
马	10 万	-1.8
蜂蜜	2 759 万	-60.7

资料来源：意大利国家统计局（ISTAT）。

表 3 2022 年意大利主要畜禽存栏和品种情况

畜种	存栏量	主要品种
牛	604.9 万头	Bruna Italiana、Charolais、Chianina、Frisona Italiana、Grigio alpina、Limousin、Marchigiana、Maremmana、Pezzata Rossa Italiana、Piemontese、Podolica、Romagnola、Sarda、Sardo Bruna、Valdostana Pezzata Nera、Valdostana Pezzata Rossa
绵羊	656.8 万只	Bergamasca、Gentile Di Puglia、Lacaune、Massese、Merinizzata Italiana、Nera di Arbus、Sarda、Sopravissana、Tacola、Valle del Belice
山羊	101.1 万只	Camosciata delle Alpi、Capra dell'Aspromonte、Messinese、Passeirer Gebirgziege、Rustica di Calabria、Saanen、Sarda、Sarda Primitiva
猪	873.9 万头	Landrace Italiano、Large White Italiana
马	44.1 万匹	Haflinger、Trottatore Italiano、Arabo

资料来源：意大利国家统计局（ISTAT）、DAD-IS 数据库遗传资源清单。

1.2 畜禽遗传资源情况

意大利拥有丰富且多样化的畜禽遗传资源[①]，FAO家畜多样性信息系统（DAD-IS）的统计数据显示，意大利饲养畜禽种类有牛、水牛、马、驴、绵羊、山羊、猪、兔、鸡、鸭、鹅和火鸡等，共280个品种，但有239个品种具有风险性（表4、表5）（BITTANTE，2011）。

表4　意大利畜禽品种资源一览表　　　　单位：个

畜种	总数量	地方品种	风险品种
驴	8	8	8
水牛	1	1	0
牛	35	21	19
鸡	18	15	18
鸭	2	2	2
山羊	45	41	37
鹅	2	2	2
珍珠鸡	1	1	1
马	31	23	26
猪	12	11	10
鸽	3	3	3
兔	45	24	45
绵羊	71	57	61
火鸡	7	7	7
总数	281	216	239

资料来源：DAD-IS 数据库遗传资源清单。

表5　不同危险等级品种统计　　　　单位：个

畜种	无风险	危险	濒危—维持	濒危	濒临灭绝—维持	濒临灭绝	灭绝
驴	0	1	1	3	0	3	0
水牛	1	0	0	0	0	0	0
牛	16	5	1	5	2	6	0
鸡	0	0	3	7	2	6	0
鸭	0	0	1	0	1	0	0
山羊	8	2	2	19	0	14	0
鹅	0	0	0	0	2	0	0
珍珠鸡	0	0	0	1	0	0	0
马	5	2	0	10	0	14	0
猪	2	3	2	4	0	1	0
鸽	0	0	0	0	0	3	0
兔	0	0	0	12	1	32	0
绵羊	10	4	0	33	0	22	2
火鸡	0	0	1	0	2	4	0
总数	42	17	11	94	10	105	2

资料来源：DAD-IS 数据库遗传资源清单。

① 来源于FAO家养动物多样性信息系统（DAD-IS）中记录的意大利动物遗传资源（ItAnGR）。

1.3 畜禽遗传资源保护方式

意大利畜禽遗传资源保护以原地保护和异地保护两种方式协同进行（BITTANTE，2011）。原地保护的方式是《生物多样性公约》推荐的首选保护方式，该方式能够在原产地对遗传资源进行有效保护。为了对食品和农产品的利益与价值进行保护，欧盟共同体根据2081/92法令和510/06法令修改、制定了原产地保护认证品牌。该认证十分严格，一是用严格的生产规范监控整个生产过程（根据1988年8月20日意大利共和国官方法令颁布的第193号条例）并且最后的成品需要由一个认证机构检测进行最终的认证；二是通过各项检测，品牌保证其来源、真伪、物理—化学品质和口感；三是产品必须有严格的地域、气候、科技和专业性的评估，才可以获得由欧盟颁发的原产地保护（Denominazione d'origine protetta，DOP）认证。值得注意的是，意大利获得DOP和地理标识保护（Indicazioni geografiche protette，IGP）认证的产品数量，在欧洲国家中排名第一。DOP认证规定只能使用欧盟某个国家某个地区的原料，欧盟法定产区DOP和地理标志IGP认证产品是农业发展的主力（DIAS，2018）。马苏里拉奶酪（Mozzarella cheeses）是一个DOP认证产品，它使用意大利坎帕尼亚地区水牛奶作为奶源进行制作，这能够在原产地保护坎帕尼亚地区的水牛资源。

意大利异地保护主要建立了山羊基因库、牛基因库对遗传资源（如胚胎、精液）进行保护。意大利国家级基因库资源匮乏[①]，目前，通过CRIOGERM计划建设了山羊遗传基因库，这是意大利第一个专业的畜禽遗传资源库，该种质库通过保存生殖细胞和体细胞，以遗传位点的分子标记对Orobica、Frisa Valtellinese、Bionda dell'Adamello、Lariana e Verzaschese羊进行有效保护。意大利牛基因库ANaBoRaRe（https：//www.razzareggiana.it/anaborare/banca-genetica/）通过购买人工授精中心生产的所有Reggiana种质信息和收集Reggiana遗传位点方式，目前拥有Reggiana品种的所有种质信息。该基因库每年通过国家协会批准的新公牛种质建立遗传储备和精液生产。该基因库目前拥有150头公牛的精液。

值得一提的是，意大利还通过建立观光农场对畜禽品种进行异地保护，Le Mandre农场通过引进绵羊品种，在农场进行奶酪制作来吸引游客，这能够对一些小品种畜禽进行有效保护。

1.4 畜禽资源进出口情况

由于意大利国土面积狭小且大部分是丘陵，所以，意大利除家禽外的活体畜禽进口份额远远大于出口份额，遗传资源进出口量几乎持平，如牛精液。2018—2021年World Integrated Trade Solution（WITS）统计数据显示（表6），只有家禽的出口份额超过进口份额，这是因为意大利拥有世界排名前十的家禽育种公司。卡比尔国际育种公

---

① 参考自FAO国别报告，2013. https：//www.fao.org/animal-genetics/global-policy/reporting-system/countries/en/。

司是以色列与意大利的两家公司组建的家禽育种公司，公司总部及种鸡场位于意大利。该公司拥有较多白羽肉鸡和有色羽肉鸡的品种类型以及庞大的基因库。20世纪70年代，卡比尔公司曾向中国提供隐性白、安卡红等祖代肉种鸡，为我国黄羽肉鸡业发展提供了重要的育种素材。我国培育成功的黄羽肉鸡配套系中，很多都导入了隐性白血统。目前，卡比尔国际育种公司主要致力于黄羽肉鸡育种工作，是国际上为数不多的黄羽肉鸡育种公司之一。

表6　意大利2018—2021年主要活体畜禽种质资源进出口数量

畜种	2018年		2019年		2020年		2021年	
	进口	出口	进口	出口	进口	出口	进口	出口
牛/万头	10.2	0.3	10.8	0.04	13.5	0.09	11.9	0.2
牛精液/万支	190.3	107.4	198.0	82.6	227.9	74.1	214.7	205.4
猪/万头	1.6	—	2.6	—	1.9	—	1.4	—
马/匹	232	1 124	1 194	190	1 848	1 231	5 923	1 124
家禽/万只	906.9	1 418.6	827.4	1 541.7	842.8	1 432.8	1 227.6	1 174.0

资料来源：World Integrated Trade Solution（WITS）（https：//wits.worldbank.org/）。
注：牛、猪、马统计数据为纯种繁育畜禽，家禽统计为体重<185g的活体。

2　畜禽遗传资源保护管理体系

2.1　保种主体

意大利畜禽遗传资源保护主要由三部分构成，一是政府机构，主要负责政策、法律法规的制定与监管；二是相关行业协会组织、基金会、科研机构等，负责家畜的遗传资源保护与畜禽经济价值的推广；三是小农场主个体，主要保护稀有畜禽遗传资源。

政府机构方面：意大利农业、粮食和林业政策部（Ministry of Agriculture, Food and Forest Policies，MiPAAF）负责畜禽遗传资源管理，一方面，通过制定相应的计划对国内畜禽进行统筹管理，另一方面，综合协调各个协会职能；意大利国家统计局每年会对国内的畜禽遗传资源保有量、畜禽进出口情况进行统计；意大利卫生部、教育部等每年会制订相关资金支持计划，支持遗传资源保护的研究。在地方层面，各个大区会制定地区法规来保护相关畜禽遗传资源，如《托斯卡纳地区法第64号》（Toscana Regional Law n.64）。

行业协会方面：行业协会在品种保护规划、行业规范制定、品种推广方面发挥重要作用，如意大利自耕农协会（Coldiretti）、意大利畜牧业协会（Associazione Italiana Allevatori，AIA）、意大利牧民协会（Assonapa）、意大利工业展览委员会（Comitato Fiere Insdustrie，CFI）等，还有各种品种协会，如意大利家兔科学协会（Associazion

Scientifica Italiana di Coniglicoltura，ASIC）、意大利家兔育种协会（Italian Rabbit Breeders Association，IRBA）、意大利山羊联合会（Italian Goat Consortium，IGC）等。ASIC 作为世界家兔科学学会最大分会之一，拥有诸多来自大学和育种机构的会员。这个机构在各个领域中传播和推动家兔科学发展，参与制定符合产业和农民要求的家兔生产制度。ASIC 每年定期组织科学大会和圆桌会议，会议相关议题包括家兔饲养和福利、抗生素耐药性和技术创新等。此外，CFI 举办克雷莫纳国际畜牧展会，这是国际上最负盛名的畜牧业专业展会之一，在此展会上推广意大利最新的畜禽产业相关产品。

基金会方面：基金会主要运营大型的资源库，如精子库、胚胎库，并就地区内优质遗传资源进行保护，意大利伦巴第大区（Regione Lombardia）牧业和金融协会与意大利牧民协会（Assonapa）的山羊遗传基因库对一些特定品种的山羊遗传基因信息进行保存。埃德蒙·马赫基金会支持建设基因组保护中心，该保护中心对高山群体畜禽遗传资源进行特色保护。

科研机构方面：巴里大学（University of Bari Aldo Moro）、帕多瓦大学（University of Padua）、博洛尼亚大学（University of Bologna）和米兰大学（University of Milan）等科研机构为保护意大利畜禽遗传资源贡献科技力量，另外，由科研机构衍生的相关公司也发挥重要作用，如 Istituto Zooprofilattico Sperimentale dell'Abruzzo e del Molise "Giuseppe Caporale"（IZSAM）。IZSAM 负责管理国家家畜种群数据库（National Data Bank of Livestock Population，BDN）。

个体方面：意大利一些农场主，通过开发"农场旅游"来对畜禽遗传资源进行保护，在珍稀品种保护方面发挥重要作用。

2.2 法律法规制度

意大利畜禽遗传资源保护相关法律法规包括意大利立法和欧盟法律体系。意大利立法中主要有《宪法》和《动物保护法》。欧盟关于保护动物遗传资源的法律法规主要有《欧盟动物育种条例》和《欧盟动物卫生法规》。

意大利立法：意大利没有专门的动物遗传资源保护法。在国家层面，意大利政府出台制定了相关法律法规以保证境内畜牧业的平稳发展，如《动物保护法》《托斯卡纳地区法第 64 号》等。意大利《动物保护法》的基本规则是 2004 年 7 月 20 日发布的第 189 号法律条文，该条文对杀害动物、虐待动物、殴打动物等罪行进行了规定；《托斯卡纳地区法第 64 号》规定，为了保护监护权，在异地保护中，遗传资源被建立在种质资源库基础上；《艾米利亚罗马涅地区法第 1 号》（Emilia Romagna Regional Law n.1）规定，每个农场主必须准确记录农场内的动物信息以保证评估地区内生物多样性资源。2022 年 2 月，意大利议会批准了一项修改意大利宪法的法律，规定国家必须保护动物和自然环境，保护生态系统和生物多样性，这为畜禽遗传资源保护提供了国家级的法律条文。

欧盟立法：意大利属于欧盟创始国之一，欧盟的法律条文在意大利同欧盟国家进行畜禽遗传资源贸易时发挥重要作用，避免了各个国家因规范不统一而造成的各种问题。欧盟委员会于 2016 年 6 月通过《欧盟动物育种条例》（The Animal Breeding Regulation），该条例适用于牛、猪、绵羊、山羊和马及其附加产品的繁育、贸易和准入规则。该条例巩固和促进动物繁殖及其相关产品自由贸易的现行规则，并根据技术进步和既定做法作出更新，同时保护遗传多样性，并促进品种协会在公平竞争条件下提供跨境的服务活动。此外，1992 年，欧盟提出 DOP 和 IGP 标志的规范条例，DOP 严格规定产品所属地区，而 IGP 认证原则上可以使用欧盟任意国家的产品。DOP 和 IGP 认证条例极大地提高了欧盟国家产品的品牌价值，意大利是用于 DOP 认证数量最多的国家之一，这极大地促进了意大利畜禽产品的品牌价值。

2.3 科技支撑力量

经济研究机构：意大利国家研究会（CNR），意大利农业研究和农业经济分析委员会（Consiglio per la ricerca in agricoltura e l'analisi dell'economia agraria，CREA）是意大利主要的畜禽经济研究分析机构，负责统计意大利农业经济发展情况并出具年报。CREA 是意大利领先的农业食品供应链研究机构，成立于 2015 年，由 CRA（农业研究委员会）和 INEA（国家农业经济研究所）合并而成，由意大利农业、食品、林业和旅游政策部监督。CREA 主要从事农作物、畜禽、渔业、林业、农业工程、食品科学和社会经济学等方面的研究。CNR 下属的农业生物技术研究所动物种质资源部，主要是将生物信息学方法用于优质火腿产品的猪肉质量改进或家畜品种的基因保护，以防止其灭绝。

大学科研机构：巴里大学（University of Bari Aldo Moro）、帕多瓦大学（University of Padua）、博洛尼亚大学（University of Bologna）、图西亚大学（University of Tuscia）和米兰大学（University of Milan）是意大利畜禽遗传资源保护的主要科技支撑力量，这些机构主要负责对动物生产与营养、动物遗传育种与繁殖、动物疾病防控等进行基础理论研究与相关畜禽产品研发。图西亚大学的阿莱西奥·瓦伦蒂尼（Alessio Valentini）教授是意大利著名的牛育种专家，其进行的"意大利地方品种马尔基吉亚纳肉牛单核苷酸多态性与牛副结核病遗传抗性相关性"研究发现，马尔奇尼亚纳品种具有潜在的遗传抗性性状，这对保护动物遗传资源具有重要意义。

行业协会：意大利家兔科学协会（ASIC）、意大利家兔育种协会（Italian Rabbit Breeders Association，IRBA）、意大利山羊联合会（IGC）、意大利动物科学与生产协会（Italy Animal Science and Production Association，ASPA）等，品种协会定期举办特定畜禽品种的圆桌会议，邀请业内的领先科学家进行演讲，以保证最新的研究成果可以成功实践。另外，大型协会拥有学术性会刊，以传播最新的科研进展。ASPA 成立于 1973 年，是一个保证动物生产行业可持续发展的组织，主要活跃于意大利和欧盟组织，协会官方学术杂志为《Italian Journal of Animal Science》，以保证最新研究信息的传递，此外，协会还制定了相应的行业规范以保证行业绿色可持续发展。意大利山羊联合会

（IGC）已经对来自30多个品种的1 000多只山羊及意大利所有地理环境和农业生态地区的山羊种群进行了基因分型。

2.4 政府规划项目

《农村发展计划》：意大利政府实行《农村发展计划》（Rural Development Plans，RDP）以支持和鼓励年轻农民来负责农场创建、管理、发展和结构调整；意大利农业、粮食和林业政策部（MiPAAF）通过提供资金来支持RDP计划实施。这一战略是整个欧盟的共同战略，提供了一个涉及欧盟委员会、国家、地区和经济与社会伙伴关系的多层次治理，并根据RDP的规定，通过地区发展方案和国家农村网络方案加以实施。

育种计划：意大利政府对不同的畜禽品种制订了相应的育种计划[①]，只有在育种手册（Herd Books，HB）中的品种才可以得到相应的政府支持，HB由AIA管理维护。育种计划仅适用于HB认可的品种，采用HB规范中列出的选择方案并由意大利牧民协会（Assonapa）管理。对于在动物技术手册（Zootechnical Book）中注册的品种，实施保护计划以保持限制近亲繁殖水平的品种纯度，这些计划由意大利牧民协会（Assonapa）实施，并由意大利农业、粮食和林业政策部（MiPAAF）监管。

遗传抗性保护计划：意大利政府每年会规划项目来支持境内动物遗传资源保护，如意大利卫生部的"农场动物对疾病的遗传抗性—RC IZSUM 004/2015"计划。该计划旨在从遗传学角度探讨畜禽对高发病率疾病的抗性，通过对意大利境内不同品种的畜禽进行研究，以期获得具有优良抗病特性的畜禽品种。

2.5 畜禽遗传资源保护资金来源

意大利用于畜禽遗传资源保护的资金主要来源于政府、机构和个体三个方面，不同层级的投入共同为保护意大利遗传资源提供保障。

政府投入方面：意大利农业、粮食和林业政策部（MiPAAF）每年制定预算，其中用于农业、渔业和农副产品生产的经费超过20亿欧元。意大利国家部委，如卫生部和教育部，每年会划拨专项资金用于畜禽资源的科学研究。此外，部分畜禽遗传资源保护资金还来源于欧盟计划，如欧盟第七研发框架计划（FP7）。该计划于2017年开始，总研发投入400万欧元。主要畜牧科研机构联合种牛育种企业组成的欧洲GENE2FARM研发团队，利用先进的基因测序技术，成功开发出一套基于种牛基因信息的遗传资源管理系统，正在欧盟种牛育种行业中加速商业化推广应用。

基金会投入方面：埃德蒙·马赫基金会支持建设的基因组保护中心（Genomica della conservazione）利用自然物种的基因组多样性，以及它们的微生物群落在空间和时间上的变化，为动物群落的发展提供科学支持，该中心主要为高山自然群体的基因组多样性保护工作发挥作用。意大利伦巴第大区牧业和金融协会与意大利牧民协会合

---

① 参考自FAO国别报告，2013. https：//www.fao.org/animal-genetics/global-policy/reporting-system/countries/en/。

作建设的山羊遗传基因库也会出售相关的遗传资源（如冻精、胚胎）以获取资金支持。

行业协会投入方面：意大利目前有上百家品种协会，各品种协会经营单品种或多品种畜禽，通过不断优化经济性状，从而增加市场需求并提高经济价值。

个体投入方面：小农场主主要是通过农场内品种产品销售和提供观光旅游来获取报酬，以保证小众品种的畜禽遗传资源被保护。

3 对中国的启示

3.1 保护主体多元化发展，减轻政府单一保护主体的压力

意大利畜禽遗传资源保护主体十分多元化，非政府机构、基金会、畜牧展会和农场主均是畜禽遗传资源保护的重要力量。意大利自耕农协会（Coldiretti）和意大利畜牧业协会（AIA）的工作集中于建立畜禽品种清单、签署技术合作协定、管辖行业规范等；埃德蒙·马赫基金会主要负责经营基因组保护中心，就畜禽遗传资源保护提供相关的咨询服务；畜牧展会主要负责产品的宣传推广工作；农场主主要在保存珍稀品种和小优势品种的保护方面发挥作用。总的来讲，各保护主体协同配合，极大限度地发动社会力量，减轻了单一主体的压力，提高了畜禽遗传资源保护的效率。

目前，我国畜禽遗传资源保护主要由政府主导，其他主体的保护作用还有待发掘。建议如下：第一，支持专业化畜禽品种遗传资源保护协会的创办，发挥协会的主体保护作用；第二，积极推动国际大型畜牧展的举办，提高我国畜牧业在国际行业内的影响力；第三，对保种场、农业企业给予资金支持和政策倾斜，以保证稀有畜禽品种遗传资源的有效保护。

3.2 强化品种标识认证，提高我国畜禽品种的国际认可度

意大利乃至整个欧盟，特别注重品牌的推广与维护。根据意大利国家统计局（ISTAT）的数据，截至2019年，意大利获得DOP和IGP认证的产品数量在欧洲排名第一，共有295种意大利产品获得了这一重要的官方认可，比排名第二的法国多了50种。DOP不仅对保护具有地方特色的农畜产品意义重大（如意大利水牛），而且在国际贸易领域中也扮演不可或缺的角色，它是产品进入国际市场的"经济护照"，在市场准入、国际名牌效应、突破贸易壁垒限制以及政府采购方面都发挥着重要的作用（李凯年，2005）。

目前，我国生态品牌意识薄弱，尤其是畜禽生态原产地标志未能够有效发挥其经济价值（苏悦娟等，2014）。品牌是企业乃至国家竞争力的综合体现，代表着供给结构和需求结构的升级方向（韦超男，2022）。对我国来讲，一是要重视畜禽品种品牌的建立与保护；二是要大力宣传知名自主品牌，讲好中国品牌故事，提高品牌影响力和认知度；三是要不断完善相应的法律条文，以应对日益增长的品牌崛起；四是要积极参

与国际品牌标签互相认证合作，得到国外发达国家对我国生态原产地产品保护制度的认可，减少畜禽产品出口的检测、认证成本。

3.3 推广发展"农业旅游"，扩大畜禽遗传资源保护方式

意大利将"农业旅游"与畜禽遗传资源保护协同发展实施得卓有成效，其农业旅游发展较早，早在1865年就成立了相关协会，在1989年出台了欧盟第一部农业旅游法《农业旅游发展保障法》（莫利民，2018）。除了法律保障外，经过近几十年的发展，意大利农业旅游品牌意识强，营销手段多样化。意大利农场主通过一系列行动促进畜禽遗传资源保护，如引进特色品种吸引游客，允许游客领养家畜以及使用家畜产品进行食物制作等（新华，2011），这些手段不仅增加了畜禽遗传保护的资金来源，更激发了保护活力。

目前，我国农业与环境保护结合力度还不够（梁瑶等，2022），尤其是畜牧健康养殖与环境保护结合观念不够深入，尚未形成"绿色畜牧经济产业"。这启示我国，一是要加强宏观调控与健全法律法规机制，尤其是专业法律法规制度的制定；二是要加强品牌意识，树立我国农场旅游品牌；三是加强对珍稀畜禽品种的开发利用，以灵活方式进行营销。

参考文献

李凯年，2005.加快推行原产地保护制度 提高禽蛋产品国际竞争力［J］.中国禽业导刊，22（7）：4-6.

梁瑶，赵琳，张丽明，2022.山西省晋中市畜禽遗传资源保护利用现状分析与对策建议［J］.中国畜禽种业，18（7）：11-12.

莫利民，2018.意大利绿色农业旅游资源结构分析及借鉴［J］.世界农业（10）：214-218.

苏悦娟，孔璎红，孔祥军，2014.基于生态原产地保护将广西生态优势转化为竞争优势的研究［J］.经济研究参考（29）：34-35.

韦超南，黄颖川，2022.畜禽遗传资源挖掘利用对策建议［J］.中国畜禽种业，18（5），65-66.

新华，2011.意大利农业游赋了新内涵［J］.农产品市场周刊（41）：63.

BITTANTE G，2011. Italian animal genetic resources in the Domestic Animal Diversity Information System of FAO［J］. Italian Journal of Animal Science，10（2）：e29.

DIAS C，MENDES L，2018. Protected designation of origin（PDO），protected geographical indication（PGI）and traditional speciality guaranteed（TSG）：a bibiliometric analysis［J］. Food Research International，103：492-508.

俄罗斯畜禽遗传资源保护现状及对中国的启示

俄罗斯联邦（以下简称"俄罗斯"），国土面积 1 709.82 万平方千米，横跨欧亚大陆，东西最长 9 000 千米，南北最宽 4 000 千米，领土包括欧洲的东部和亚洲的北部，与 14 个国家接壤，是世界上国土最辽阔的国家。邻国西北面有挪威、芬兰，西面有爱沙尼亚、拉脱维亚、立陶宛、波兰、白俄罗斯，西南面是乌克兰，南面有格鲁吉亚、阿塞拜疆、哈萨克斯坦，东南面有中国、蒙古国和朝鲜。东面与日本和美国隔海相望。大部分地区处于北温带，以大陆性气候为主，温差普遍较大，1 月气温平均为 –40～–5℃，7 月气温平均为 11～27℃。俄罗斯拥有常住人口 1.46 亿人[①]，民族有 194 个，其中，俄罗斯族占 77.7%，主要少数民族有鞑靼、乌克兰、巴什基尔、楚瓦什、车臣、亚美尼亚、阿瓦尔、摩尔多瓦、哈萨克、阿塞拜疆、白俄罗斯等。根据世界银行数据，2023 年，俄罗斯国内生产总值 2.02 万亿美元（折合人民币 14.23 万亿元），同比增长 3.6%[②]。

1 畜禽遗传资源现状

1.1 畜牧业现状

俄罗斯拥有广阔的耕地、肥沃的土壤和充足的水源，国土跨寒带、亚寒带和温带三个气候带，农业条件十分优越（Laikam 等，2018）。尤其是俄罗斯远东地区土地储备丰富、草场辽阔，具有很好的发展畜牧业的条件。苏联解体后，俄罗斯畜牧业生产力遭受重创，主要畜产品产量锐减。近年来，随着对农业生产的重视，俄罗斯出台了相应的国家农业发展规划，畜牧业开始逐渐复苏。据估计，2022 年农业产值占俄罗斯经济的 5.76%，畜牧业产值约占农业产值的 47.7%。俄罗斯的主要畜禽种有奶牛、肉牛和多用途牛、猪、绵羊、马、山羊、兔子，以及鸡、鸭、鹅、鹌鹑、火鸡等家禽（赵澍等，2020）。

俄罗斯畜牧业分布特点明显，一是南半部养牛业和养猪业地带，面积约占全俄的 2/5，是主要农耕地带，种植业与畜牧业紧密结合。二是南部养羊业地带，位于伏尔加

[①] 国家概况_中华人民共和国外交部 https://www.mfa.gov.cn/web/gjhdq_676201/gj_676203/oz_678770/1206_679110/1206x0_679112/.

[②] 国内生产总值（现价美元）- 俄罗斯联邦 | 家企业 数据 https://data.worldbank.org/indicator/NY.GDP.MKTP.CD?locations=RU.

河下游和里海低地在内的南部地区，该地区积温高，热量充足，日照较强，降水量少，地表多为干草原和半荒漠，以放养半细毛羊和细毛羊为主。三是北部养马业地带，位于北部的苔原带和森林带，其面积约占全俄的1/2，以东北部的雅库特地区为主。四是大中城市周边发展的城郊型农业。俄罗斯城市人口比重较大，大中城市较多，畜产品消费量大，因此，郊区的乳用畜牧业以及供应肉蛋的养畜业和养禽业较发达。

1.2 畜禽遗传资源情况

1.2.1 主要品种

主要饲养猪、牛、羊、鸡、鸭等11个畜种，每个畜种包含的品种数为：牛33个、猪21个、绵羊40个、山羊7个、马40个、家禽95个，部分重要畜禽品种见表1。

表1 部分已查明的俄罗斯重要畜禽品种

畜种	品种资源
牛	奶牛：Ayrshire、Bestuzhevskaya、Brown Swiss、Holstein、Dagestan mountain cattle、Zebu cattle、Istobenskaya、Kostromskaya、Red gorbatovskaya、Red steppe、Red and white、Simmental、Suksunskaya、Sychevskaya、Tagilskaya、Kholmogorskaya、Black and White、Yakutskaya、Yaroslavskaya、Jersey、Red Tambovskaya 肉牛：Aberdeen-Angus、Hereford、Kazakh white head、Kalmyikskaya、Limoosine、Obrak、Salers、Sharole、Galloway
猪	Belorussian black and white、Breight、Djurok、Yorkshire、Kemerovskaya、Short ear white、Large white、Large black、Landrass、Livenskaya、Northern Caucasus、CM-1、Urzhumskaya、Wales、Tsivilskaya、Lithuanian white、Muromskaya
绵羊	Altaiskaya、Volgogradskaya、Croznenskaya、Zabaikalskaya、Caucasian、Karakul、Karachaevskaya、Krasnoyarskaya、Kuibeshevskaya、Manuchski merino、Romanovskaya、Salskya、Northern-Caucasus meatwool、Soviet merino、Soviet meat-wool、Stavropolskya、Tsigayskaya、Southern -uralskaya、Mountain-Altai、Dagestan mountain、Lincoln、Mongol、Prekos、Edelbayevskaya、Lezginskaya、Tuvinskaya short fat tail、Osetinskaya、Askaniyskaya、Vyatskaya、Russian long woolen、Teksel
山羊	Soviet woolen、Pridonskaya、Zaanenskaya、Mountain down、Orenburg down O
马	Verkhneeniseyskaya、Tuvinskaya、Yakutskaya、Novoaltaiskaya、Thoroughbred saddle、Akhaltekinskaya、Bashkirskaya、Boudenovskaya、Arabian pure bred、Donskaya、Kalmutskaya、Orlovskaya courser、Russian courser、Russian draft、Russian saddle、Soviet saddle、Terskaya、Trakeninskaya、American saddle、Altaiskaya、Vyatskaya、Hannover、Byryatskaya、Zabaykalskaya、Mezenskaya、Karachaevskaya、Kushumskaya、Vladimirskaya
家禽	鸡：Silver Adlerskaya、White Leghorn、White Cornish、White Plymubrock、Kuchinskaya jubilee、Red Rod-Island、New-Hampshire、Baros 123、Koncurent、Koncurent-2、Loghman-Brown、Zarya 17、Rodonit、СК Rus、Smena、Smena-2、Hissecs White、P-46、Progress、Sibiryak、СК Rus-2、СК-213、UK Kuban 123、Hissecs White P、Belarus 9、Broiler 6 鸭：Beijing、Medeo Медео、Blagovarski、Medeo-2 鹅：Italian、Kuban、Large grey、Lindovskaya、Rhine、Landskaya、Shadrinskaya、Hungarian Венгерская、Chinese grey

资料来源：2003年俄罗斯畜禽遗传资源国别报告。

俄罗斯所有畜禽品种都已列入《国家允许使用的育种成果登记册》（以下简称《登记册》），该《登记册》在俄罗斯农业部的资助下每年出版一次，公布畜牧业领域拥有经营许可证的企业名单（农民、私营企业家）、开展的业务及农场动物种类和品种等信息。

这些畜禽遗传资源都具有各自的特点,能适应不同的气候和环境条件。例如,俄罗斯的雅库特牛非常适应亚北极冬季漫长、黑暗和寒冷的气候条件,是图拉诺-蒙古型波斯金牛的一个独特种群,被认为是仅存的西伯利亚土著牛。雅库特牛寿命超过20年,产犊次数超过10次,是乳肉兼用品种,身体虽小但强壮,乳房较小,腿短而结实,身体和乳头上覆盖着厚厚的毛发,从而可以适应亚北极地区的极端环境和气候(Laikam 等,2018)。

1.2.2 濒危品种

近年来,俄罗斯牲畜种类也在急剧减少,尤其是纯种动物,许多家养牛品种(Gorbatovskaya、Tagil、Istoben、Yakut)已濒临灭绝(Паронян,2010)。Tsivil、Livny、Breit、Urzhum 等猪品种实际上已经灭绝。70%的国内绵羊品种处于濒危灭绝的边缘。马品种中 Uppernisei、Pechor、Priobsky、Trans-Baikal 等优质品种也已濒临灭绝。具体情况见表2。

表2 俄罗斯畜禽品种濒危等级划分及现状　　　　　单位:个

等级	本土品种	跨境品种
灭绝	62	1
濒临灭绝	0	7
濒临灭绝—维持	0	0
濒危	0	10
濒危—维持	0	0
处于危险的	0	2
安全	—	34
未知	178	39

资料来源:DAD-IS 系统 https://www.fao.org/dad-is/browse-by-country-and-species/en/。

1.3 畜禽遗传资源保护方式

畜禽遗传资源的保护问题是俄罗斯面临的一项紧迫问题。尽管很多畜禽品种已濒临灭绝,但俄罗斯仍然是当今鲜有的拥有丰富畜禽遗传资源的国家之一,主要品种有200多个(Паронян,2010)。这种多样性的存在是培育新品种、新类型、新品系和杂交动物的源泉,它们将生物品种的高遗传潜力与当地品种的适应性相结合。俄罗斯采取了多种方式来保护和管理畜禽遗传资源,确保其得到科学、合理、可持续的利用。

1.3.1 原地保护

俄罗斯原地保护的办法是在科学的基础上从濒危品种中鉴别出一些有潜在价值的品种,并通过国家引导,最大限度地支持它们在少数农场和养殖企业中进行繁育。其中，比较独特的方式是通过杂交选择创建新种群。例如，俄罗斯正在开展恢复已灭绝的巴甫洛夫鸡的工作，这种鸡被认为是世界上最美丽的鸡之一。基于对原住民冠毛鸡品种起源的研究及其表型标志的高度重合，选择了品种 sultanka、paduan、Dutchcrested、gudan、faverol 等，通过杂交方式获得了具有巴甫洛夫鸡品种特征的杂交鸡，如今这种鸡的实验种群数量仅有 500 只（Вавилова，2015），表型类似于消失的巴甫洛夫斯克品种。

1.3.2 异地保护

由于有些畜禽种群数量很少，原地保护容易导致近亲繁殖，造成培育物种活力、经济性状降低。因此，俄罗斯保护濒危物种的第二种方法是建立长期储存冷冻胚胎的基因库，并进行多样化繁殖。通过技术手段，畜禽品种不会停留在"冻结"状态，而是可塑的，能满足人类不断变化的需求，使其继续保持其独特的性状繁殖下一代（Вавилова，2015）。例如，俄罗斯在中央家畜人工授精站和全俄罗斯遗传学和家畜育种科学研究所建立了公牛精子基因库，储存了稀有家畜品种的精液和胚胎。通过采用多样化的繁殖技术，包括人工授精、胚胎移植等方式，实现稀有畜禽品种的繁殖和保护。

1.4 畜禽基因库建设

俄罗斯的畜禽基因库收集和保存了大量珍贵的畜禽遗传信息和基因样本，为俄罗斯畜禽业的发展提供了重要的数据支持和科技保障。具有代表性的基因库如下。

（1）国家农场动物基因库：主要收集保存俄罗斯境内参与繁殖的特定品种的农业动物的基因库，由全俄育种研究所确保建立并维护基因库数据。

（2）俄罗斯中央农场畜禽遗传资源库：该资源库是俄罗斯最重要的畜禽遗传资源库之一，主要收集和保存牛、猪和羊等畜禽品种的遗传材料。

（3）华西尔斯基畜禽遗传资源种质库：该种质库位于俄罗斯北方的阿尔汉格尔斯克地区，是俄罗斯最大的畜禽遗传资源种质库之一，涵盖了大量北极狐、驯鹿、马、牛、鹿等珍贵的肉用畜种。

1.5 种畜及遗传资源进出口

近午来，俄罗斯在种畜及遗传资源进出口方面较为活跃。畜禽遗传资源进出口主要以牛、猪、羊和鸡为主。目前，俄罗斯的种畜及遗传资源进出口主要取决于国际市场需求和俄罗斯政府的政策。进口方面，俄罗斯畜禽遗传资源的进口主要来源于亚洲、中东、欧洲等国家和地区。出口方面，俄罗斯畜禽遗传资源主要出口到欧洲、亚洲、非洲等国家和地区。其中，2021 年俄罗斯主要畜种进出口情况见表 3。

表 3 2021 年俄罗斯活畜进出口情况

畜种	进口量	进口额/万美元	出口量	出口额/万美元
肉牛	75 174 头	12 593.6	19 626 头	1 565.3
水牛	86 头	41	836 头	138.4
猪	14 555 头	1 749.3	68 754 头	819.3
绵羊	3 017 只	283.8	71 738 只	242
山羊	4 848 只	504.4	580 只	6.2
鸡	3 540 只	1 772.1	13 500 只	1 486.6
马	645 匹	715.2	9 573 匹	334.9
火鸡	84 只	564.3	17 只	45.2
鸭	22 只	140.9	2 只	1.1
鹅	—	—	42 只	16.9
骆驼	9 峰	8.1	1 峰	0.4
驴	1 头	2.7	—	—

资料来源：FAOSTAT。

值得一提的是，俄罗斯严格控制遗传材料的进出口。例如，俄罗斯联邦兽医卫生要求猪精液必须由人工授精中心进行收集，由出口国的国家兽医服务署对这些中心进行永久性的监督，这样猪精液才能允许进入俄罗斯的领土。动物的保管和精液的收集必须按照现在正在实施的兽医卫生的要求执行。用来提供出口精液的猪不允许注射防治猪瘟的疫苗。在搜集精液之前，种猪必须在人工授精中心保管6个月，在这期间不能用于自然受精。不能利用遗传改良的添加剂或其他遗传改良的农产品作为饲料饲喂公猪。精液必须没有受到病原性和具有毒性的微生物侵染。为了满足这些兽医卫生要求，必须具备兽医检验合格证的证明，这个合格证由出口国国家兽医检验员签署，用该国和俄罗斯的语言起草（朱其太等，2005）。兽医检验合格证必须包含日期和诊断测试的结果。用于出口的精液必须利用特殊的包装容器（试管）进行包装和运输，这个包装容器必须充满液氮。只有农业和食品部兽医司给出口商颁发授权书后，精液才能运往俄罗斯（The ministry or agriculture of the Russian Federation，2003；FAO，2007）。

2 畜禽遗传资源保护管理体系

2.1 保护主体

俄罗斯的畜禽遗传资源保护主体主要包括以下几类：一是俄罗斯联邦农业部门和畜牧兽医服务机构，设立国家动物遗传资源中心，负责畜禽遗传资源的管理和保护，包括制定和实施畜禽遗传资源保护政策，建立畜禽遗传资源数据库，支持畜禽遗传资源研究和开发工作。二是俄罗斯联邦科学院、大学和农业研究机构，负责畜禽遗传资源的科学研究、鉴定和评估。三是畜禽养殖企业和养殖业者，负责畜禽遗传资源的养殖、繁殖和利用，履行保护遗传资源的责任。四是民间畜禽养殖组织和养殖爱好者协会，负责宣传保护畜禽遗传资源的意义，参与筹备和组织畜禽遗传资源展览和交流活动。

2.2 法律法规制度

有关俄罗斯遗传资源的法律文件主要有（The ministry or agriculture of the Russian Federation，2003）：一是关于纯种畜牧业的联邦法律《On Pedigree Animal Husbandry》，是规范和确定俄罗斯纯种畜牧业政策的主要立法法案。二是关于兽医服务的联邦法律《On Veterinary Service》，规定了农场动物（包括养殖动物和商业动物）所有者必须遵守的基本兽医和卫生措施。三是关于育种成就的联邦法律《On Breeding Achievements》，规定了官方承认允许在俄罗斯联邦境内使用的农场动物的物种、品种、品系、类型和杂交的法律基础。四是关于某些活动的许可程序的联邦法律《On Licensing Procedures for Certain Activities》，是一份通用文件，涉及俄罗斯经济所有部门的不同经济活动。其中关于纯种畜牧业领域，该法规定了发放国家许可证（执照）的条件，以开展纯种动物繁殖以及生产和使用纯种产品的相关工作。此外，俄罗斯于1995年发布实施《畜牧育种法》，旨在确保种畜的繁殖过程，提高农场动物培育品质，保护可用于繁殖目的的小型和濒危动物品种基因，目前共历经20次修订。

2.3 科研支撑力量

俄罗斯拥有多个组织和机构致力于有关畜禽遗传资源科研和保护研究（马晓岗等，2010），具有代表性的有：

（1）全俄畜牧科学研究所：成立于1929年，是俄罗斯最高级别的畜牧科学研究机构之一，开展动物育种和基因研究、生物技术和动物繁育、动物繁育生产技术体系等多个领域研究。

（2）全俄育种研究所：成立于1976年，是俄罗斯农工联合体系统中唯一致力于农场动物育种领域研究的专业科学机构，是俄罗斯畜牧业科学支持项目的主要执行者，每年举行有关畜牧业选育工作协调及俄罗斯纯种牛、猪和羊育种状态和发展方向的研讨会。该研究所直接参与了俄罗斯国家重点农工业综合设施发展优先项目的制定和实施，以加速推进畜牧业的发展。

（3）俄罗斯农业科学院[①]：成立于1992年，是俄罗斯级别最高的农业综合研究机构，全院设有193个研究所，建有63个育种中心（其中畜禽14个），在牲畜改良等方面研究潜力巨大，保存有牛、羊等高产种畜资源。

[①] 俄罗斯农业科学院是俄罗斯农业综合研究的最高机构，特别在作物育种、牲畜改良方面具有潜力。全院设有12个专业学部和3个地区学部，有225个研究所和开发机构（其中研究所193个），建有63个育种中心（作物49个，畜牧14个）等（马晓岗等，2010）。

（4）俄罗斯国立农业大学：成立于1865年，是俄罗斯历史最悠久的农业高等教育机构。该校在畜牧学科方面有着深厚的研究基础，研究涵盖动物科学、动物遗传学、动物繁殖技术等多个领域。

2.4 政府规划项目

2.4.1 国家畜禽遗传资源保护项目

俄罗斯政府制定的重点畜禽遗传资源保护项目旨在收集、繁殖、保存和利用俄罗斯国内的畜禽遗传资源，维护生物多样性。例如，1994—1995年，俄罗斯制订了保护和使用小型家庭品种和家禽基因基金的国家计划，并得到了俄罗斯农业部理事会的批准。该计划定义了在市场经济条件下没有竞争力的畜禽品种，并建议从联邦和地区预算中补贴这些品种的所有者。除了这些支持外，还建议监测这些品种的状况，对它们进行遗传评估，并建立胚胎和精子库，即当地濒危品种基因库（The ministry or agriculture of the Russian Federation，2003）。同时，为了加强研究、监测、鉴定灭绝物种，制定保护畜禽遗传资源的战略和方案，俄罗斯学界推出《1995—2005年联邦畜禽基因库保护规划》，提出了基因库保护的主要目标和任务、资源保障和实施机制，并得到了俄罗斯农业部的审查和批准。此外，2022年9月，俄罗斯政府对2017年8月签署发布的《2025年前联邦农业发展科技计划》进行扩充，新增提高肉牛的遗传潜力等计划。其中，在提高肉牛的遗传潜力方面，提出要形成肉食畜牧业的现代化科技基础，在肉牛繁殖中基于基因组和后基因组技术实施快速选种方法。

2.4.2 畜禽遗传资源科学研究项目

俄罗斯政府和科研机构联合开展的畜禽遗传资源科研项目，旨在通过遗传学研究、基因工程技术、育种技术等手段，进一步提高畜禽品种的质量和数量。例如，2006—2008年，俄罗斯实施了国家重点农工业综合设施发展优先项目，政府支持进口大量纯种动物：其中牛13.26万头、羊7.02万只、猪1.42万头。其主要目标是通过使用高价值进口动物和遗传基因潜力，通过纯种育种（奶牛和马）和杂交育种计划（肉牛、羊、猪、家禽）加速俄罗斯遗传育种的发展，从而增加畜禽产品数量（The ministry or agriculture of the Russian Federation，2003）。

2.4.3 畜禽遗传资源信息化建设项目

畜禽遗传资源信息化建设的目的在于建设畜禽遗传资源信息库，收集整理畜禽遗传资源的基础数据，以便更好地管理、保护和利用畜禽遗传资源。2022年2月，俄罗斯农业部决定在该国建立一个联邦国家资源分析信息系统，供动物农场主使用。

2.4.4 畜禽遗传资源国际合作项目

俄罗斯政府与其他国家和国际组织合作开展畜禽遗传资源项目，旨在促进畜禽遗传资源的共享、交流和保护。例如，俄罗斯与中国、欧洲等地的畜禽遗传资源保护机构交流合作（孙丹，2016），开展畜禽种质资源的交流和保护合作项目。

2.5 保护资金来源

俄罗斯畜禽遗传资源保护的资金来源主要有以下几种渠道：

（1）政府拨款。俄罗斯政府通过农业部门向畜禽遗传资源保护机构提供拨款，用于遗传资源的收集、养护、研究和利用。

（2）社会捐赠。俄罗斯许多畜禽养殖企业、民间养殖组织、养殖业者和爱好者都非常关注畜禽遗传资源的保护与利用，愿意通过捐资或捐赠种畜禽等方式支持遗传资源的保护工作。例如，俄罗斯经常有猪肉生产者非营利协会、毛皮动物饲养者非营利组织联盟等社会组织进行募捐并开展畜禽遗传资源保护利用活动。

（3）国内外合作。俄罗斯与国际组织、政府、企业和学术机构积极开展畜禽遗传资源保护的合作项目，合作方通常会提供资金、技术和管理等支持，为俄罗斯畜禽遗传资源保护工作提供保障。

参考文献

中华人民共和国商务部．对外投资合作国别（地区）指南俄罗斯（2022年版）[EB/OL]．http：//www.mofcom.gov.cn/dl/gbdqzn/upload/lvse-eluosi.pdf.

联合国粮食及农业组织，2007．世界粮食与农业动物遗传资源状况[M]．北京：中国农业出版社．

马晓岗，缪祥辉，刘书杰，2010．俄罗斯农业考察与思考[J]．青海农林科技（1）：9-12.

蒲开夫，王雅静，2010．俄罗斯联邦的畜牧业[J]．草食家畜（4）：1-3.

孙丹，2016．学习俄罗斯经验 推动吉林省草地畜牧业发展——白城市畜牧科学研究院培训团引入国外优良种子及经验[J]．劳动保障世界（3）：2.

吴迪，2015．俄罗斯农业的发展现状、困境与改革方向[J]．世界农业（11）：6.

谢颖，2019．新时期俄罗斯远东地区农业政策带给我们的启示[J]．现代交际（20）：2.

徐明月，2013．中国新品种与俄罗斯动植物育种权利制度比较研究[D]．哈尔滨：黑龙江大学．

赵澍，徐启豪，殷子惠，等，2020．俄罗斯畜禽养殖业普查数据的解析与启示[J]．山东农业大学学报：自然科学版，51（5）：4.

朱其太，宋阳威，2005．俄罗斯进口动物产品的兽医检疫规定[J]．中国动物检疫（6）：38-40.

LAIKAM K E, VOROBYOVA N A, VISOTSKAYA N A, et al., 2018. Russian Federation's 2017 Agricultural Census Bulletin [R]. Moscow: Russian Federation Statistics.

The Ministry or Agriculture of the Russian Federation, 2003. Country report on the state of animal genetic resources of Russian Federation [EB/OL].https://www.fao.org/3/a1250c/annexes/CountryReports/.

Вавилова Н И, 2015. СИСТЕМА СОХРАНЕНИЯ ГЕНОФОНДА ЛОКАЛЬНЫХ ИСЧЕЗАЮЩИХ ПОРОД СЕЛЬСКОХОЗЯЙСТВЕННЫХ ЖИВОТНЫХ. Саратов. С.31–40.

Паронян И А, 2010. Сохранение и использование отечественного генофонда животных – важнейшая задача животноводов России / И. А. Паронян, О. П. Юрченко С А. Шабанова // Достижения науки и техники АПК. № 4.

荷兰畜禽遗传资源保护现状及对中国的启示

荷兰王国，简称"荷兰"，位于欧洲西北部。东邻德国，南接比利时，西、北濒北海，海岸线长1 075千米，24%的面积低于海平面，33.3%的面积仅高出海平面1米。荷兰从13世纪开始围海造田，增加土地面积约6 000平方千米，国土面积41 528平方千米。荷兰由本土12个省和海外领地组成，首都为阿姆斯特丹。截至2023年6月23日，荷兰拥有人口数量为1 786万人[①]（荷兰统计局），主要民族为荷兰族（76.8%），土耳其、摩洛哥、德意志、苏里南等为较大的少数族裔（中国外交部）。荷兰属海洋性温带阔叶林气候，沿海地区平均气温夏季16℃，冬季3℃；内陆地区夏季17℃，冬季2℃；年平均降水量797mm[②]。荷兰是一个典型的人多地少、土地资源贫乏的欧洲小国，平坦的地势、充足的降水造就了荷兰畜牧业适宜的发展环境，降水与光照条件同时限制了农作物的种植生产，因此，荷兰因地制宜，选择大力发展畜牧业。

据荷兰统计局数据，2022年，荷兰人均国内生产总值5.3万欧元（折合人民币40.8万元），同比增长4.5%，通货膨胀率为9.6%（2022年12月）（中国外交部）。荷兰畜牧业大致分为普通型和集约型两种。普通型涉及养牛业、养羊业，遍布荷兰全国，占用土地较多；集约型涉及养猪业、养禽业，占用土地较少。荷兰生态畜牧业较为典型的生产模式是养—养结合型，例如，养鸡和养猪相结合，以达到减少污染、保护生态环境的效果。现阶段农场规模不断扩张，因此在荷兰出现了大量的大型农场，使得农场总数进一步减少。同时，荷兰畜牧生产效率较高，是优质畜禽产品的出口国。荷兰有着悠久的动物育种历史，长期以来一直是全球畜禽遗传改良的重要参与者，其猪、牛、马和家禽的育种在国际上具有重要地位。

1 畜禽遗传资源现状

1.1 畜牧业现状

荷兰主要养殖的畜种为牛、羊、马、鸡、猪等。牛、羊以放牧为主，猪、鸡为集约化养殖。根据荷兰国家统计局数据，截至2022年12月，牛存栏量为375.1万头，绵

---

① https://www.cbs.nl/en-gb/visualisations/dashboard-population/population-counter.
② https://www.mfa.gov.cn/web/gjhdq_676201/gj_676203/oz_678770/1206_679234/1206x0_679236/.

羊、山羊存栏量分别为72.3万只、57万只，家禽存栏量8 840万只，猪存栏量1 120万头。2022年，猪存栏量比2017年减少了9%，奶牛、山羊存栏量增长了1%，接近48.9万头，比2017年增长了30%。山羊养殖的规模已经扩大，平均每个农场的奶山羊养殖规模从2000年的117只增加到2020年的837只（图1）。荷兰奶牛养殖的主要品种包括荷斯坦、弗里斯兰（黑白、红白）、弗里斯兰荷兰（黑皮）等；马主要养殖品种包括Fries Paard、KWPN rijpaard、Kaspisch paard、Welsh和COB pony；猪主要养殖品种包括Topigs Z line（Large White）、Topigs L-lijn、Hypor Large White（line C）；山羊主要养殖品种包括Melkgeit、Nederlandse Dwerggeit、Nederlandse Landgeit、Nederlandse witte geit；绵羊主要养殖品种包括Texelaar、Ouessant、Swifter。荷兰奶牛出口优势品种包括荷斯坦、弗里斯兰（黑白、红白）、娟姗牛、Fleckvieh、Guzerá Leitero等。

荷兰畜牧业在农业产值中的占比超过了70%，是经济体制中的主导性产业（赵雪洁，2020；金耀忠等，2017）。2022年，荷兰的农产品出口估计值为1 223亿欧元（折合人民币9 421.99亿元），其中，乳制品和鸡蛋出口额为11.9亿欧元（折合人民币84.18亿元），肉类出口额11.0亿欧元（折合人民币77.81亿元）（Juken ma等，2023）。

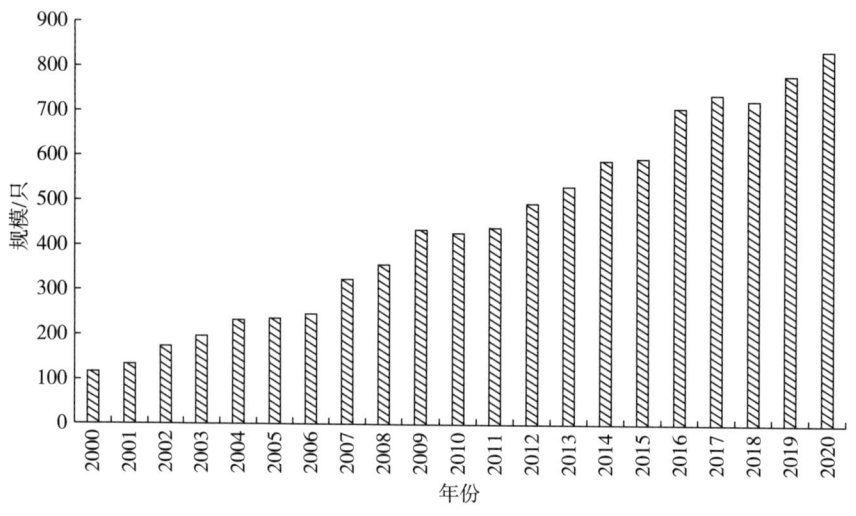

图1 荷兰奶山羊养殖规模变化

1.2 畜禽遗传资源情况

荷兰畜禽品种差异较大，部分品种已在荷兰培育较长时间，其他一些品种为近年来培育或引进品种。荷兰政府较为重视本土/本地适应品种的保护和可持续利用（颜志辉等，2022）。

一个品种在荷兰繁衍40年以上且达到6个世代，就会被认定是荷兰品种。据FAO数据，荷兰畜禽品种：驴2个，水牛1个，牛43个，鸡46个，鸭6个，山羊16个，鹅1个，马38个，猪21个，鸽19个，兔54个，绵羊83个。荷兰在FAO DAD-IS登记的畜禽品种见表1。

荷兰遗传资源中心（CGN）使用 FAO 划分的畜种濒危等级[①]，濒危物种情况见表 2。荷兰有许多本土/本地适应品种的状态为"危急""濒危"或"脆弱"，但对于许多品种来说，选择性育种占主导地位，这将改变品种的特征，可能无法保证畜禽品种的可持续保护。

表 1　荷兰家养动物多样性信息系统（DAD-IS）登记的畜禽品种

畜种	品种名称	濒临灭绝
驴	Mediterran Miniature、ezel	
水牛	Buffel	Buffel
牛	Aberdeen Angus、Ayrshire、Belgisch Blauw、Belgisch Blauw Mixt、Belted Galloway、Blonde d'Aquitaine、Brahman、Brandrood、瑞士褐牛（Brown Swiss）、Charolais、Chianina、Dahomey、Fleckvieh、Fries Hollands（FH）、zwartbont、Fries Roodbont、Glan、Groninger Blaarkop、Heck、Heidekoe、Hereford、Holland Dexter、Holstein Friesian（zwartbont）、Holstein Friesian roodbont、Jersey、Lakenvelder、Limousin Longhorn、Maas-Rijn-IJssel、Maine Anjou、Maraichine、Marchigiana Montbéliarde、Noors Roodbont、Normande、Parthenaise、Piemontese、Puerto Rican、Salers、Schotse Hooglander、Verbeterd Roodbont、Wagyu、Witrik Zweeds Roodbont	Belgisch Blauw Mixt、Belted Galloway、Brahman、Dahomey、Chianina、Glan、Longhorn、Maine Anjou、Maraichine、Heidekoe、Parthenaise、Marchigiana、Schotse Hooglander、Noors Roodbont、Zweeds Roodbont、Salers、Wagyu
家禽	Assendelfts Hoen groot、Assendelfts Hoenkriel、Australorp ISA Hendrix Genetics、Baardkuifhoen、Baardkuifhoenkrielen、Barnevelder groot、Barnevelder kriel、Barred Plymouth、Rock ISA Hendrix Genetics、Brabanter groot、Brabanter kriel、Chaams Hoen、Drentse Hoen groot、Drentse Hoen kriel、Eikenburger kriel wit、Eikenburger kriel zwart、Fries Hoen groot、Fries Hoen kriel、Groninger Meeuw groot、Groninger Meeuw kriel、Herve hoen、Hollands Hoen、Hollands Hoen kriel、Hollandse kriel, 28 kleurslagen erkend、Hollandse kuifhoenders、Hollandse kuifhoenkrielen、Kraaikop groot、Kraaikop kriel、Lakenvelder hoen groot zwart、Lakenvelder hoen kriel、Leghorn（Nederlands type）、Leghornkriel（Nederlands type）、Nederlandse sabelpootkriel、New Hampshire ISA Hendrix Genetics、Noord-Hollandse Blauwe groot, koekoek、Noord-Hollandse Blauwe kriel, koekoek、Rhode Island Red ISA Hendrix Genetics、Rhode Island White ISA Hendrix Genetics、Schijndelaar wit、Sussex ISA Hendrix Genetics、Twents hoen groot、Twents hoen kriel、Uilebaard groot、Uilebaard kriel、Welsumer（roodpatrijs）groot、Welsumer（roodpatrijs）kriel、White Leghorn ISA Hendrix Genetics	Assendelfts Hoenkriel、Assendelfts Hoen groot、Brabanter kriel、Eikenburger kriel zwart、Eikenburger kriel wit、Drentse Hoen groot、Brabanter groot、Hollandse kuifhoenders、Schijndelaar wit、Kraaikop groot、Baardkuifhoen、Kraaikop kriel、Lakenvelder hoen kriel、Sussex ISA Hendrix Genetics

---

① https：//www.wur.nl/en/research-results/statutory-research-tasks/centre-for-genetic-resources-the-netherlands-1/show-cgn-uk/how-about-the-risk-status-of-the-dutch-farm-animal-breeds.htm.

续表

畜种	品种名称	濒临灭绝
犬	Boerenfox、Drentsche Patrijshond、Hollandse Smoushond、Hollandse herder（korthaar，langhaar en ruwhaar）、Kooikerhondje、Markiesje、Nederlandse Schapendoes、Saarloos、Wolfhond、Stabijhoun、Wetterhoun	
鸭	Dwergkuifeend、Krombek、Kuifeend、Kwaker、Noord Hollandse witborsteend、Overbergse eend	Noord Hollandse witborsteend Dwergkuifeend Krombek Kuifeend Overbergse eend
山羊	Afrikaanse Boergeit、Angorageit、Belgische hertegeit、Creole、Franse Alpine、Melkgeit、Nederlandse Bonte Geit、Nederlandse Dwerggeit、Nederlandse Landgeit、Nederlandse witte geit、Nubische geit Anglo-Nubische geit、Poitevine、Syrische geit、Toggenburger、Wallische geit、Zwitserse Saanen geit	Belgische hertegeit、Franse Alpine、Nubische geit Anglo-Nubische geit、Poitevine、Syrische geit、Zwitserse Saanen geit、Angorageit、Wallische geit
鹅	Twentse landgans	Twentse landgans
马	Appaloosa、Arabisch volbloed、Connemara Pony、Dartmoor Pony、Draver、Engelse volbloed、Exmoor、Falabella miniatuurpaard、Fell pony、Fjordenpaard、Fries Paard、Gelders Paard、Groninger Paard、Hackney、Haflinger、Het Nederlandse Trekpaard、Ijslander、KWPN rijpaard、Kaspisch paard、Klassiek Gelderlander paard、Konik、Lipizzaner、Lusitano、Minipaard、Mérens paarden、NRPS paard en NRPS pony、New Forest、Painted Horse、Przewalski、Pura Raza Espanola、Quarter Horse、Shagya、Shetland pony、Shire、Tinker of Ierse Cob、Tuigpaard、Welsh and COB pony、Zwaar Warmbloed paard	Engelse volbloed、Falabella miniatuurpaard、Fell pony、Connemara Pony、Lipizzaner、Groninger Paard、Lusitano、Haflinger、Mérens paarden、Shagya、Zwaar Warmbloed paard
猪	Bentheimer varken、Berkshire、Cerdo Iberico、Duroc（Topigs D-lijn）、Hypor Landras、Hypor Large White（line C）、Hypor Rock-Y（line G）、Kunekune、Mangalitsa、Meishan line、Nederlands Landras、Pietrain（Topigs P-lijn）、Topigs A-lijn、Topigs B-lijn、Topigs E-lijn、Topigs F-lijn（Fins landras）、Topigs L-lijn、Topigs N-lijn、Topigs T-lijn、Topigs Y-lijn、Topigs Z line（Large White）	Topigs A-lijn、Topigs B-lijn、Berkshire、Bentheimer varken、Duroc（Topigs D-lijn）、Nederlands Landras
鸽	Amsterdamse baardtuimelaar、Amsterdamse tippler（duif）、Boerenmeeuw、Gelderse Slenk、Groninger Slenk、Hagenaar、Hollandse kropper、Holle kropper、Hyacinthduif、Nederlandse Helmduif、Nederlandse Hoogvlieger、Nederlandse Krulveerkropper、Nederlandse Schoonheidspostduif、Nonduif、Oud Hollandse Kapucijn、Oud Hollandse Tuimelaar、Oud Hollandse meeuw、Voorburgse schildkropper、Zeeuwse dwergkropper	Amsterdamse baardtuimelaar、Hagenaar、Boerenmeeuw、Groninger SlenkNederlandse Helmduif、Nederlandse Krulveerkropper、Amsterdamse tippler（duif）、Zeeuwse dwergkropper

续表

畜种	品种名称	濒临灭绝
兔	阿拉斯加兔、安哥拉兔、Angora Hangoor、安哥拉汉古尔兔、Beige、Belgische Haas、Blauwe Wener Blauwe van Beveren、Californian、Deilenaar、Duitse Hangoor、Eksterkonijn、Engelse Hangoor、Franse Hangoor、Gele van Bourgondie、Gouwenaar、Gr Chinchilla、Groot Lotharinger、Groot Zilver、Haasdwerg、Havana、Hollander、Hulstlander、Japanner、Klein Chinchilla、Klein Lotharinger、Lotharingerdwerg、Luchs、Marburger Feh、Marter、Meisner Hangoor、Nederlandse Hangoordwerg、Nederlandse Kleurdwerg、Nieuw Zeelander、Papillon、Parelfeh、Parelgrijs van Halle、Poolkonijn、Rex、Rexdwerg、Rijnlander、Rode Nieuw Zeelander、Rus、Sallander、Satijn、Tan、Thrianta、Thuringer、Vlaamse Reus、Voskonijn、Wener、Witte van Hotot、Zilvervos、Zwartgrannen	Angoradwerg、Beige、Gouwenaar、Hulstlander、Luchs、Sallander、Deilenaar、Engelse Hangoor、Angora Hangoor、Gele van Bourgondie、Havana、Eksterkonijn、Marburger Feh、Gr Chinchilla、Parelfeh、Marter、Voskonijn、Japanner、Witte van Hotot、Meisner Hangoor、Lotharingerdwerg、Blauwe van Beveren、Parelgrijs van Halle、Zilvervos
绵羊	Asavi Rijnlam、Badger Face Welsh Mountain、Barbados Black Belly、Bentheimer landschaap、Black Welsh Mountain、Blackhead Persian、Blauwe Texelaar、Blessumer、Bleu du Maine、Bluefaced Leicester、Border Leicester、Brilschaap、Cambridge、Castlemilk Moorit、Charmoise、Charollais、Clun Forest、Coburger Fuchs、Dassenkop Texelaar、Devon & Cornwall Longwool、Dorset Horn、Drents Heideschaap、Duitse Witkop、Duitse Zwartkop、Finse Landschaap、Flevolander、Fries Melkschaap、Gotland Pelsschaap、Groot Heideschaap、Hampshire Down、Hebridean、Heidschnucke、Herdwick、Ile-de-France、Jacob、Kameroen、Karakul、Kempische Heideschaap、Kerry Hill、Krainer Steinschaf、Leicester Longwool、Lleyn、Maas en Waler、Manx Loaghtan、Mergelland Schaap、Merino、Moeflon、Nederlandse Bonte Schaap、Noire du Maine、Noordhollander、Norfolk Horn、Norsk Spaelsau、North Country Cheviot、North、Ronaldsey、Ouessant、Oxford Down、Poll Dorset、Portland、Racka、Romanov、Romney、Rouge de L'Ouest、Ruischaap、Ryeland、Schoonebeeker Heideschaap、Scottish Blackface、Shetland、Shropshire、Skudde、Soay、Solognote、South Down、Suffolk、Sussex Merino、Swifter、Texelaar、Veluwse Heideschaap、Vlaams melkschaap、Vlaming、Wallische Schwarznase、Welsh Hill Speckled Face、Wensleydale Longwool、Wiltshire Horn、Zwartbles	Blessumer、Duitse Witkop、Barbados Black Belly、Bentheimer landschaap、Black Welsh Mountain、Badger Face Welsh Mountain、Blackhead Persian、Border Leicester、Bluefaced Leicester、Castlemilk Moorit、Cambridge、Charollais、Devon & Cornwall Longwool、Duitse Zwartkop、Coburger Fuchs、Brilschaap、Dorset Horn、Finse Landschaap、Heidschnucke、Jacob、Charmoise、Herdwick、Hebridean、Gotland Pelsschaap、Leicester Longwool、Maas en Waler、Manx Loaghtan、Karakul、Merino、Lleyn、Krainer Steinschaf、Norfolk Horn、Norsk Spaelsau、North Country Cheviot、Oxford Down、Portland、Romanov、Romney、Rouge de L'Ouest、Scottish Blackface、Racka、Skudde、Ryeland、Solognote、Shropshire、South Down、Wiltshire Horn、Wensleydale Longwool

表 2 荷兰地方畜禽品种濒危情况　　　　　　　　　　　　　　　单位：个

濒危状态	绵羊	兔	鸽	猪	马	鹅	山羊	鸭子	家禽	牛	驴	合计
未知	0	5	14	0	1	0	0	0	17	0	0	37
安全	1	0	0	0	0	0	1	0	0	0	0	2
处于危险的	0	0	0	0	0	0	0	0	0	0	0	0
濒危—维持	3	0	0	1	0	0	1	0	0	3	0	8
濒危	6	0	3	0	0	0	1	0	7	1	1	19
濒临灭绝—维持	0	0	0	0	0	0	0	0	0	0	0	0
濒临灭绝	2	3	0	0	0	1	0	1	4	0	0	11
灭绝	0	0	0	0	0	0	0	0	0	0	0	0

资料来源：https：//www.fao.org/dad-is/risk-status-of-animal-genetic-resources/en/；FAO DAD-IS，2023。

1.3 畜禽遗传资源保护方式

荷兰畜禽遗传资源保护以"原地保护"为主，异地保护主要以低温保护为主（表3，FAO国别报告，2013）。荷兰稀有畜种基金会、CGN和小农主要负责品种的原地保护。CGN开发并改进了各种动物的精子、胚胎和卵母细胞的冷冻保存方法，以提高种质资源的利用率。

表 3 荷兰畜禽品种不同保护方式覆盖程度

畜种	原地保护	异地保护	
		迁地活体保护	迁地体外保护
牛（奶用）	高	无	高
牛（肉用）	高	无	低
牛（多用途）	高	无	高
绵羊	高	无	中度
山羊	高	无	中度
猪	高	无	高
鸡	高	无	中度
火鸡	高	无	中度

注：低（约<33%）；中度（33%～67%）；高（约>67%）。

1.4 畜禽基因库建设

荷兰遗传资源中心（CGN）成立于1985年7月17日，起初CGN的目标是成为一个国家植物遗传资源基因库，其重点将放在粮食作物上。2003年CGN接管了成立于1994年的农场动物基因库。2010年CGN确立了其作为遗传资源中心的角色，其任务不仅包括植物遗传资源，还包括动物和森林遗传资源，并成为瓦格宁根大学的附属单位。CGN 畜禽基因库建立的目标有 4 个，分别为确保稀有品种和更常见品种的遗传多样性、利用遗传物质支持稀有品种育种计划、为动物疾病造成的品种损失等灾难提供保障、为研究遗传特征提供材料。最早 CGN 是通过捐赠的方式获得了 20 多个家禽、7 个绵羊、15 个生猪的精液。

目前，CGN 管理着所有荷兰牛品种的精液，并通过对供体动物的特异性选择，保证了品种内尽可能多的遗传多样性。同时，CGN 开发了一套程序，以计算每个品种和每个供体动物应该储存多少精子和/或多少胚胎，以确保在基因库中储存足够的遗传物质，以使该种群得以恢复，并建立了备份遗传物质的基因库，保存于乌特勒支大学兽医学院。荷兰畜禽基因库每个畜种的数量见表 4。

表 4 荷兰畜禽基因库每个畜种遗传物质的数量（2023 年 4 月）

项目		牛	猪	绵羊	山羊	鸡	马	鸭	鹅	狗	兔
物种数量/个		22	35	12	6	26	15	4	1	8	8
采集数量/份	范围	1～4 557	1～56	1～71	2～36	1～20	1～196	1～34	11	1～5	3～12
	合计	6 742	834	365	100	252	365	67	11	20	62

资料来源：https://www.wur.nl/en/research-results/statutory-research-tasks/centre-for-genetic-resources-the-netherlands-1/animal-genetic-resources.htm。

1.5 种畜及遗传资源进出口

荷兰畜禽遗传资源丰富，是世界畜禽遗传资源重要出口国之一。2021 年马、牛和家禽等纯种动物出口额超过 10 亿元，其中马属动物虽出口数量少，但其出口额较高（表 5）。

荷兰也从其他国家进口畜禽品种，如种鸡、种猪、种马、种牛等，以改善本土品种的生产性能。其中牛精液进口数量逐年增加，活山羊进口数量总体呈增加趋势，而活绵羊进口数量则相反，家禽每年进口数量和价值接近（表 6）。

作为世界上五大家禽遗传育种和遗传资源出口企业之一，汉德克动物育种集团是荷兰的一家私营企业，旗下拥有 4 个育种子公司：伊沙家禽育种公司（蛋鸡）、海波罗家禽育种公司（肉鸡）、海波尔种猪育种公司和海波利特火鸡育种公司，另外拥有一家国际家禽贸易公司，能够为客户提供优良的白壳和褐壳蛋鸡等品种，通过分布于四大洲的多个育种基地向全球市场提供祖代和父母代产品。全球最具创新力的猪遗传学公司 Topigs Norsvin，也是欧洲最大的猪育种公司，总部位于荷兰，Topigs Norsvin 以其创新性的基因解决方案应用于经济高效的生猪养殖而闻名，其基因改良重点关注育种的可持续性和饲料利用效率，主要销售终端母猪和种公猪。

表 5 2017—2021 年荷兰畜禽遗传资源出口额和出口量情况

种质资源	项目	2017 年	2018 年	2019 年	2020 年	2021 年
猪[1]	数量 / 万头	104.80	91.99	71.77	57.88	61.22
	价值 / 亿美元	1.55	1.21	1.37	0.97	0.60
马[1]	数量 / 匹	1 952	1 746	3 882	6 555	3 548
	价值 / 亿美元	1.39	1.14	0.93	0.79	1.07
活绵羊	数量 / 万头	18.51	15.09	16.00	14.48	11.15
	价值 / 万美元	2 040.35	1 796.82	1 717.93	1 699.45	1 409.73
活山羊	数量 / 只	6 054	6 405	10 203	3 400	7 077
	价值 / 万美元	125.26	237.93	346.53	221.11	509.29
牛精液	数量 / 万吨	0.37	0.45	0.50	0.58	0.52
	价值 / 万美元	2 335.49	2 991.26	3 457.93	4 315.52	4 441.80
牛[1]	数量 / 万头	15.34	16.74	6.68	9.50	12.51
	价值 / 亿美元	1.10	1.44	1.74	1.30	1.44
活家禽[2]	数量 / 亿只	3.01	2.58	2.59	2.26	2.96
	价值 / 亿美元	2.47	2.43	2.29	2.04	2.25
活家禽[3]	数量 / 亿只	0.53	0.49	0.44	0.39	0.65
	价值 / 亿美元	1.26	1.27	1.17	1.04	1.70
活家禽[4]	数量 / 万只	775.87	685.71	582.48	328.15	659.26
	价值 / 万美元	635.94	576.70	464.76	267.06	554.50
活家禽[5]	数量 / 万只	234.05	196.22	354.23	190.21	170.58
	价值 / 万美元	4 454.46	4 295.23	4 395.42	4 278.73	3 946.35

注：[1] 活的纯种繁殖动物；[2] 鸡种，重量不超过 185 克；[3] 鸡种，重量超过 185 克；[4] 鸭、鹅、火鸡和珍珠鸡，重量不超过 185 克；[5] 鸭、鹅、火鸡和珍珠鸡，重量超过 185 克。
资料来源：World Integrated Trade Solution（WITS）。

表 6 2017—2021 年荷兰畜禽遗传资源进口额和进口量情况

种质资源	项目	2017 年	2018 年	2019 年	2020 年	2021 年
猪[1]	数量 / 万头	31.60	30.24	37.54	13.29	4.97
	价值 / 亿美元	0.60	0.54	0.72	0.30	0.16
马[1]	数量 / 匹	1 043	932	1 039	1 293	3 665
	价值 / 万美元	1 775.95	2 265.17	5 586.80	2 985.34	5 510.77
活绵羊	数量 / 万只	2.93	8.64	7.89	5.61	6.40
	价值 / 万美元	244.63	628.03	543.07	468.51	581.47
活山羊	数量 / 只	790	2 581	13 913	9 415	2 803
	价值 / 万美元	11.80	22.60	28.47	40.24	28.24
牛精液	数量 / 万吨	0.34	0.36	0.35	0.41	0.38
	价值 / 万美元	2 328.94	2 331.06	1 927.81	2 393.26	2 511.64

续表

种质资源	项目	2017年	2018年	2019年	2020年	2021年
牛[1]	数量/万头	22.66	18.23	17.44	21.32	17.39
	价值/万美元	7 422.07	8 910.47	6 675.24	8 304.10	8 859.97
活家禽[2]	数量/亿只	1.10	1.20	1.26	1.09	1.26
	价值/亿美元	1.10	1.26	1.24	1.18	1.70
活家禽[3]	数量/亿只	3.64	3.23	3.04	2.95	2.60
	价值/亿美元	6.78	6.51	5.85	5.60	5.64
活家禽[4]	数量/万只	216.57	50.63	139.91	107.39	71.06
	价值/万美元	353.47	87.96	233.04	186.47	138.16
活家禽[5]	数量/万只	29.10	189.47	162.61	118.08	181.92
	价值/万美元	134.40	831.11	630.61	663.46	998.27

注：[1]活的纯种繁殖动物；[2]鸡种，重量不超过185克；[3]鸡种，重量超过185克；[4]鸭、鹅、火鸡和珍珠鸡，重量不超过185克；[5]鸭、鹅、火鸡和珍珠鸡，重量超过185克。

资料来源：World Integrated Trade Solution（WITS）。

2 畜禽遗传资源保护管理体系

2.1 保护主体

荷兰畜禽遗传资源保种主体主要有4类：一是荷兰政府，主要负责制定和实施畜禽遗传资源保护政策，并负责农场动物的识别和系统登记。二是协会，由国家政府根据欧盟动物技术法规正式认可的育种协会①，它们积极支持本土/本地适应品种的原地保护，负责畜禽的养殖、繁殖和利用，并致力于制定本地品种衍生的产品，在品种保护、监测和促进可持续利用等方面发挥着非常重要的作用。三是高校，主要负责畜禽遗传资源的科学研究、鉴定、评估和遗传材料的保存。四是动物园和私人农场，主要饲养稀有畜禽品种，以繁殖和利用为重点，同时兼顾教育和娱乐目的。

2.2 法律法规制度

目前，荷兰关于遗传资源没有特定的国家法律。但荷兰作为欧盟成员国遵循欧盟的畜牧（包括动物育种）法规，主要是为了推动种畜及其遗传物质的自由贸易，同时兼顾育种计划的可持续性和遗传资源保存的需要。荷兰还参与了《生物多样性公约》（CBD）、《名古屋议定书》和FAO的《动物遗传资源全球行动计划》。

---

① 育种组织（协会）根据欧盟（EU）2016/2012条例第7条第（1）款、第4条第（3）款、第8条第（3）款规定，提交育种计划给荷兰企业局审批，审批通过的育种组织（协会）可进行畜禽繁殖和利用。

2.3 科研支撑力量

为了畜禽遗传资源保护和畜种的可持续健康发展，荷兰参与畜禽资源保护利用的机构主要包括大学和育种公司等，具体见表7。

表7 荷兰畜禽资源主要科研机构及其职责

机构名称	机构类型	机构职责
瓦格宁根大学 Wageningen University	大学	建立的动物育种与基因组学中心和研究中心（ABGC）是参与畜禽遗传资源科研的主要力量，并成立了CGN，为动物育种和保护能力建设提供了强有力的保障。并负责监测养殖动物品种的风险状况，主要包括种群规模、动物数量变化趋势和近亲繁殖风险等
CRV 育种公司 CRV Breeding Company	育种企业	为奶农提供多种服务，开发、生产和销售牛精液、胚胎，提供人工授精、发情监测、胚胎移植、繁殖咨询、产奶登记（MPR）、良种登记等领域的相关服务。CRV公司制定了荷兰奶牛育种指数NVI，在奶产量经济指数的基础上增加了长寿性、体细胞数、繁殖性状、乳房健康性状及肢体健康性状参数，更加注重效率和可持续发展
汉德克动物育种集团 Handke Animal Breeding Group	育种企业	主要从事蛋鸡、火鸡、生猪、水产和传统家禽的育种，为100多个国家/地区的生产商提供专业技术和资源
托佩克种猪公司 Topigs Norsvin	育种企业	拥有以种猪育种研究院（IPG）为中心的强大科研团队，致力于种猪遗传育种研究、人工授精和相关技术推广和服务。其运用"平衡育种"技术，根据不同的气候环境及其市场提供最佳的育种方案
公－私合作伙伴计划"Breed4Food"①	大学、育种企业	负责基因组预测技术、基因知情育种、表型鉴定、伦理与社会、基因组育种计划优化等项目，以增强遗传改良，从而实现有利可图的畜牧业，为可持续发展做出贡献，并应对社会挑战

2.4 政府规划项目

在动物遗传资源保护方面，荷兰定期评估品种间和品种内多样性的状况，开展有针对性的研究项目，为育种组织提供品种遗传多样性及其育种计划可持续性的相关信息。荷兰在确定和实施动物遗传资源保护时遵循以下战略原则，一是在动物种质资源保护方面采用"以用促保"策略；二是动物育种各相关主体共同参与动物遗传资源的保护和利用；三是明确长期保护动物遗传多样性的社会责任；四是在国家和国际层面推动可持续育种计划，通过育种实现畜牧业可持续发展；五是采用最新的基因组学和繁殖技术，以更好地表征动物遗传性状，提高动物遗传资源保护及育种的效率；六是

---

① https://breed4food.com/research-projects.

通过能力建设、知识产权开发和交流以及公私合作来应对全球挑战①。因此，基于六项策略荷兰开展了相关规划和科研项目，具体如下。

原地国家计划：荷兰通过此计划对国家动物遗传资源实施原地保护，原地国家计划是通过制定和实施以市场为导向的战略，促进与传统畜禽种有关的产品和生态系统的开发，挖掘传统畜禽品种和变种遗传表征，结合不同的功能、产品和服务，将动物遗传资源的生物文化价值转变为经济效益。

"IMAGE"项目：在欧盟"地平线2020"研究资助计划的支持下，欧盟资助了"IMAGE"项目（动物遗传资源创新管理——批准号为677353），重点关注动物基因库。荷兰是IMAGE项目的合作伙伴之一。IMAGE解决了包括基因库管理、生殖生理学和低温保存、存储遗传物质的基因组特征、数据管理以及在体内种群管理中存储遗传物质利用等问题，并通过新的表型方法改善家畜的健康和福利，从而实现更好的动物管理和育种②，进而更加重视并积极利用低温保存遗传物质的机会，以保护畜禽品种免遭灭绝③。可靠的冷冻保存方法和方案对于确保基因库材料的质量至关重要。CGN开发并改进了各种动物的精子、胚胎和卵母细胞的冷冻保存方法。此外，还研究了冷冻遗传物质的受精能力，以验证冷冻保存方法。

建立欧盟濒危动物品种参考中心（EURC-EAB）：自2023年1月1日起，瓦格宁根大学和研究中心的专家与法国、德国合作，就濒危农场动物品种的可持续育种计划以及欧盟育种法规的实施向欧盟委员会、国家政府和育种组织提供建议。EURC-EAB旨在建立和协调保护濒危品种的方法，以及保护这些品种内的遗传多样性，主要包括牛、猪、绵羊、山羊和马，EURC-EAB还将支持政府和育种组织实施和进一步发展欧洲育种法规（EU 2016/1012）④。

公-私合作伙伴计划"Breed4Food"："Breed4Food"是由瓦格宁根大学与研究中心（WUR）和四家国际动物育种公司（CRV，Hendrix Genetics，Topigs Norsvin 和 Cobb Europe）建立的组织。"Breed4Food"负责基因组预测技术、基因知情育种、表型鉴定、伦理与社会、基因组育种计划优化等项目，以促进遗传改良工作，推动畜牧业发展，并为可持续发展作出贡献。

---

① FAO. Country report supporting the preparation of The Second Report on the State of the World's Animal Genetic Resources for Food and Agriculture, including sector-specific data contributing to The State of the World's Biodiversity for Food and Agriculture [Z/OL]. http://www.fao.org/3/i4787e/i4787e83a.pdf.

② https://www.wur.nl/en/newsarticle/automated-phenotyping-imagen-breed4food-individual-tracking-symposium.htm.

③ https://www.wur.nl/en/newsarticle/new-guidelines-for-cryoconservation-of-animal-genetic-resources-.

④ https://www.wur.nl/en/show/new-european-reference-centre-for-endangered-animal-breeds-established.htm.

2.5 保护资金来源

荷兰在畜禽遗传资源保护上的资金主要靠政府拨款和公益捐款。政府拨款主要包括提供资金支持 CGN 和稀有农场动物品种基金会的原地保护和异地保护。同时饲养稀有品种的养殖户也可以获得政府补贴，主要是对畜禽产品较低产量的补偿，从而使养殖户更愿意饲养这些动物，以促进稀有畜禽品种的保护。

3 对中国的启示

3.1 加强基因库建设，对收集的遗传物质进行表型分析

畜禽基因库对畜禽遗传资源进行存储、基因数据读取、信息开放共享，可以挖掘基因资源潜能，对于支撑种业科学研究与畜禽产业创新起到关键作用。荷兰高度重视畜禽遗传基因库建设，并将早期建立的基因库合并到 CGN，同时，建立备份基因库，防患于未然，并对进入基因库的遗传物质的数量、品种特征和遗传变异进行分析，为恢复种群和畜禽育种计划提供保障。2021 年，中国已确定并建立了 8 个国家级畜禽遗传资源基因库，大部分省份畜禽种质资源基因库近年才启动建设，目前成规模的较少。建议地方基因库将收集到的不同畜种遗传材料分批入国家基因库超低温冷冻保存，做到应保尽保。同时，8 个国家基因库也应建立对应的备份遗传资源库，对收集的遗传物质进行表型鉴定，使用基因分析技术来分析品种的遗传多样性，以确定品种的遗传特征以及品种的总遗传变异。

3.2 加强科企合作，建立高效育种联盟

育种计划的成功不仅取决于实施最合适的育种目标，还需考虑消费者和社会需求，有效实现这一目标重要的是在限制近亲繁殖率和控制育种计划成本的同时实现目标性状的遗传增益。瓦格宁根大学与研究中心与国内 4 家国际知名商业育种企业（CRV，Hendrix Genetics，Topigs Norsvin 和 Cobb Europe）组成了联盟——Breed4Food，该联盟的成立使 4 家育种公司能够实施明显优于竞争对手的育种计划，针对育种领域前沿技术开展探索以推动畜禽种业发展，加快畜禽的遗传改良速度，实现高效育种。

目前，中国产学研用深度融合的商业化联合育种机制和组织体系不健全，技术、资源、人才向企业流动不畅，育种持续性和育种价值无法保障。建议国家出台相关政策，促进我国畜禽种业企业与高校科研院所建立深度合作，鼓励成立相应育种联盟，培育风险共担、收益共享、多元协同的联合育种实体，并实施相应育种计划，深入开展联合育种攻关，全面提升育种创新水平，推动畜禽种业可持续健康发展。

3.3 推动保护主体多元化

荷兰高度重视遗传资源的保护，政府、科研机构、协会和小农都积极参与。荷兰稀有农场动物品种基金会主要负责农场动物基因库遗传材料的收集和管理，并向国家主管部门提供有关稀有品种确切的位置信息。皇家协会 Het Friesch Paarden-Studboek（KFPS Royal Friesian）主要负责弗里斯兰马登记注册，还开展了一项育种计划以保护弗里斯兰马。小农饲养稀有畜种可以获得一定的政府补贴，以提高小农保护稀有畜种的积极性。

目前，我国畜禽资源保护主要落在政府层面，协会组织、农户等社会力量参与较少。建议针对我国畜禽资源保护主体保护单一的情况，应建立健全保种体系，构建政府、企业、社会组织和公众共同参与的多元化保护体系。在开展原地保护过程中，政府可将一定数量的地方畜禽品种交由当地农户饲养，并负责畜禽品种的养殖、繁殖和利用，同时政府应给予一定的补贴。

参考文献

金耀忠，俞向前，王政，等，2017. 荷兰现代畜牧业发展的成功经验及其启示［J］. 上海畜牧兽医通讯，210（2）：62-64.

颜志辉，金迪，王爱玲，等，2022. 荷兰动物育种规划及其对中国的启示［J］. 中国畜牧杂志，58（1）：257-261.

赵雪洁，2020. 荷兰生态畜牧业的法律制度研究［J］. 黑龙江畜牧兽医，598（10）：28-32.

Country report supporting the preparation of The Second Report on the State of the World's Animal Genetic Resources for Food and Agriculture, including sector-specific data contributing to The State of the World's Biodiversity for Food and Agriculture - 2013［EB/OL］. https：//www.fao.org/animal-genetics/global-policy/reporting-system/countries/en/?page=3&ipp=5&tx_dynalist_pi1［par］=YToxOntzOjE6IkwiO3M6MToiMCI7fQ==.

JUKEMA G，RAMAEKERS P，BERKHOUT P，2023. De Nederlandse agrarische sector in internationaal verband - editie 2023［N］. Wageningen Economic Research Rapport，2023-004.

挪威畜禽遗传资源保护现状及对中国的启示

挪威位于欧洲大陆西北角，斯堪的纳维亚半岛西部，呈狭长型，大部分国土都与海洋相接，西面与北面濒临北大西洋，东面与俄罗斯、芬兰和瑞典接壤，南面与丹麦隔海相望。国土面积38.5万平方千米（包括斯瓦尔巴群岛、扬马延岛等属地），海岸线长21 192千米（包括峡湾）。挪威国土约2/3以上是高原和山地，近1/3国土位于北极圈内，气候特点呈梯度分布。挪威北部和东部的内陆地区呈现典型的大陆性气候，夏季温暖，冬季寒冷；沿海地区主要是温带海洋性气候，夏季相对凉爽，冬季温和。挪威拥有丰富的油气、渔业、森林和水力等自然资源。

挪威是高度发达的现代化工业国家，油气产业在经济中占主导地位，渔业是重要的传统经济部门。2022年国内生产总值（GDP）约55 691.72亿挪威克朗（折合美元约5 149亿美元，折合人民币约37 323亿元），同比增长3.9%，宏观经济环境长期稳定。挪威总人口约550万人，人口较少但人均GDP达到10.205万美元，位居世界前列（挪威统计局，2023），国民福利水平较高。

受气候和地理条件的极大影响，挪威农业在国民经济中居于次要地位，农业生产以畜牧业和渔业为主，种植业规模很小，主要以大麦、燕麦、小麦、马铃薯为主，种植业粮食自给率只有40%，蔬菜水果等主要依靠进口。相较于种植粮食作物，在挪威多数地区种植有饲草。农田面积仅占国土总面积的2.7%，约98.6万公顷，其中，可耕地面积约80.7万公顷，适宜耕作的农用地较少；农业人口约5万人，占全国就业总人数的1.7%（挪威统计局，2022）。

1 畜禽遗传资源现状

1.1 畜牧业现状

畜牧业生产是挪威农业的支柱。挪威畜牧业约占农业总产值的2/3，以中小型家庭农场生产为主，主要畜产品如肉类、牛奶和鸡蛋可以自给。挪威本土的畜禽品种主要有肉牛、奶牛、绵羊、奶山羊、猪、鸡以及驯鹿。奶牛约占挪威牛总数的85%。虽然气候和地形限制了挪威畜牧业生产的范围，但动物育种和饲养在挪威一直占据重要地位（表1）。

奶业是挪威畜牧产业中的重要组成部分。由于人口总量少，国内消费有限，挪威牛奶的总消费量近十余年来持续降低。其中，液体奶的消费量降幅最大，从1982年的7.71亿升逐渐降为2002年的5.53亿升。挪威绝大部分奶牛饲养区集中在高山和峡湾地带，乳制品生产区也远离人口集聚区。

表1 挪威主要畜禽品种情况

畜种	品种数量	主要品种
牛	21	Aberdeen Angus、Blond d'Aquitaine、Brown Swiss、Charolais、Dexter、Doelafe、Galloway、Hereford、Highland Cattle、Holstein、Jersey、Limousin、Norsk roedt fe、Ostlandsk roedkolle、RDM、Sidet troenderfe og nordlandsfe、Simmental、Telemarkfe、Tiroler Grauvieh、Vestlandsk fjordfe、Vestlandsk raudkoll
猪	3	Finnish Yorkshire、Norsk Landrace、Norsk Yorkshire
鸡	29	Barred Plymouth Rock、Brun italiener、Gjermundues 1、Gjermundues 2、Gjermundues 3、Islandsk landnamshone、Kalnes 1、Kalnes 2、Kalnes 3、Kalnes 4、Kalnes 5、Light Sussex、Norbrid 1、Norbrid 3、Norbrid 4、Norbrid 7、Norbrid 8、Norsk jaerhona、Red Rhode Island（RRI）、Roko、Roko hóns 1、Roko hóns 2、Roko hóns 4、Samvirkekulling 11、Samvirkekulling 12、Samvirkekulling l3、Samvirkekulling l5、Sort Minorka、Sove 1
马	5	Doelahest、Fjordhest、Nordlandshest lyngshest、Norsk kaldblodstraver、Norsk varmblod
山羊	5	Kystgeit、Mohairgeit、Norsk boergeit、Norsk kasjmirgeit、Norsk melkegeit
绵羊	23	Bleset sau、Charolais、Dalasau、Dorset、Finsk landrase、Fuglestadbrogete sau、Gammelnorsk sau、Gammelnorsk spaelsau、Gra troendersau、Kvit spaelsau、Merino、NorX、Norsk kvit sau、Norsk pelssau、Oxford down、Romney、Rygja、Shropshire、Sjeviot、Steigar、Suffolk、Svartfjes、Texel
鹅	2	Norsk hvit gas、Smaalensgas
兔	1	Trønderkanin
狗	7	Dunker、Haldenstover、Hygenhund、Lundehund、Norsk buhund、Norsk elghund gra、Norsk elghund sort

资料来源：https://www.fao.org/dad-is/browse-by-country-and-species/en/。

1.2 畜禽遗传资源情况

从畜禽物种多样性方面来看，挪威畜禽遗传资源当前面临濒危风险的多为本地品种，引进品种中面临濒危风险的较少。本地品种中，有1个山羊品种处于"濒临灭绝"等级；有14种畜禽处于"濒危"等级，其中牛的品种有1个，鸡的品种有8个，山羊的品种有2个，马的品种有3个；"处于危险的"等级1个，为马的品种（表2）。

表 2　挪威本地畜禽品种濒危等级划分　　　　　　　　　　　　单位：个

濒危状态	牛	鸡	山羊	鹅	马	家兔	绵羊	总和
未知	0	3	0	2	1	1	0	7
安全	1	0	0	0	0	0	5	6
处于危险的	0	0	0	0	1	0	0	1
濒危—维持	5	0	0	0	0	0	7	12
濒危	1	8	2	0	3	0	0	14
濒临灭绝—维持	1	0	0	0	0	0	0	1
濒临灭绝	0	0	1	0	0	0	0	1
仅冷冻保存	0	0	0	0	0	0	0	0
灭绝	0	14	0	0	0	0	0	14

资料来源：https://www.fao.org/dad-is/risk-status-of-animal-genetic-resources/en/。

1.3　畜禽遗传资源保护方式

挪威畜禽遗传资源保护方式以原地保护为主，迁地保护作为补充。原地保护工作的首要目标是增加活跃生产畜群中值得保护的牲畜品种的繁殖雌性数量，其次是通过技术手段使保护品种必须具有活跃的品种层，且不需要在保护畜群中饲养。在原地保护工作中，会安排专业的品种跟进团队，为养殖户特别是小种群养殖户提供育种建议，同时会通过签订技术协议保证稳定的育种技术支持。

挪威支持有机农产品生产商和业余爱好者在相关领域积极推广使用和销售本国古老畜禽品种（濒危品种），以及在基于地方特色的景区开发中利用畜禽品种的文化和历史价值［Stortingsmelding 9（2011-2012）"Velkommen til bords"］，如挪威动物园积极引进当地特色的畜禽品种，以提高旅游观赏的吸引力，对于保护一些古老品种也具有重要意义。

保护品种方面，近十年来，牛、蛋鸡、绵羊和山羊是本国遗传资源品种保护工作的最高优先事项，其次是鹅、狗、蜜蜂和兔。多年以来，挪威十分重视对本土动物遗传资源的保护工作。

政府层面，挪威通过签署《生物多样性公约》承诺对其生物多样性（包括动物遗传资源）进行可持续管理，同时与 FAO 的粮食和农业遗传资源委员会（CGRFA）一直保持着良好的合作基础。此外，2020 年挪威制订了"2021—2025 年值得保护的牲畜品种行动计划"，确定了值得保护的牲畜品种清单，以及牲畜品种保护工作的优先次序。在这项行动计划下，挪威遗传资源中心每年通过绘图和监测等措施对品种濒危程度进行全面评估，报告并公布本国值得保护的牲畜品种的状况和趋势，以及遗传资源关键数据。

1.4　畜禽遗传资源基因库

挪威有一个蛋鸡基因库（Hvam）。该基因库与冷冻基因库的不同之处在于动物是活的，也称为活体保存。蛋鸡在使用解冻精子时的生育率低于 5%，因此挪威遗传资源中心为保证生育率选择不使用冷冻精液（2016 年和 2018 年曾尝试冷冻公鸡精液，但没有成功，2018 年实验的精子储存在挪威遗传资源中心）。该蛋鸡基因库包含来自国家生产线的活体动物，这些生产线在 1994 年之前一直向挪威市场供应蛋鸡。基因库还有几个较老的品种，这些品种已被用于国家家禽育种的研究工作。

部分商业育种组织拥有并经营挪威牲畜冷冻精子的基因库。除了作为确保未来遗传资源的储备外，一些濒危种群的研究与保护还有助于当今活跃畜群的研究。此外在挪威食品安全局的规定下，禁止以生产为目的对牲畜品种进行跨境移动，这在很大程度上有助于限制雄性动物的跨境移动。

1990 年，挪威建立了畜禽遗传资源亲属数据库 Kuregisteret，用于保存值得保护的牛品种基因。该数据库发挥着种群规模和趋势的监测作用，同时还用于挪威农业局向值得保护的牛品种支付生产补贴，以及向养殖农户提供育种和血统保护建议等。

1.5　畜禽遗传资源出口情况

挪威畜禽遗传资源进出口量在世界上占比并不大，2021 年出口额仅 474 万美元，其中种猪出口最多，出口额占总出口额近一半，其次是牛精液和种马（表 3）。

挪威是一个以渔业和海产品出口为主的国家，因此畜牧业规模较小，但挪威也有一些公司从事畜牧业务。TINE 是挪威最大的乳制品公司，它采用合作社模式从全国各地的奶牛场收购牛奶，生产各种乳制品；Nortura 是挪威最大的肉类和蛋类生产公司，同样采用合作社模式，它从各地的养殖场收购肉类和蛋类，然后加工和销售各种畜产品；Norsk 是挪威的另一家肉类生产公司，专注于牛肉、绵羊肉和猪肉等畜产品生产。

表 3　挪威 2015—2021 年主要畜禽种质资源出口数量与出口额

种质资源	项目	2015 年	2016 年	2017 年	2018 年	2019 年	2020 年	2021 年
牛精液	数量 / 千克	136		711	1235	998	322	142
	价值 / 万美元	176.80	129.75	112.40	228.94	141.83	183.40	135.54
马[1]	数量 / 匹	199	168	146	189	156	202	91
	价值 / 万美元	75.82	84.92	78.75	102.28	169.49	171.53	110.01
牛[1]	数量 / 头	–	–	–	–	–	–	11
	价值 / 万美元	–	–	–	–	–	–	5.23
猪[1]	数量 / 头	2118	1220	625	716	726	1077	1324
	价值 / 万美元	249.75	183.58	105.03	117.38	138.40	198.60	223.27
活绵羊	数量 / 只		5					
	价值 / 美元		2980					
活家禽[2]	数量 / 万只	2						
	价值 / 万美元	1.18						
活家禽[2]	数量 / 只						696	
	价值 / 万美元						3.06	
总计	数量 /							
	价值 / 万美元	503.55	398.55	296.18	448.60	449.71	556.59	474.04

注：[1] 活的纯种繁殖动物；[2] 鸭、鹅、火鸡和珍珠鸡，重量超过 185 克。
资料来源：World Integrated Trade Solution（WITS），https://wits.worldbank.org/。

2 畜禽遗传资源保护管理体系

2.1 保护主体

2.1.1 政府部门

农业与食品部（Ministry of Agriculture and Food）、气候与环境部（Ministry of Climate and Environment）是挪威畜禽遗传资源相关的主要中央管理部门。农业与食品部主要负责食品和农业政策，其中，涵盖土地利用、农林业、畜牧业以及新型农业产业发展等，保护畜禽遗传资源在内的农业资源基础是其重要政策目标之一[①]。气候与环境部主要负责环保政策，除了发起、制定和实施环境管理政策和行动外，该部还充当促进者和协调者，以确保各部门当局在其特定领域实施其环保政策，畜禽遗传资源的保护是其重要业务之一。气候与环境部下设四个部门，其中，自然管理部门（Department for Nature Management）及其下属的挪威生物多样性信息中心（The Norwegian Biodiversity Information Centre）是挪威畜禽遗传资源管理最直接、最重要的政府部门[②]。

该中心是一个国家生物多样性知识库，其主要任务是向社会提供有关挪威物种和群落环境最新且易于获取的信息。挪威生物多样性信息中心是由议会决议成立，并于2005年开始运营，自成立以来已取得多项成就。其主要开展的行动措施及成就包括：①编制挪威物种和生态系统红色名录，这些风险评估会定期修订，为决策者提供重要工具。②提供挪威外来和入侵物种的国家风险评估，其中，包括制定对挪威生物多样性构成严重威胁的外来物种清单，清单定期修订。③提供物种地图服务，通过数字地图可查询挪威物种出现记录。④建设物种观测系统，用于将地图上的物种记录到国家可免费访问的数据库中。⑤提供物种互联网服务，服务包括分类、识别码、生态数据等。⑥挪威的生态系统多样性信息服务，提供了挪威所有环境的生态系统、栖息地和生态变化的国家典型案例和描述系统；⑦探索挪威物种的新知识，挪威分类学倡议于2009年启动，重点关注挪威鲜为人知的物种新知识[③]。挪威生物多样性信息中心还与其他国家的类似组织以及致力于增加和传播生物多样性知识的国际机构有着广泛的合作，这种合作有助于加强跨国界的信息交流，这些机构与组织包括瑞典物种信息中心（ArtDatabanken）、全球生物多样性信息设施（GBIF）、欧盟（EUBON and INSPIRE）以及生命百科全书信息平台（EOL）等。

2.1.2 研究机构

为了确保遗传资源的保护和可持续利用，必须培育足够的行业专家进行畜禽遗

---

① 挪威农业与食品部官网 https：//www.regjeringen.no/en/dep/lmd/the-ministry-of-agriculture-and-food/id632/.
② 挪威气候与环境部官网 https：//www.regjeringen.no/en/dep/kld/id668/.
③ https：//www.biodiversity.no/Pages/135580/About_Norwegian_Biodiversity_Information_Centre?Key=82.

传研究、公共管理、育种和农业应用，并提供相应组织和个人所需的技能服务，因此，挪威要求国内农业大学、职业学校和研究机构应加强对遗传资源视角的关注，作为其可持续农业教育的一部分[①]，代表性的组织有挪威农业大学（Norwegian University of Life Sciences，NMBU）、挪威生物经济研究所（Norwegian Institute of Bioeconomy Research，NIBIO）等。挪威农业大学是挪威重要的畜禽遗传资源研究机构，涵盖农业、畜禽科学等领域，他们不仅参与畜禽品种改良与推广、遗传资源管理与保护等工作，同时也培养未来的畜禽科学家和专业人员。挪威生物经济研究所（NIBIO）旨在通过食品、林业和其他生物行业的研究和知识生产，为粮食安全、可持续资源管理、创新和价值创造作出贡献，该机构做了很多本国古老畜禽品种的经济价值的研究和推广工作，并联合政府制定了本地品种标签制度，提高了部分古老品种的市场需求。挪威遗传资源中心（Norwegian Genetic Resource Center，NGRC）就是挪威生物经济研究所下属组织之一，该中心由农场动物、农作物和林木遗传资源组成，主要负责收集遗传资源领域的专业知识、协调相关组织活动，监测家畜、植物和林木遗传资源的状况，促进对这些资源进行高效和可持续的管理，并就遗传资源问题向农业和食品部提供建议。该组织在制定、保护和可持续利用挪威本土遗传资源方面发挥巨大作用，并且挪威遗传资源中心在每个畜牧业部门都有一个遗传资源委员会，此外遗传资源中心还负责协调国家和北欧在遗传资源管理方面的工作[②]。值得注意的是，遗传资源中心还具备宣传和知识普及职能，会不定期组织学术、商业或社会性论坛、会议，一方面，更好组织和协调当前的研究成果与资源，另一方面，对畜禽遗传资源保护的宣传起到很好的推动作用。

2.1.3 企业和社会组织

商业企业是挪威畜禽遗传资源保护的重要主体，挪威畜禽商业企业大多以农业合作社的形式成立，农民和养殖者拥有合作社的所有权，他们共同分享利润。代表性的组织有挪威马匹中心（Norwegian Fjord Horse Center，NHS）、GENO、Norsvin等。

挪威马匹中心（Norwegian Fjord Horse Center，NHS）是农业和食品部指定全面负责挪威马的育种机构，致力于马品种的保护、繁殖和促进马匹业的可持续发展。主要工作包括保护马品种多样性，确保本地品种和进口品种的纯种性和遗传多样性；繁殖和育种支持，提供技术和资源支持，帮助马匹养殖者进行育种工作，以改进品种、提高马匹的体能和适应性；推动马匹产业，开展马匹赛事、马匹旅游、教育和培训等活动；教育和研究，与学术机构和研究团体合作，开展关于马匹的研究和教育项目，以提高对马匹健康和管理的理解等[③]。

---

① Norwegian Ministry of Agriculture and Food，https：//www.regjeringen.no/contentassets/de2f09351b904a4aa00c2a9a97f2efae/m-0754-e-lmd_strategy_eng_high.pdf.

② https：//www.nibio.no/en/about-eng/our-divisions/division-of-survey-and-statistics/norwegian-genetic-resource-centre.

③ https：//norsk-fjordhestsenter.no/en/about-the-center.

Geno 集团是挪威的一个合作社集团，主要专注于奶牛和其他畜禽的遗传改良和养殖。Geno 以奶牛的基因改良为主要业务，使用现代的遗传评估技术，帮助养殖者选择和培育更具生产力和经济效益的奶牛。Geno 集团除了从事品种改良研究外，还为养殖者提供人工授精、养殖培训等服务。Geno 的合作社结构决定了它是由养殖者会员所有和经营，并且主要工作是为其成员提供遗传改良服务，养殖者有充分权力决定集团的走向和业务[①]。

Norsvin 和 Geno 类似，都是由养殖者控制的合作社，其主要业务是猪遗传产品的研究、开发、生产和销售。2014 年，Norsvin 将其国际业务与荷兰公司 Topigs 合并，成立了 Topigs Norsvin 公司，该公司如今是全球第二大猪育种公司。

除了上述这些组织外，还有如挪威奶牛协会（Norwegian Dairy Association，TINE）等各种动物协会也在畜禽遗传资源保护与利用方面发挥着重要作用。这些协会是保护工作的重要信息连接点，在大众畜禽遗传资源保护知识的传播上发挥着重要作用，如各种协会会组织举办资源保护论坛、研讨会，发放公益保护宣传材料等。

2.2 法律法规制度

挪威并没有一部以畜禽遗传资源专门命名的法律，但有许多法律法规涉及遗传资源的管理问题。这些法律可以简单划分为三类，一是覆盖范围较广的各种环境保护法，如《自然多样性法》《自然保护法》《环境法》等；二是涉及进出口贸易、市场管制、研究管理等的各项法规规定；三是国际公约。

《自然多样性法》是畜禽遗传资源保护与利用方面最重要的法律之一，该法的目的是通过可持续利用和保护自然来管理生物和地质多样性以及生态过程，其中法律第一章关于可持续利用的一般规定、第三章为物种管理、第五章为区域保护、第七章为获取遗传物质。除了《自然多样性法》，《自然保护法》和《环境法》也是挪威遗传资源管理方面的重要法律。挪威的《自然保护法》对生态系统、动植物以及遗传资源的保护都做了详尽的规定，以平衡自然资源的开发和保护，促进可持续发展和生态平衡。挪威的《环境法》为挪威政府提供了制定和执行环境政策，以及规定环境标准的法律框架和权力基础，其对环境政策和目标、环境许可、保护区、环境评估、环境监测、公众参与、处罚执法和国家合作等方面做了详细规划，畜禽遗传资源的保护及合理利用是其管辖范围及目标之一。另外，挪威农业法、兽医法、食品法等相关法律上也有涉及上述类似规定。

以上法律大多以畜禽遗传资源的保护和发展的可持续为目的，另外，还有一些法律法规是以其他目的出现，但间接上也会推动畜禽遗传资源的利用和保护。一些法律主要是对畜禽遗传的商业运营进行规范，如挪威畜禽市场供应上实施配额和特许生产制；欧盟的兽医法规引入挪威后要求减弱遗传资源产品进口限制等。另外还有一些法

---

① https://www.norwegianred.com/about-geno-sa/geno-group/.

律法规为了动物福利、人才和科技管理等，如动物福利法，主要是针对动物标记、动物屠宰、饲养和运输、医疗保健、涉及动物的实验、动物饲养和动物贸易等有关动物健康和福利的各种事项做出了规定；再如关于欧洲经济区协议下动物保健人员或人工授精者工作权利的第 77 号条例对畜禽遗传资源专家人才管理做出规定；关于生产和使用转基因生物的第 38 号法案（基因技术法案）对转基因生物作出规范[1]。

国际公约方面，挪威是《生物多样性公约》《名古屋议定书》的缔约国之一，承诺采取积极措施来保护和维护本国的生物多样性，同时积极与其他国家合作共同解决全球生物多样性丧失和生态系统退化等问题。

2.3 科研支撑力量

挪威畜禽遗传资源科研支撑机构主要有大学和科研院所，主要有以下机构。

挪威农业大学（NMBU）[2]：开设的家畜育种课程包含了可持续育种和遗传多样性的内容。该校的畜牧生产研究中心（SHF）是挪威最大的教育和研究机构，主要开展畜牧业基础和创新以及可持续畜牧业的解决方案研究，特别关注"畜牧业、营养、遗传学、动物健康和福利以及家畜对环境的影响"领域的相关问题。

挪威生物经济研究所（NIBIO）[3]：是挪威最大的研究机构之一，拥有约 700 名员工，受农业和食品部的管辖，作为具有特别授权的行政机构和自己的监事会。通过食品、林业和其他基于生物产业领域内的研究和知识生产，为粮食安全、可持续资源管理、创新和价值创造作出贡献。该机构支撑资金的 40% 来源于政府拨款。

挪威畜牧研究所[4]：于 1891 年在奥斯陆成立，是斯堪的纳维亚半岛第一个动物疾病诊断实验室。在 1990 年，研究所扩大到包括卑尔根、哈尔斯塔、桑内斯、特隆赫姆和特罗姆瑟的区域单位。2021 年，研究所迁至奥斯陆以南 30 千米的奥斯。兽医研究所最初的主要任务是防治结核病和布鲁氏菌病，后来逐渐开展预防其他疾病暴发以及生产血清和疫苗相关领域研究。如今，该研究所涉及从植物到动物、鱼类可持续发展以及相关产品加工销售等整个链条。

2.4 政府规划项目

在挪威畜禽遗传资源保护工作中，挪威政府先后出台了多项政策措施来支持这项工作，主要有：

遗传资源保护补助金计划（Tilskudd til）：在挪威，政府对商业意义不大的国家遗传资源使用者的支持主要是以咨询、传播和建立网络的形式提供。但在过去的 10～15 年间，挪威也推出了各种补贴计划。自 2000 年起，通过农业生产补贴计划为有保护价

---

[1] https://www.fao.org/faolex/country-profiles/general-profile/en/?iso3=NOR.
[2] https://www.nmbu.no/en/about/livestock-production-research-centre.
[3] https://www.nibio.no/en/about-eng/about-us.
[4] https://www.vetinst.no/en.

值的大型品种保护行为提供补贴。自 2005 年起，通过地区环境计划，为具有保护价值的牲畜品种所有者提供补助金。

挪威遗传资源中心战略计划：2010 年，挪威畜禽遗传资源中心对全国畜禽遗传资源进行了评估，为了更好促进遗传资源保护工作有效开展，联合多部门制定了《挪威遗传资源中心战略计划》。该计划包含各部门工作的总体目标，作物、牲畜和林木部门行动计划中分别列出了具体部门的优先事项，因此，各部门工作开展必须根据战略规划进行。

2021—2025 年挪威值得保护的牲畜品种行动计划：2020 年，挪威农业和食品部依据《动物遗传资源全球行动计划》发布《2021—2025 年挪威值得保护的牲畜品种行动计划》。该计划主要目标是：①有关家畜遗传资源的政策和决定应以科学为依据。②必须允许以值得保护的牲畜品种为基础进行经济上可持续的生产，进行政策框架建设。③加强值得保护畜禽品种的饲养条件和机会。主要措施：①应向制定挪威农业政策和相关法规的利益相关者提供以科学为依据的建议，为挪威遗传资源政策的制定献计献策。②为相关国家研究计划的设计提供资金，以增加与值得保护的牲畜品种有关的研究。在国家和地区层面进一步加强与农业产业组织和农业管理部门的联系。

2.5 保护工作的国际合作情况

挪威为保护有保存价值的牲畜品种而开展的遗传资源工作现已牢固地扎根于 FAO 粮食和农业遗传资源委员会、《生物多样性公约》和《动物遗传资源全球行动计划》之中。挪威积极参与了促成这些计划的制定过程，并为落实其中的承诺投入了大量资源。挪威高度重视履行其在国际遗传资源工作中的承诺，在与国际遗传资源合作工作中，可以分为三个组织级别：一是通过北欧部长理事会的北欧遗传资源中心（NordGen）开展北欧合作，该中心下设北欧遗传资源牲畜理事会，负责北欧国家牲畜遗传资源的国家协调工作。二是欧盟地区动物遗传资源协调中心（ERFP），负责协调欧洲所有国家的家畜遗传资源。三是 FAO 粮食和农业遗传资源委员会（CGRFA）。每个级别都设有工作组，这些工作组负责跟进和讨论确定的主题，一些工作组按部门划分，如植物和牲畜，其他工作组则按主题划分，如保护战略和《名古屋议定书》的后续行动，以获取遗传资源以及公正和公平地分享利用这些资源所产生的利益。委员会（CGRFA）还要求所有国家在委员会各部门（CGRFA）内指定国家联络点，负责委员会秘书处（CGRFA）与每个成员国之间的首要联系。挪威家畜遗传资源工作的参与者在必要时会派代表参加北欧和欧洲联盟工作组。同时，制定项目，对粮食和农业生物多样性的整体管理方法采取后续行动。

3 对中国的启示

3.1 加强畜禽遗传资源保护知识宣传

挪威畜禽品种协会是有关保护工作的重要信息来源，是向协会成员和公众传播重要知识的有效途径，各品种团队编写有关保护工作的小册子，在展览会、研讨会、学校和销售展销会上分发。同时，挪威畜禽遗传资源中心也会制作品种保护支持科普材料，免费分发给各种组织或个人，也会公开举办各种主题的论坛、研讨会、畜禽交易会，在畜禽品种保护工作的传播方面，挪威畜禽品种协会拥有丰富的经验，通过向确定的目标群体提供有针对性的、有效的、具体的信息，提高他们对濒危品种保护的认知和了解。

而我国在畜禽品种保护宣传工作方面较为欠缺，大众对于畜禽遗传资源认知较低，因此，要加强相关知识的宣传。一是发挥好协会在相关知识传播中的作用，举办畜禽交易活动，在公众号上定期发布相关内容，促进优秀畜禽品种的交流；二是发挥高校和科研院所的知识平台，举办知识教学讲座，促进相关知识的普及；三是相关政府应重视畜禽品种保护的宣传，在门户网站定期更新相关知识内容，免费印发相关材料，并定期组织召开畜禽品种保护相关研讨会，为公众和特定目标群体举办公开研讨会，介绍保护工作的现状、值得保护的牲畜品种所面临的挑战、价值和机遇。

3.2 加强畜禽品种保护的精细化管理

挪威每个畜禽品种都有专门的育种团队，品种团队在遗传资源工作中的重要性还体现在能及时监测到不同品种危险情况，以及研究新品种。从 2000 年初至 2015 年，挪威农业和食品部在给国家牲畜遗传资源保护工作的拨款函中专门拨出 30 万挪威克朗，用于濒危品种的保护组织，包括挪威畜禽遗传资源中心、挪威畜禽研究所等科研机构以及部分品种协会等，且近年来该项资金不断增加。这些资金使畜禽品种保护团队能够将时间和精力集中在专业任务上，而不是为团队的运行筹集资金。

我国作为畜禽遗传资源大国，但畜禽品种资源保护组织建设仍不够精细，保护体系仍有待完善，存在"一管多"现象，从而造成保护效率较低。为此，我国应加强畜禽品种保护的精细化管理。首先，要针对不同品种成立不同的保护组织，专门负责该品种的监测、育种和保护等工作。其次，要进一步完善畜禽保种体系，建立不同育种组织之间的关系，方便管理、提高组织效率。最后，要提高对保种组织的资金或政策支持，使其能够有更多精力从事品种保护工作。

3.3 重视濒危畜禽品种的商业化利用

减少使用古老的、生产力水平较低的畜禽品种，可能会减少基因多样性，也会导致与之相关的文化和历史价值的丧失。因此，挪威支持有机农产品生产商和业余爱好者在相关领域积极推广使用和销售本国古老畜禽品种（濒危品种），以及在基于地方特色的景区开发中利用畜禽品种的文化和历史价值（Stortingsmelding 9（2011–2012）"Velkommen til bords"）。一方面，当地一些农贸市场、餐馆、特产店等专门生产具有当地畜禽品种标签的产品，丰富了产品多样性，给消费者带来更多选择，同时也提高了市场对古老品种的需求。另一方面，挪威动物园积极引进当地特色的畜禽品种，以提高旅游观赏的吸引力，对于保护一些古老品种也具有重要意义。

我国存在大量濒危且具有特色的畜禽品种，例如，八眉猪、辽宁绒山羊、九龙牦牛等，仍主要以原地保护或冷冻精液保护为主，缺少商业化推广利用。为此，应在濒危品种开发利用上借鉴挪威的相关措施，第一，相关研究机构要重点研究一些特色濒危品种的相关产品生产和销售，让相关畜产品具有更多替代品，增加濒危品种市场推广的机会；第二，国家动物园、地方动物园不仅要选择野生动物等，也要选择一些地方特色的家畜，更贴近参观者日常生活，使园区观赏性更丰富；第三，政府相关部门要对濒危畜禽品种的开发利用提供政策支持或资金支持，以提高个体或商户在此方面的积极性。

参考文献

联合国粮食及农业组织，2007.世界粮食与农业动物遗传资源状况.https：//www.fao.org/4/a1260c/a1260c00.htm.

联合国粮食及农业组织.Commission on Genetic Resources for Food and Agriculture.https：//www.fao.org/cgrfa/topics/biodiversity/SOWBFA/country-reports/en.

王芬露，孙泽祥.国内外畜禽遗传资源保护与利用的研究进展［J］.浙江畜牧兽医，2013，38（03）：12-14.

中国农村研究院.https：//ccrs.ccnu.edu.cn/List/Details.aspx?tid=2727.

Holene Anna Caroline，Sæther Nina Alvilde Hovden，2020. Handlingsplan for bevaringsverdige husdyrraser i Norge 2021-2025. https：//nibio.brage.unit.no/nibio-xmlui/handle/11250/2690020.

https：//cn.bing.com/search?q=Norway+country+report+on+farm+animal+genetic+resources+2002Norway+country+report+on+farm+animal+genetic+resources+2002&cvid=7675d337072b4dd4b60881f951ffe42b&gs_lcrp=EgRlZGdlKgYIABBFGDkyBggAEEUYOdIBBzgyOWowajmoAgiwAgE&FORM=ANAB01&PC=NMTS.

丹麦畜禽遗传资源保护现状及对中国的启示

丹麦王国（The Kingdom of Denmark，Kongeriget Danmark）位于欧洲北部。南同德国接壤，西濒北海，北与挪威、瑞典隔海相望。海岸线长7 314公里。地势低平，平均海拔约30米，国土面积约为42 951平方千米，是欧洲发展畜牧业最早的国家之一。丹麦属温带海洋性气候，冬暖夏凉，降水丰富，全国气候温和平稳，年降水量比较均匀。最冷月份为2月，平均气温1℃；最热月份为7月，平均气温17℃。近十年来年均降水量约782毫米。丹麦有耕地2.8万平方千米，农场4.2万个。农业科技水平和生产率居世界先进国家之列。农畜产品除满足国内市场外，大部分供出口，占出口总额的7.5%，猪肉、奶酪和黄油出口量居世界前列（中国外交部）。据丹麦统计局数据，2022年，丹麦国内生产总值为2 798亿丹麦克朗（折合人民币约2 680.48亿元[1]），农林牧渔增加值占GDP总增加值的0.89%。

1 畜禽遗传资源现状

1.1 畜牧业现状

丹麦的工农业都很发达，尤以畜牧业著称。丹麦统计局数据显示，2022年，丹麦存栏马4.60万、牛146.64万头、猪1237万头、羊18万只、鸡2233万只、火鸡23万只、鸭5.35万只、鹅3 857只。2022年，丹麦牛肉、猪肉及禽肉产量分别为12.7万吨、195.6万吨和15.2万吨。

奶牛方面，丹麦饲养的主要品种是丹麦黑白牛（SDM-Danish Holstein）、丹麦红牛（RDM）、泽西牛（Danish Jersey）和丹麦荷斯坦牛（DRH）（Ministry of food AAF，2003）。目前，丹麦约有54.7万头奶牛分布在2 312个牧场，2023年，液态奶产量69.9万吨，黄油9.6万吨、奶酪49.7万吨；出口液态奶8.6万吨、黄油6.8万吨、奶酪45.5万吨，奶粉15.4万吨，实现265亿丹麦克朗（折合人民币约280.26亿元）的出口收入[2]。

---

[1] https://www.dst.dk/en/Statistik/emner/oekonomi/nationalregnskab/noegletal-for-nationalregnskabet-bnp.

[2] https://danishdairyboard.dk/danish-dairy-industry/statistics/.

肉牛方面，丹麦主要品种是利姆津（Limousine）、西门塔尔（Simmental）、夏洛莱（Charolais）、阿伯丁安格斯（Aberdeen Angus）和海福特（Hereford）（Ministry of food AAF，2003）。

生猪方面，丹麦是世界三大猪肉出口国之一，被誉为"猪肉王国"，主要饲养长白猪（Danish Landrace）、约克夏（Yorkshire）、杜洛克（Duroc）和汉普夏（Hampshire），其猪肉素有"安全、高品质"的美誉，在世界各地受到欢迎，且智慧畜牧业起步较早（刘少才，2017），生猪养殖以专业化、机械化、规模化著称。目前，丹麦约有5 000个专业化养猪场，出栏的生猪90%用于出口，每年出口的生猪总量超过3 000万头，占全球猪肉贸易总额的23%。丹麦人口只有550万人，出口的生猪总数相当于一人5～6头。由于在育种、饲料、设备和管理方面运用高科技，在丹麦每饲养1 000头生猪仅需0.3个劳动力（穆钰等，2019），劳动生产率很高。丹麦生猪料肉比在2.5以下，平均日增重在900克左右；每头母猪年产仔26头以上，居世界第一（丹麦农业理事会[①]）。猪肉产业已成为丹麦农业、对外贸易乃至国民经济的支柱产业之一。丹麦统计局数据显示，2021年丹麦出口屠宰用及育种用猪1 449.8万头，出口屠宰及活猪3 309.1万头，出口前三的国家分别是中国（52.1万吨）、德国（41.3万吨）和波兰（30.1万吨）。

1.2　畜禽遗传资源保护情况

FAO家畜多样性信息系统数据显示（表1），目前，丹麦有20个牛品种、2个鸡品种、5个山羊品种、10个马品种、4个猪品种、24个绵羊品种。其中，被认定为丹麦国家品种有：牛5个、马3个、绵羊2个、山羊1个、猪2个、兔1个、家禽1个、鹅1个和鸭1个（秦晓婧等，2023）。

表1　丹麦畜禽品种资源列表

畜种	品种名称
牛	Aberdeen-Angus、Belgisk Blåhvidt Kvæg、Blonde d'Aquitaine、Sweizisk Brunkvæg、Charolais、Rød Dansk Malkerace anno 1970（RDM-1970）、Dexter、Galloway、Gelbvieh、Hereford、Skotsk Højlandskvæg、SDM – Dansk Holstein、Danish Red Holstein、Dansk Rødbroget Kvæg、Rod Dansk Malkerace、Dansk Jersey、Limousine、Piemontese、Salers、Simmental
鸡	White Leghorn、New Hampshire
山羊	Anglo Nubisk、Mohair、Boer、Saanen、Walliser
马	Belgier、Dansk Varmblod、Fjordhest、Knabstrupper、New Forest、Oldenborger、Shetland Pony、Fuldblod、Trakehner、Welsh
猪	Dansk Landrace、Duroc、Hampshire、Yorkshire
绵羊	Charollais、Dansk Merino、Dorset、Finuld、Østfrisisk Malkefår、Schwarzkopf、Islandske får、Ile de France、Jacob、Kerry Hill、Leicester、Lleyn、Quessant、Oxford Down、Skruehorn、Romney、Rygja、Shropshire、Suffolk、Gotlandsk Pelsfår、Swifter、Texel、Wensleydale、Zwartbles

资料来源：FAO家畜多样性信息系统。

[①]　http：//www.agriculture.dk.

1.2.1 丹麦基因库建设情况

丹麦基因库（Statens Genbank）成立于1971年，是世界上较早建设的畜禽遗传资源基因库之一。该基因库由国家进行建设和管理，丹麦原始牲畜品种遗传资源保护委员会就如何继续和扩大基因库以及如何使用储存的材料向国家提出建议。

20世纪70年代中期，丹麦从牛品种中的一些繁殖能力较强的种公牛中收集并储存了精液。从约50头公牛中每头保存约500剂精液并保存在基因库中。自1996年以来，丹麦不断从地方品种中挑选种公牛采集精液。选择公牛进入精液库是为了在现有群体内获得尽可能广泛的遗传基础。在最近的几年里，一些种马、公猪和丹麦老雄鹿的精液储存已经建立起来。此外，还有一些品种的牛和猪胚胎的少量储存（Ministry of food AAF，2003）。

丹麦基因库的主要任务是不断收集过去和现在牲畜品种的遗传物质，确保保存特定动物种群遗传材料的副本，而不会有近亲繁殖或基因意外丢失的风险；尽可能存储来自非常广泛的单个品种的遗传物质，以便为后代保存它们的基因。基因库储存的主要是精子，也冷冻来自重要牲畜物种（牛、猪、绵羊、山羊和马）的未受精卵和胚胎。不同品种遗传物质保存情况见表2。

表2 丹麦国家动物种质基因库主要保存种质资源种类及信息

畜种	保存类型	保存时间	数量/份
牛	精液	2018年	87 759
	胚胎		10
猪	精液	2017年	287
	胚胎		298
绵羊	精液	2015年	368
	胚胎		9
山羊	精液	2021年	284
马	精液	2014年	605

资料来源：丹麦农业局。

丹麦基因库主要采用冷冻保存的方法来保存动物品种的遗传物质，出于保护目的，可以从濒危物种中储存精子、胚胎（受精卵）、卵母细胞（卵子）、睾丸组织（精子的前体），原则上也可以储存组织（皮肤或类似物）。冷冻保存的主要目的是：支持现有品种的保护工作。在近亲繁殖或遗传疾病等问题出现时充当后备，帮助增加或维持有效种群规模并减少遗传漂变；如果一个种族因任何原因消失/灭绝，能够重建种族；拥有前几代的遗传"备份"，可用于赋予正在进行的育种工作中完全或部分丢失的牲畜育种特征,但由于某种原因这些特征再次变得非常重要;用于研究目的。例如,确定给定时间种群的遗传结构,或筛选对多因素遗传性状有高影响的染色体片段或基因。在2004年,丹麦还开展了旨在抢救濒临灭绝的丹麦老旧牲畜品种的"冷冻保存行动"。

1.2.2 丹麦畜禽遗传资源保护理念

在保护理念上,丹麦除了使用传统的冷冻方法保存相关珍稀动物的遗传物质外,还积极创新保护理念,以此来保护濒危动物种群和畜禽遗传资源。丹麦认为,由于全国范围内只有不到5%的人口在农业和相关行业工作,因此,通过加强宣传来保持和增加其他部门和行业的普通消费者对相关食品生产的兴趣、意识和知识非常重要。

对于本土品种和已经适应当地情况的引进品种,丹麦的做法是优先通过网络和新闻进行宣传传播来提升普通消费者的保护意识。此外,丹麦认为未来几年国内的动物产品消费量不会有大幅度的增加,但预计对于利基产品①的需求会更高,因为人们似乎更加愿意了解动物福利以及动物生产对气候和环境的影响。这为通过开发产品来保护遗传多样性提供了机会,由于相关产品的生产力较为低下,开发产品的重点在于专注于价值创造,增加利基产品的生产并提出新概念以增加本地适应品种的产品销售。

1.3 种畜禽资源进出口情况

丹麦是世界上较大的畜禽遗传资源出口国之一,其活牛和种猪出口量在世界范围内位居前列。2010—2020年,丹麦活牛出口量从2万余头增长至8万余头,增长约4倍(图1)。除活牛出口外,丹麦在世界种猪出口上有着很强的市场竞争力,根据World Integrated Trade Solution(WITS)数据(图2),2021年,丹麦种猪出口额约为8 625万美元(折合人民币约6.21亿元),居世界第一位,比第二名的欧盟6 863万美元(折合人民币约4.94亿元)高出约1 762万美元(折合人民币约1.27亿元),比第五名的美国3 049万美元(折合人民币约2.20亿元)多出近5 576万美元(折合人民币约4.01亿元)(表3)。

丹麦知名的动物遗传育种和遗传资源出口企业是丹麦育种者公司(Breeders of Denmark),在德国、法国、波兰和乌克兰拥有四家子公司,并与世界各地的许多合作伙伴合作(如比利时Vansteenlandt、西班牙Semencardona、德国Schweinebesamung等)为其提供高性能种猪和猪育种解决方案。

---

① 利基产品是指该产品表现出来的许多独特利益有别于其他产品,同时也能得到消费者的认同。每一种产品被消费者接受都有它的利益所在,利益表现出来是多方面的。

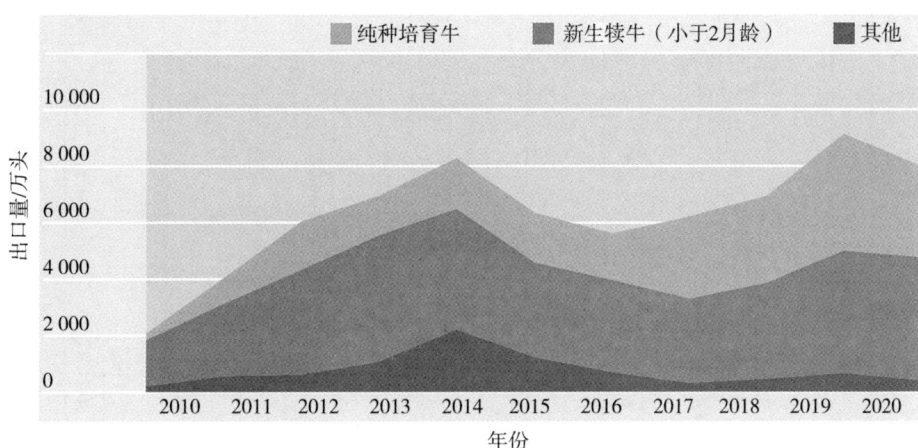

图 1　2010—2020 年丹麦出口活牛情况

资料来源：丹麦农业和粮食理事会 https://agricultureandfood.dk/media/bccbfq2f/statistics-beef-2021.pdf

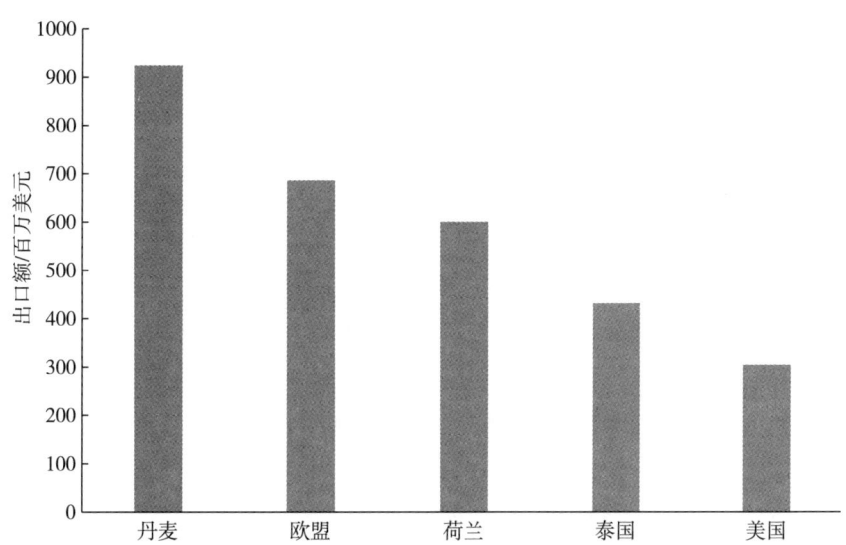

图 2　2021 年世界种猪出口额前五名的国家（地区）

资料来源：World Integrated Trade Solution

表 3 丹麦 2015—2021 年主要畜禽种质资源出口数量与出口额

种质资源	项目	2015 年	2016 年	2017 年	2018 年	2019 年	2020 年	2021 年
牛精液	数量/万剂	—	170.9	189.8	227.5	208.1	171.1	179.0
	价值/万美元	662.0	867.2	1 045.5	1 177.8	1 203.7	1 119.0	1 203.6
马[1]	数量/匹	216	560	495	536	884	—	197
	价值/万美元	1 294.9	1 797.3	2 436.9	2 464.0	2 325.2	2 425.6	5 635.6
牛	数量/头	19 186	23 971	33 655	40 467	50 822	41 065	44 124
	价值/万美元	3 193.2	3 447.3	5 793.8	7 095.2	9 166.6	7 018.9	8 472.3
猪[1]	数量/万头	18.6	25.2	27.4	22.4	25.7	31.2	25.7
	价值/万美元	4 684.1	7 768.7	7 855.0	6 257.6	8 091.8	10 821.1	8625.9
活绵羊	数量/只	5 500	—	568	1 057	756	—	—
	价值/万美元	21.9	—	14.1	10.0	8.0	—	—
活山羊	数量/只	—	—	—	—	—	—	24
	价值/万美元	—	—	—	—	—	—	60
活家禽[2]	数量/万只	4 754.4	4 768.0	4 230.7	3 347.6	4 043.2	4 227.3	5 181.0
	价值/万美元	3 826.3	4 503.7	3 747.7	3 698.9	4 089.5	4 484.2	5 154.9
活家禽[3]	数量/万只	1 997.1	1 876.4	2 106.9	2 693.7	2 302.9	1 799.3	1 925.5
	价值/万美元	4 314.9	3 809.6	4 431.6	6 268.1	4 789.6	4 094.0	4 667.8
活家禽[4]	数量/万只	—	—	—	3.7	18.7	—	6.8
	价值/万美元	—	—	—	100.8	440.9	—	190.1
活家禽[5]	数量/万只	102.2	109.2	90.5	59.9	44.5	52.7	15.2
	价值/万美元	2 303.2	2 367.0	1 888.9	1 656.9	1 350.2	1 634.7	461.2
总计	数量/万头（只）	6 874.8	6 781.3	6 458.9	6 131.5	6 440.3	6 114.6	7 158.7
	价值/万美元	19 638.5	23 693.6	26 168.0	27 551.6	30 261.7	30 478.4	33 823.6

注：[1] 活的纯种繁殖动物；[2] 鸡种，重量不超过 185 克；[3] 鸡种，重量超过 185 克；[4] 鸭、鹅、火鸡和珍珠鸡，重量不超过 185 克；[5] 鸭、鹅、火鸡和珍珠鸡，重量超过 185 克。

资料来源：World Integrated Trade Solution（WITS）。

2 畜禽遗传资源保护管理体系

2.1 保护主体

畜禽遗传资源保护涉及政府机构、大学、农民、学会、协会、育种公司、育种专家等众多不同的利益相关方，主要有政府部门、非政府组织和私营部门。

2.1.1 政府部门

丹麦在保护农场动物遗传资源方面的国家和国际责任由食品、农业和渔业部（后改为环境和食品部）承担。政府主持下的保护工作由丹麦动物遗传资源管理委员会（The Danish Board for Conservation of Animal Genetic Resources）负责。该委员会拥有大多数育种者代表，由 8 名通过育种者选出的代表和 5 名环境与食品部长任命的代表组成，其中，包括来自丹麦家禽育种者协会的一名代表、来自全国有机协会的一名代表、来自农业与食品的一名代表、来自丹麦家禽育种者协会的一名代表、来自文化部和奥胡斯大学的一名研究人员代表。该委员会的主席由环境和食品部长任命。其任务是就丹麦本土牲畜品种的遗传资源保护向环境和食品资源部提供建议和协助。委员会认为就地保护（原地保护）是首选的保护形式，但认可异地保护（Genressourcer UTBA，2016）。

该委员会开展了众多遗传资源保护方面的工作。其中，包括对丹麦当时现存品种资源状况的排查和登记，并且建立了丹麦本土马、猪和绵羊品种的精子库。1996 年，该委员会确立了 1997—2001 年的工作目标。在随后的 5 年内，该委员会每年约从政府财政得到一定数量的项目经费。其中，一半左右用于良种补贴项目发放给饲养户，此外用于以下工作：重点保护本土品种；完善现有基因库的设施；做好政府间的协调和信息沟通工作；开展相应的科研和技术开发工作。

政府部门除了丹麦动物遗传资源管理委员会外，丹麦环境和食品部又委托丹麦农业科学院主持本国畜禽品种资源概况的详细调查工作，在随后的时间里，农业科学院在畜禽遗传资源管理委员会、丹麦食品部相关部门、农产品工业协会、动植物品种保护协会以及文化部和环保局等相关部门协助下，于 2003 年 4 月完成了品种资源的排查和数据收集工作（刘丑生，2008）。

2.1.2 非政府组织

丹麦参与畜禽遗传资源保护的非政府组织包括：丹麦生物多样性中心、热带动物园、全国生态协会、家禽信息中心、丹麦畜牧业网站（农民协会）、老丹麦家禽饲养者协会等。这些非政府组织在畜禽生物多样性保护和利用中发挥着重要作用，它们连接了农民，育种公司，丹麦粮食、农业和渔业部，大学等不同利益相关方（Bevaringsudvalg，2013）。同时，政府还鼓励相关的保种基地、农业博览馆以及其他性质保种中心，通过引导人们直接参与到保种活动或举小相关知识讲座的方法，培养民众遗传资源保护意识。目前，由于大部分本土品种仍然主要是由这些养殖户饲养，因此，培养他们的品种资源保护意识对品种资源保护工作是非常重要的（Ministry of food AAF，2003）。

2.1.3 私营部门

畜禽遗传资源保护工作中,企业的作用也不容忽视。Viking Genetics 是全球领先育种公司之一,其为客户提供不同牛品种的冻精。他们还储存了丹麦地方牛品种的遗传物质,并与奥胡斯大学和丹麦粮食、农业和渔业部合作,支持保存引进品种。DanBred 是丹麦现代猪育种的重要利益相关者,具有 100 多年的种猪育种经验和一流的育种体系,拥有 7.5 万头育种母猪,为全球生猪养殖者提供世界一流种猪及育种方案。DanHatch 是一家肉鸡孵化场运营以及相关的饲养和孵化蛋生产企业,是欧洲最大的肉仔鸡生产商之一。此外,丹麦在动物遗传资源领域有许多动物生物多样性管理和可持续利用的专家,主要分布于丹麦的大学,比如哥本哈根大学和奥胡斯大学(秦晓婧等,2023)。

2.2 法律法规

2.2.1 《关于畜牧遗传资源保护补贴的命令》

丹麦制定了关于畜禽遗传资源保护补贴的行政命令,规定饲养了丹麦地方品种的个体饲养者和为保护丹麦畜禽品种而做出过贡献的育种协会每年可以通过丹麦遗传资源保护委员会领取一次相关补贴,并且符合条件的个人或机构可以得到丹麦自然与商业署的批准而作为保护相关品种协调育种工作的一部分。另外,受赠人必须与丹麦遗传资源保护委员会签订为期五年的合作协议后才能获得相应的资助。行政法令同样规定了补助金能够使用的领域,包括:动物登记和评估费用、精子和胚胎的取样和冷冻保存费用、种群结构监测、咨询服务费用和参加畜禽品种育种者会议的会费,单笔补助金最高 25 000 丹麦克朗(折合人民币约 26 494.2 元)。相关行政命令中规定的可以得到补助的品种及约束条件见表 4。

表 4 受补助的动物物种及条件[1]

畜种	具体名称
马	日德兰马(Den Jydske Hest)
	腓特烈堡马(Frederiksborghesten)
	军团马(knabtrooper)
牛	红色奶牛[2](Rød Malkerace)
	杂色奶牛[3](Sortbroget Malkerace)
	短角牛(Korthorn)
	日德兰牛(Jysk kvæg)
	岛牛(Agersø-kvæg)
绵羊和山羊	乡村绵羊(Landfår)
	白头沼泽羊(Hvidhovedet Marskfår)
	长白山羊(Landrace Ged)
猪	长白猪[4](Landrace)
	黑斑长白猪(Sortbroget Landrace Svin)

注:[1] 补贴根据动物的性别发放,雌性动物每年最多 3 000 丹麦克朗(折合人民币约 3 179.3 元),雄性动物每年最多 8 000 丹麦克朗(折合人民币约 8 478.1 元),并且不得超过与饲养濒危品种相关的费用和收入损失;[2]1970 年后由纯种父母产下的纯种后代;[3]1965 年后由纯种父母产下的纯种后代;[4]1970 年后由纯种父母产下的纯种后代。
资料来源:Bekendtgørelse om tilskud til bevaring af husdyrgenetiske ressourcer(www-retsinformation-dk.translate.goog)。

2.2.2 国际组织与合约

国际合作方面，丹麦积极参与全球和欧洲的畜禽遗传资源保护利用工作。于1992年批准了《生物多样性公约》，努力保护国家的生物多样性；加入了《动物遗传资源全球行动计划》《因特拉肯宣言》等全球联合行动，以保护国家畜禽遗传资源。欧洲动物遗传资源区域协调中心是支持动物遗传资源原地保护和异地保护及可持续利用的区域平台，并促进FAO《动物遗传资源全球行动计划》在欧洲的实施，丹麦是该协调中心的成员；北欧基因资源中心（NordGen）是北欧国家的联合基因库和遗传资源知识中心，一直致力于保护和可持续利用植物、畜禽、森林多样性。北欧国家在遗传资源保护方面已经合作了30多年，1984年丹麦作为发起者之一就加入了北欧基因资源中心，该中心是丹麦重要的畜禽遗传资源异地保护和合作平台（秦晓婧等，2023）。

2.3 政府规划

20世纪70年代初，丹麦的一些畜禽地方品种几乎灭绝，为了保护现存的地方品种种群，丹麦制定实施了一系列畜禽遗传资源的国家战略，以保护畜禽生物多样性并引导国内科学界、产业界确定动物育种领域未来的主要发展方向。丹麦对育种者和驯养的地方品种进行注册登记，并建立中央数据库，记录猪、牛、羊等家畜品种的繁殖和生产数据，基于数据库信息制定各种饲养规范、育种计划等，同时，建立了马、牛、猪、羊的精液库。政府规划项目主要包括超低温保存计划及猪遗传育种计划等。

2.3.1 超低温保存计划

超低温保存是委员会根据国际建议和遗传资源委员会的章程保护丹麦畜禽遗传资源工作的重要组成部分。冷冻保存行动计划的重点是与濒危的丹麦牲畜品种有关的工作，主要以保存畜禽的遗传物质为主，也有因物种高度濒危，采集精液或胚胎难度较高时选择组织样本进行替代的解决方案。表5显示了目前可用于低温保存来自不同动物物种的遗传物质的技术选项。

通过超低温保存计划收集遗传物质主要有以下几个目的：首先，如果某个物种由于某种原因消失，通过这些遗传物质能够重新建立灭绝的种族。其次，拥有物种前几代的遗传"备份"，可用于增加正在进行的育种工作中完全或部分丢失但由于某种研究原因再次变得非常重要的牲畜育种特性。最后是用于科学研究，例如，确定种群在给定时间的遗传结构，或筛选对多因素遗传性状影响较大的染色体片段或基因。

从技术可能性上来看，收集、冷冻和用解冻的精子授精给所有的牲畜都有很好的效果，然而在实践中，只有在牛，尤其是奶牛中，冷冻精液授精才是常见的做法。在马和猪中则更多使用新鲜精液进行授精。在卵母细胞和胚胎的采集上，可以通过非手术方法收集牛和马的卵母细胞和胚胎。对于其他牲畜，只能通过手术或宰杀供体后进行。细胞培养物可以从所有畜种中产生，并且与供体是否能够产生生殖细胞无关。因此，建立细胞培养物储备相对容易且成本低廉，但应用的可能性有限。因此，在实践中，细胞培养物将优先用于研究目的。

表5 不同动物物种的遗传物质的技术选项

畜种	精液	卵母细胞	胚胎	细胞
牛	√	√	√	√
猪	√	√	√	√
羊	√	√	√	√
山羊	√		√	√
马	√		√	√
家禽	√			√

资料来源：2004 冷冻行动计划 Handlingsplan Kryokonservering。

2.3.2 丹麦猪遗传育种计划

20 世纪 70 年代，为了满足日益变化的市场需求，丹麦开始了现代化的猪育种模式。丹麦国家猪生产委员会（The National Committee For Pig Production，NCPP）组织实施了丹麦种猪育种计划。目的是优化流程，尽量降低成本，创造更好的经济回报。在经济、环境和社会方面提高养猪生产的可持续性。以更少的投入获得更多的产出，以及提高单头母猪在每年内的产肉量，对于确保未来的养猪生产至关重要[1]。为了完成该计划，NCPP 与皇家农业和畜牧大学、丹麦农业研究所等单位协作，并联合了 42 家种猪场，其目的是改良丹麦种猪性能，为行业获得更好的整体经济利益（秦晓婧等，2023）。

该项目主要依靠丹麦育种者公司（BREEDERS）与欧洲 20 多家紧密合作的公猪站开展对多个猪品种的性能测定和遗传改良。另外，该公司也与其他 15 个分布在全球各处的公猪站进行合作，以确保经过性能测定和遗传改良的猪品种和相关遗传物质能够适应全球环境并发挥出应有的作用。

另外，该项目还通过收购相关咨询公司（DM-Agro，收购于 2021 年，服务时间开始于 2000 年；AgroVision 和 Cloudfarms 作为云管理平台的一环）来为相关客户特别是大型规模养猪场提供指导服务，包括员工培训、农场管理和技术咨询。促进农场、兽医及其他相关机构的联系。在各个层面上优化生产流程和程序：猪群管理、饲料营养和健康管理、员工培训和招聘建议、营销优化等。该项目还引进了 AgroVision 和 Cloudfarms 两个强大的猪场管理系统。这些程序可在电脑浏览器、手机和扫描仪上使用；可对生产过程、繁育进行管理；有企业董事会、管理层、财务等所需的数据统计分析报表；并可对多地猪场进行大规模数据分析。实现智能化养猪，大大提高养猪效率、降低人工成本。该公司面向客户提供的咨询服务详见表 6，共 3 大类 13 个小类，涵盖了养猪场在生产过程中可能遇到的多种情况，能够为客户提供实用、有效的建议。

---

[1] https://breeders.dk/zh/our-breeds/.

表6 丹麦育种者公司（BREEDERS）面向客户提供的咨询服务

主题	一级内容	二级内容
遗传资源和育种	遗传资源和育种策略	遗传资源保护与利用、家系选择、基因标记辅助育种、群体改良等
	育种指数计算	繁殖力指数、生长性能指数、食品质量指数、疾病抗性指数等
	近亲繁殖系数的计算	近亲繁殖系数的定义和计算方法
农场管理	优化猪栏管理	猪栏设计、环境控制、饮水管理、卫生消毒等
	防疫管理	疫苗接种、疫情监测、病害诊断、隔离处理等
	健康管理	疾病预防、常见病防治、兽医服务、应急处理等
	生物安全管理	安全卫生措施、危害评估、应急预案等
	饲养技术	饲喂计划、饲料采购、成本预算、营养调配、卫生防控等
	员工管理	招聘培训、绩效考核、激励机制、人才流失控制等
	生猪生产综合评估	绩效基准设定、关键绩效指标分析、问题解决方案等
其他	营销	销售渠道开发、市场营销策略、价格管理等
	管理水平和团队合作	领导力、沟通与协作、团队建设等
	工作环境和农场环境	办公环境管理、生态环保、资源利用等

资料来源：https://breeders.dk/zh/breeders-management/。

2.4 保护资金来源及其使用

2.4.1 保护资金来源

丹麦畜禽遗传资源的保护资金大概有两个来源，即政府财政和相关组织捐赠。

政府财政方面：保护农业牲畜和植物遗传资源的工作得到了财政法案年度拨款的资助（2016年度为770万丹麦克朗，折合人民币约785.4万元）。其中约一半用于通过对濒临灭绝的家禽品种的育种者提供动物补贴来保护家禽遗传资源的工作，还包括用于育种者协会的活动、用于Statens Genbank的运营和扩展。另外在秘书处的运营上也有相关的项目补贴计划以支持牲畜遗传资源的保护工作。丹麦政府还通过环境和食品部与哥本哈根大学、丹麦技术大学，特别是奥胡斯大学就基于研究的权威服务达成了相关合作协议。因此，相关资金可以通过丹麦商业管理局在特定的情况下进入上述的研究机构或大学以支持农业遗传资源方面的研究。

相关组织捐赠方面：2016年，丹麦从FAO获得了1 940万丹麦克朗（折合人民币约1 978.9万元）的同时，北欧部长理事会向NordGen捐赠了380万丹麦克朗（折合人民币约387.6万元）以及欧洲动物遗传资源区域联络点（ERFP-AnGR）约20 000丹麦克朗（折合人民币约2.04万元）。这些资金有力地支持了丹麦的畜禽遗传资源保护工作（Genressourcer UTBA，2016）。

2.4.2 保护资金使用

在保护资金的使用上，主要有发放补贴和项目资助两种方式。动物遗传资源管理委员会对丹麦马、牛、猪、绵羊和山羊的饲养者进行补贴管理。在 2008 年，约 115 万丹麦克朗（折合人民币约 117.3 万元）被支付给了 140 名育种者。委员会工作的总预算为 300 万丹麦克朗（折合人民币约 306 万元）。委员会通过项目展示等方式来资助相关的保护和科研工作。2007 年，委员会支持一名饲养员，以便在他自己的农场建立"应急鸡群"，以防止丹麦濒危的鹅、鸭和母鸡感染禽流感。同时还资助了哥本哈根大学的一名学生以帮助他对 180 个稀有品种的日德兰牛个体进行基因分型。该项目的目的是找出在这个品种中是否有一个或几个不同的基因"品系"。该报告已于 2008 年圣诞节前后发布。此外，丹麦基因库每年会获得大约 25 万丹麦克朗（折合人民币约 25.05 万元）用于濒危品种的超低温保存。另外 7.5 万丹麦克朗（折合人民币约 7.6 万元）将用于支持 5 个历史农场动物展览[①]。

2.5　科研支撑力量

丹麦关于畜禽遗传资源的科研参与方包括大学、国家和国际组织等多个方面，主要开展动物育种方案、提升遗传资源保存能力、种群监测等科研内容。

丹麦粮食、农业和渔业部与奥胡斯大学签署协议，资助其开展动物生产相关研究，其中，关于畜禽遗传育种的战略目标是积累关于畜禽特性的知识并维持其遗传背景，包括促进制定新的育种目标、饲养方法和生产传统与有机畜牧业的战略，特别是支持动物的健康和福利特性，以提高畜禽产品的质量，提高资源效率和节约资源[②]。还通过调查和评估不同生产条件下最适合的动物品种和品系，确定替代育种方案，评估和记录育种方案对生产力、动物福利、动物健康和气候等关键参数的影响；提供制定濒危地方品种的繁殖计划、记录相关知识、传播品种繁育技术及良好运作经验等建议；推广使用适当的遗传指标来补充表型特征，作为保护动物遗传资源的决策依据；研究兽医诊疗程序如何影响遗传资源的保护和利用。

除了与奥胡斯大学开展合作外，丹麦粮食、农业和渔业部还与其他公共机构、国家及国际组织合作，提升收集和冷冻保存濒危物种遗传物质的能力；继续采用动物遗传资源原地保护和异地保护，并形成标准化的技术方法和指南；开展以研究为基础的监测，建立专门的数据中心，持续维护和更新动物遗传资源的基因组信息数据库，以便澄清后备种畜中的不同种群份额，以确保种群纯度。

丹麦还在科研方面注重提高对复杂特性遗传背景的认识，制定新的育种目标、育种方法和战略，以提高生产效率和产品质量、减少环境和气候影响、改善动物福利和动物健康；发展专业育种决策方法方面的知识，包括育种目标中对目标性状权重的方法以及优化育种结构，同时考虑遗传进步的价值和群体中近亲繁殖的最小化；建立生物标记的知识，以描述和记录用于繁殖、生产和管理的动物表型；了解古代动物种群进化；提高对动物品种特征描述、评价及相关方法的认识，包括参与国际研究和培训，

---

① https：//www.animalgeneticresources.net/wp-content/uploads/2018/06/CR_Denmark_2008.pdf.
② https：//mim.dk/ministeriet/samarbejde-med-universiteter/aftaler-med-au/.

特别是协助发展中国家和经济转型国家更好地利用和开发畜禽遗传资源,以及参与跨国动物种群特征、使用、发展和保护方面的国际研究合作。

3 对中国的启示

3.1 积极创新保护理念,增强民众保护意识

丹麦通过加强宣传,来培养和加强普通民众对于畜禽遗传资源保护工作的认识程度,并利用本地品种开发利基产品来增加其所能够创造的价值。

针对丹麦的这种做法,中国可以首先借鉴其宣传策略,通过网络和新闻等方式加强对本土品种和已经适应当地情况的引进品种的宣传传播,提高普通消费者的保护意识。同时,要注重教育和培训相关从业人员,提高其技能和知识水平,以更好地保护畜禽遗传资源。其次是深入研究本地区的动物产品消费市场,了解消费者的需求和偏好,结合市场需求开发利基产品。这样可以增加本地适应品种的产品销售,提高畜禽遗传资源的利用率。

3.2 重视私人饲养者,多举措加强地方品种保护

丹麦地方品种的绝大部分通常都被私人拥有者和育种者所保留,为了保证地方品种的延续和鼓励私人饲养者继续保护地方品种,丹麦政府制定了相关政策来支持他们的保存行为。丹麦的遗传资源委员会负责确保这些濒危动物品种得到保护,并通过动物补贴来支持这些私人拥有者进行保护工作。政府还提供了一些补助来支持这些品种的繁殖和保存,以确保它们的存活数量不会下降。

中国应加强对饲养地方品种和濒危物种的私人饲养主体的重视程度,通过发放补贴、政策支持等多种手段来达成维持种群数量、减轻饲养负担、增加饲养覆盖面和积极性等多重目的。在发放补助方面中国可以借鉴丹麦行政命令中私人饲养主体获得补助的前提是与国家相关委员会开展一定时间的合作,这样既可以为符合条件的私人饲养主体发放补助,提升其积极性,又可以将其纳入国家层面的管理之中,提高国家对地方品种和濒危动物的掌控程度。

3.3 推动保护主体多元化,建立高效组织体系

丹麦的畜禽种业组织体系非常完善,由多个不同类型的机构和组织构成。这些机构和组织包括合作社、协会、联合会、咨询服务机构、育种协会、动物遗传保护机构、育种公司、大学等。

我国应学习借鉴丹麦相关成熟经验做法,推动畜禽遗传资源保护主体多元化,重点发挥相关保种场、育种企业和行业协会的作用,加强中央与地方、地方与地方、行业与行业之间的沟通交流和合作,建立高效协同的组织体系。

3.4 明确市场需要，培育优良畜禽品种

丹麦一直致力于使用本地品种来开发适应市场需求的产品，以维持其可持续性利用。这些地方品种具有多样化的特点，包括适应草地放牧等环境条件，承载着丰富的历史文化传承。同时，丹麦也注重生产/销售情况的动态监测预警，以及育种目标的制定和生产性能测定等工作。为了挖掘品种的重要性状并促进可持续利用，丹麦不断完善育种技术和改良方案，并通过商业合作、科学研究等方式开发出更多优质的畜禽产品。

我国作为一个拥有丰富畜禽遗传资源的国家，可以借鉴丹麦的模式，以保护和利用自己的畜禽遗传资源。同时也应该注重制定繁育计划、建立动态监测预警机制、加强育种技术研究和合作等方面的工作，以促进我国畜禽产业的可持续发展。

参考文献

邓阳，2021. 畜禽遗传资源保护方法［J］. 四川畜牧兽医，48（11）：32, 34.

刘丑生，2008. 丹麦畜禽遗传资源多样性的保护与利用［J］. 中国牧业通讯（15）：40–41.

刘冬梅，乔梦萍，肖能文，等，2016. 国际生物遗传资源迁地保护浅析［J］. 环境与可持续发展，41（6）：34–35.

刘少才，2017. 丹麦：北欧小国走上世界养猪强国之路［J］. 今日养猪业（5）：106–107.

穆钰，罗恩浩，矫健，等，2019. 丹麦、德国畜牧工程建造技术及智能装备考察报告［J］. 中国畜禽种业，15（4）：41–43.

秦晓婧，郑怀国，颜志辉，等，2023. 丹麦畜禽种业规划及其对我国的启示［J］. 中国畜牧杂志，59（1）：317–323.

王春喜，2006. 丹麦发达畜牧业的成功之路——赴丹麦畜牧业考察报告［J］. 中国禽业导刊（17）：14.

王杰，2012. 国外畜牧业发展特点与中国畜牧业发展模式的选择［J］. 世界农业（10）：32–35.

Agriculture and Fisheries Ministry of Food, 2003. DENMARK'S Country Report on Farm Animal Genetic Resources［R］. https://www.fao.org/3/a1250e/annexes/CountryReports/Denmark.pdf.

Bevaringsudvalg, 2013. Landerapport_for_Danmark_2017［R］. https://lbst.dk/Media/638513785971485879/Landerapport_for_Danmark_2017_2013_.pdf.

PAIVA S R, MCMANUS C M, BLACKBURN H, 2016. Conservation of animal genetic resources – A new tact［J］. Livestock Science 193：32–38.

Udvalget til Bevarelse af Genressourcer. Strategi for Bevaringsudvalgets arbejde med husdyrgenetiske ressourcer – Vision, Mission og Mål 2016–2020［N］. 1–14.

亚洲篇

中国畜禽遗传资源保护现状研究

1 畜禽遗传资源现状

1.1 畜牧业现状

中国是畜禽生产大国，其畜牧业产值在2022年达到了4.07万亿元人民币，占农业总产值的26%，显示出畜禽产业在国民经济中的重要地位。党中央高度重视畜禽种业的发展，在2022年、2023年、2024年连续三年的中央一号文件中强调加强种质资源的保护与利用、推动生物技术在育种中的应用。党的二十大以来，中国畜禽产业得到长足发展并取得显著成效，育种创新能力大幅提升。在畜禽饲养方面，中国的猪、家禽、羊、牛等主要畜种的存栏量在全球范围内占有显著比例，分别为全球的1/2、1/5、1/5和1/10。此外，中国在猪肉、羊肉及禽蛋产量方面位居全球第一，禽肉产量位居全球第二，奶类产量位居全球第四，牛肉产量位居全球第三，这些数据充分展示了中国畜牧业的规模和生产能力。

在畜禽品种方面，中国的猪养殖主要以杜长大品种为主，而鸡肉生产则主要来源于白羽肉鸡和黄羽肉鸡。白羽肉鸡的品种主要包括引进品种，如爱拔益加、罗斯和科宝等，而黄羽肉鸡则主要是肉用地方鸡品种及含有地方鸡血缘的肉用培育品种和配套系。蛋鸡品种方面，华都峪口、北京榜样蛋鸡、大午集团、上海家禽育种有限公司、湖北神丹等5家育种企业培育的品种占主导地位，自主培育品种在国内市场占比接近70%。羊的品种主要以小尾寒羊、湖羊及其杂交品种为主，肉牛品种则以西门塔尔、安格斯、和牛、华西牛等为主，奶牛则以荷斯坦、娟姗牛为主。中国通过加强畜禽遗传资源的保护、育种自主创新以及商业化育种体系的建立，使畜牧业在保障国家粮食安全和满足人民群众对优质畜产品需求方面发挥了极其重要的作用，也为中国畜牧业的可持续发展与国际竞争力的提升奠定了坚实的基础。

1.2 畜禽资源情况

中国畜牧业历史悠久，多样化的地理、生态和气候条件，众多的民族及不同的生产生活方式，加之广大畜牧科研工作者的长期驯养和精心选育，形成了丰富多彩的畜禽遗传资源。根据FAO家畜多样性信息系统统计数据,全球7000多个地方品种中,有600多个是中国特有品种,我国畜禽遗传资源数量约占世界总量的十分之一(时建忠,2021)。根据第三次全国畜禽遗传资源普查情况报告,我国有33种畜禽共计1018个品种,其中地方品种604个(占59.3%);培育品种及配套系281个(占27.6%);引进品种及配套系133个(占13.1%)。我国是世界上畜禽遗传多样性最为丰富的国家之一,约占FAO登记品种的12.3%,其中猪、水牛、牦牛、绵羊、山羊、驴、骆驼、鸡、鸭、鹅、蜂、蚕等品种数量均居世界第一(表1)。

受国外引进品种冲击、地方品种开发利用滞后和畜禽遗传资源保护经费投入不足等因素影响,全国超过一半的畜禽地方品种数量呈下降趋势,18%的畜禽地方品种处于濒危和濒临灭绝状态,宁夏中卫山羊核心种群存栏量已不足3000只,青海全省八眉猪种猪存栏量仅500头,保种形势极为严峻(武维华,2021)。根据原农业部发布的《全国畜禽遗传资源保护和利用"十三五"规划》,在我国地方畜禽遗传资源濒危品种列表中,共有75个品种处于濒危(51个)、濒临灭绝(10个)或灭绝状态(14个)。

表1 我国主要传统畜禽遗传资源概况　　　　　　　　　　　单位:个

畜种	地方品种	培育品种	引入品种	合计	占比/%
鸡	125	107	40	272	28.1
猪	86	48	8	142	14.7
绵羊	54	38	13	105	10.8
山羊	66	14	6	86	8.9
普通牛	57	11	15	83	8.6
鸭	39	17	8	64	6.6
马	29	13	16	58	6.0
鹅	32	4	6	42	4.3
兔	8	17	13	38	3.9
水牛	27		3	30	3.1
驴	24			24	2.5
牦牛	22	2		24	2.5
合计	569	271	128	968	
占比/%	58.8	28.0	13.2		

资料来源:国家畜禽遗传资源委员会公布的《国家畜禽遗传资源品种名录(2021年版)》及2021年以来农业农村部发布的新审定的畜禽遗传资源公告。

1.3 畜禽遗传资源保护利用方式

我国已初步建成以保种场保护区原产地活体保护为主,以基因库遗传材料保护为辅,宜场则场、宜区则区、宜库则库的畜禽遗传资源保护体系。20世纪50年代,我国建立了一批种畜禽场。到80年代,国家投入了上亿元资金在全国各地建立了一大批各具特色的优良地方品种保种场和种公牛站。"八五"期间，原农业部又确认了83个国家级重点种畜禽场，对一些优良地方品种保种场的基础设施进行了建设；各省、地、县根据当地的资源优势和特点，也建立了一批地方种畜禽场，划定保护区，制定保种方案和进行良种登记，有计划地开展了保种选育工作。"九五"以来，通过实施畜禽良种工程、种质资源保护项目、现代种业提升工程畜禽良种项目等，建成国家级畜禽保种场、保护区、基因库227个，省级保种场458个。

当前我国畜禽遗传资源开发利用呈现四种方式：一是通过优异种质资源创制与应用，推进良种重大科研联合攻关，创制目标性状突出、综合性状优良的新种质，培育具有自主知识产权的高产、优质、适应性强的畜禽新品种（配套系）。"十五"以来，企业与高校及科研院所利用地方畜禽品种，累计培育新品种（配套系）180个，生猪核心种源的自给率超过90%，蛋鸡和肉鸭种源也实现了自主可控且具有较强竞争力。国产白羽肉鸡品种市场占有率达到25%以上，并成功出口至坦桑尼亚，自主培育的肉牛品种华西牛等新品种加快应用。二是推动科研院所、高等院校进行种质资源创新，形成国家农业种质资源共享利用交易平台促进资源与技术交流。2000年中国家养动物种质数据共享平台开发并应用，该平台主要基于2006年开展的第二次全国畜禽种质资源普查所形成的调查数据和志书，根据动物种质资源描述规范，收集、整理、加工完成中国主要畜禽种质资源数据集的建设（罗清尧等，2018）。平台具备对三大类种质资源信息的查询功能，即资源品种信息、种质资源信息和基因库信息的查询功能，同时还包括实体资源的"共享服务"、资源数据的WEB查询分析服务、站内综合查询服务以及库存资源的在线统计等功能（赵一广等，2022）。三是"育繁推"一体化企业作为种质创新利用主体，开展种质资源收集、鉴定和创制。目前，一些有经济实力和技术实力的育种企业也开始参与畜禽品种资源的收集并利用品种资源开展育种工作。例如，常州市四季禽业有限公司保存有浙东白鹅、四川白鹅和扬州鹅等（陈国宏等，2022）。四是培养以特色地方品种开发为主的畜禽种业企业，鼓励其将地方品种申请地理标志产品保护和重要农业文化遗产，推动资源优势转化为产业优势。西藏那曲聂荣县农牧业科学技术服务站牵头，申报了一系列以查吾拉牦牛命名的地理标志商标产品，包括聂荣查吾拉牦牛（牦牛肉）、聂荣查吾拉牦牛酸奶、奶酪、奶渣、酥油等，同时多次参与区内及全国范围内商品展销会，极大地推动了查吾拉牦牛品牌影响力，提高了市场认可度，初步形成了以用促保、保用结合的查吾拉牦牛资源保护及利用体系（巴桑旺堆等，2023）。

1.4 畜禽基因库建设

目前我国建有11个国家级畜禽遗传资源基因（表2），其中，国家家畜基因库主要保存方式为冷冻保存。部分也开始启动建设畜禽种质资源基因库，如2022年上海市畜禽遗传资源基因库被确定为市级畜禽遗传资源保护单位，基因库已累计收集和保存各类遗传材料12万余份，其中3.5万份遗传资源入库国家家畜基因库，资源类型涉及精子、胚胎和体细胞等。国家家畜基因库主要通过冷冻精液技术、冷冻胚胎技术与体细胞冷冻保存技术对畜禽基因进行保存（张德福等，2021）。其中冷冻精液技术已推广至多种动物精液冷冻领域。奶牛人工授精全面采用冷冻精液，受胎率超80%；水牛和羊的冷冻精液人工授精受胎率为50%～60%，主要用作种质资源保护；猪精液冷冻技术近年取得突破与进展，被逐步应用于生产领域。非手术胚胎移植技术的进步使得冷冻胚胎技术在家畜遗传改良、遗传资源保护等方面发挥着重要作用，冷冻胚胎技术显著提升了优良种畜的繁殖价值。特别是对于牛、羊等单胎家畜，通过超数排卵和胚胎移植技术，可使其后代数量增加7～10倍，加速遗传进展。而体细胞冷冻保存技术即克隆技术，允许任何个体的体细胞发展成为克隆体，实现遗传物质的保存。通过采集耳组织并进行组织块贴壁培养，可以建立成纤维细胞库。这种方法不仅成本低，还能在不伤害动物的前提下，保存DNA、繁育新个体，并进行品种改良和新品种培育。

表2　国家级畜禽基因库情况

编号	名称	建设单位	成立时间	保存遗传材料情况
A1101	国家家畜基因库	全国畜牧总站	1997年	
A1108	国家蜜蜂基因库（北京）	中国农业科学院蜜蜂研究所	2020年	
A2111	国家蚕遗传资源基因库（辽宁）	辽宁省蚕业科学研究所	2023年	柞蚕品种72份、遗传材料14份
A2202	国家蜜蜂基因库（吉林）	吉林省养蜂科学研究所	2008年	
A3203	国家地方鸡种基因库（江苏）	江苏省家禽科学研究所		保存32个地方鸡品种资源，177个家禽品种的血样，3万余份DNA和组织样本
A3204	国家水禽基因库（江苏）	江苏农牧科技职业学院		现保存水禽品种32个，其中地方品种27个、国外品种4个、培育品种1个，其中鹅地方品种16个，占我国地方鹅品种资源的53.3%，地方鸭品种资源11个，占我国地方鸭品种资源的34.3%
A3209	国家蚕遗传资源基因库（江苏）	中国农业科学院蚕业研究所		
A3305	国家地方鸡种基因库（浙江）	浙江光大农业科技发展有限公司		49个地方鸡品种（系）
A3506	国家水禽基因库（福建）	石狮市种业发展中心		15个水禽品种（品系）
A4507	国家地方鸡种基因库（广西）	广西金陵家禽育种有限公司		西南地区13个地方鸡种
A5010	国家蚕遗传资源基因库（重庆）	西南大学		

1.5 畜禽遗传物质进出口

在2021—2023年间，中国平均每年引入的种猪数量为11617头，这一数字占国内核心种猪群的6.9%。由于受国外疫情的影响，近年来中国对进口高产蛋鸡和白羽肉鸡祖代的需求有所下降。在2021年以前，中国对快大型白羽肉鸡祖代完全依赖进口，但现在这一比例已经减少到约60%。到了2023年，中国进口的祖代高产蛋鸡数量为7000套，这一数字仅占全国更新量的4%，而在2020年，这一比例还高达31.6%。

在种畜禽的进口方面，2023年的种畜禽进口量超过了82万头（只），与2022年相比增长了5%。进口的遗传材料数量达109万剂（枚），比上一年增加了2.1倍，这主要是由于种牛冷冻精液的进口量大幅上升。2023年进口的种牛冷冻精液数量最高，达108万剂，比2022年增加75万剂，其中从美国进口的荷斯坦奶牛冷冻精液就有102万剂。而种猪精液的进口量则大幅减少，仅为100剂，比2022年减少了98.4%，且全部来源于法国。种牛胚胎的进口量也有所下降，为4985枚，比2022年减少了26.7%，其中从美国进口的荷斯坦奶牛胚胎有4543枚。

在种畜禽出口方面，2023年6月16日，北京市华都峪口禽业有限责任公司成功将自主培育的1.55万只"京红1号"高产蛋鸡和1000只"沃德188"快大型白羽肉鸡父母代种鸡出口至坦桑尼亚，这是我国自主培育的种鸡首次走出国门。

2 畜禽遗传资源保护管理体系

2.1 保护主体

《中华人民共和国畜牧法》第九条规定，国家建立畜禽遗传资源保护制度。畜禽遗传资源保护以国家为主，鼓励和支持有关单位、个人依法发展畜禽遗传资源保护事业。

在国家层面，我国畜禽种质资源管理由农业农村部相关司局负责，农业农村部涉及畜禽植物遗传资源管理的司局有种业管理司和科技教育司，其中，种业管理司制订农作物和畜禽种业发展政策、规划，组织实施农作物种质资源、畜禽遗传资源保护和管理。科技教育司负责指导农业生物物种资源及农产品产地环境保护和管理。1996年成立的"国家家畜遗传资源委员会"，2007年更名为国家畜禽遗传资源委员会，协助行政管理部门负责家畜遗传资源的管理，委员会下设猪、家禽、牛、羊、马驴驼、蜜蜂、蚕和其他畜禽等专业委员会，主要负责畜禽遗传资源的鉴定、评估和畜禽新品种、配套系的审定，承担畜禽遗传资源保护和利用规划的论证及有关畜禽遗传资源保护的咨询工作。

基因库、保种场、保护区作为我国畜禽遗传资源保护的主要手段，其建设单位包括事业单位（高等学校、科研机构、技术推广单位和保种场）和企业，其中，事业单位是畜禽遗传资源保护的主力，227个国家畜禽遗传资源保种场（区、库）接近60%

的建设单位为事业单位（表3）。

表3　国家畜禽遗传资源保种场（区、库）建设单位情况　　　　　　　　　单位：个

建设单位	保护区	保种场	基因库	总计
企业	3	91	2	96
技术推广单位	20	17	2	39
科研机构	1	11	5	17
高等学校		1	2	3
事业单位性质的养殖场	1	71		72
总计	25	191	11	227

2.2　法律法规制度

1994年国务院发布《种畜禽管理条例》明确国家对畜禽品种资源实行分级保护，2005年，全国人大通过了《中华人民共和国畜牧法》，后经2015年和2022年两次修订，从法律层面明确了我国畜禽遗传资源的国家保护制度。随着《畜禽遗传资源保种场保护区和基因库管理办法》等配套法规的陆续发布，我国已逐步建立起以《中华人民共和国畜牧法》及其配套法规为依据的国家畜禽遗传资源保护制度体系，包括畜禽遗传资源保护制度和调查制度、国家畜禽遗传资源状况报告定期发布制度、全国畜禽遗传资源保护规划和保护名录制定制度、畜禽遗传资源鉴定和评估制度等（杨红杰，2010）。

按照国家畜禽遗传资源保护和调查制度要求，新中国成立以来，我国先后组织完成了五次不同范围的资源调查工作，一是1954年原农林部畜牧总局牵头对部分省份畜禽品种进行调查，基本摸清了交通发达地区的家畜(不包括家禽)品种家底，编辑出版《祖国优良家畜品种》，收录猪、牛、羊和马驴品种45个。二是1976年原农林部组织开展全国第一次全国畜禽遗传资源调查，历时9年，初步摸清了我国大部分地区（西藏以及部分边远地区除外）的畜禽品种资源状况，编撰出版《中国家畜家禽品种志》，包括猪、牛、羊、马驴、家禽5个分册，共收录畜禽品种240余个。三是1995年原农业部组织对西南、西北部偏远地区进行了为期四年的畜禽遗传资源补充调查，发现了79个新遗传资源类群。四是2006年原农业部启动第二次全国畜禽遗传资源调查，历时5年完成了资源调查和数据分析，编纂出版《中国畜禽遗传资源志》，共包括猪、牛、羊、马驴驼、家禽、特种畜禽和蜜蜂7卷，共收录畜禽品种700余个（王以中等，2022）。五是农业农村部于2021年启动第三次全国畜禽遗传资源调查工作，历时3年，新发现鉴定地方资源51个（青藏区域25个），找回了曾宣布灭绝品种10个，同步对61个濒危资源开展抢救性保护，采集制作了301个品种5万多个体的遗传材料107万份，实现了159个国家级保护品种活体保护全覆盖，抢救性保护樟木牛等一批濒危珍稀资源，初步摸清了资源家底。精准鉴定是此次普查的工作亮点，包括建立品种"分子身份证"、深度挖掘特异基因和构建参考基因组等3块内容（竹青，2022）。

按照全国畜禽遗传资源保护规划制定制度,"十五"以来,我国持续发布畜禽遗传资源保护和利用规划(表4),引领规范了畜禽遗传资源安全保护与有效利用。2008年以来,农业农村部陆续发布实施了奶牛、生猪、肉牛、蛋鸡、肉鸡和肉羊遗传改良计划。2021年农业农业部发布新一轮全国畜禽遗传改良计划,明确在生猪肉牛、羊、蛋鸡和肉鸡等畜种上,以地方品种为育种素材,利用传统和现代育种技术,有计划、有步骤地开展新品种、新品系培育,满足多元化种源需求。

表4 全国畜禽遗传资源保护和利用规划

名称	实施时间
全国畜禽遗传资源保护和利用规划	2006—2010 年
全国畜禽遗传资源保护和利用"十二五"规划	2011—2015 年
全国畜禽遗传资源保护和利用"十三五"规划	2016—2020 年
畜禽遗传资源保护与利用三年行动方案	2019—2021 年

按照全国畜禽遗传资源保护名录制度,原农业部于2000年公布了《国家级畜禽品种资源保护名录》,根据"重点、濒危、特定性状"的保护原则和急需保护品种资源的分布情况,明确对78个珍贵、稀有、濒危的品种实施重点保护,2006年原农业部对名录进行了首次修订,更名为《国家级畜禽遗传资源保护名录》,国家级保护品种扩大到138个,2014年第二次修订后,保护品种更新至159个。2006年原农业部发布《畜禽遗传资源保种场保护区和基因库管理办法》,对国家级畜禽遗传资源保种场(区、库)需具备的基本条件、建立和确定程序及监督管理等进行了明确规定。2009年原农业部公布了第一批国家级畜禽遗传资源保种场(区、库)名单,之后2011年、2012年、2015年、2017年和2019年陆续公布了第2~7批。2021—2023年经对原有国家级畜禽遗传资源基因库、保护区、保种场审核确认,对新申请单位审核评估,分3批公布国家级畜禽遗传资源保种场(区、库)名单,共确立国家级保护区25个,国家级保种场191个,国家级基因库11个,实现了对159个国家级畜禽遗传资源保护品种活体保护全覆盖。2020年农业农村部发布《国家畜禽遗传资源目录》,明确了33种家养畜禽种类按照《中华人民共和国畜牧法》管理。其中国家级保护区25个,国家级保种场191个,国家级基因库11个(表5),实现了对159个国家级畜禽遗传资源保护品种活体保护全覆盖。国家家畜基因库收集保存了42个国家级保护地方猪品种的33万余份冷冻精液、体细胞等遗传材料。

表5 国家级畜禽遗传资源保种场(区、库)情况   单位:个

类型	保护区	保种场	基因库	总计
猪	7	58		65
羊	4	31		35
鸡		31	3	34
牛	2	22		24

续表

类型	保护区	保种场	基因库	总计
蜜蜂	6	7	2	15
鹅		14		14
鸭		11		11
驴	2	7		9
马	3	5		8
蚕			3	3
鹿		2		2
骆驼	1	1		2
兔		2		2
水禽			2	2
综合			1	1
总计	25	191	11	227

按照畜禽遗传资源鉴定和评估制度要求，2006年原农业部制定了《畜禽新品种配套系审定和畜禽遗传资源鉴定办法》，对畜禽新品种、配套系和畜禽遗传资源的审定和鉴定的申请和受理，中间试验及监督管理的要求等进行了规定。2007年国家畜禽遗传资源委员会发布《畜禽新品种配套系审定和畜禽遗传资源鉴定技术规范》，对不同畜种的审定鉴定条件进行了规定，并根据实际需要于2010年进行了修订（表6）。原农业部分别于2002年和2009年首次以公告的形式，对外发布畜禽新品种配套系证书颁发目录和新鉴定畜禽遗传资源目录。2002—2023年，共审定新品种（配套系）204个，鉴定畜禽遗传资源164个。

表6 畜禽遗传资源保护利用相关的法律法规

法律层次	名称	发布情况	修订	是否有效
部门规章	《种畜禽生产经营许可证》管理办法	1998年，农业部令第4号		2010年废止
行政法规	种畜禽管理条例	1994年，国务院令第153号	2011年，国务院令第588号	2018年废止
部门规章	种畜禽管理条例实施细则	1998年，农业部令第32号		2018年废止
法律	中华人民共和国畜牧法	2005年，主席令第45号	2015年主席令第26号，2022年主席令第124号	现行有效
行政法规	中华人民共和国畜禽遗传资源进出境和对外合作研究利用审批办法	2008年，国务院令第533号		现行有效
部门规章	国外引种检疫审批管理办法	1993年，农（农）字第18号	农农发〔1999〕7号	现行有效
部门规章	优良种畜登记规则	2006年，农业部令第66号		现行有效

续表

法律层次	名称	发布情况	修订	是否有效
部门规章	畜禽遗传资源保种场保护区和基因库管理办法	2006年，农业部令第64号		现行有效
部门规章	畜禽新品种配套系审定和畜禽遗传资源鉴定办法	2006年，农业部令第65号		现行有效
部门规章	蚕种管理办法	2006年，农业部令第68号	2022年，农业农村部令2022年第1号	现行有效
部门规章	农产品地理标志管理办法	2007年，农业部令第11号	2019年，农业农村部令2019年第2号	现行有效
部门规章	家畜遗传材料生产许可办法	2010年，农业部令第5号	2015年农业部令第3号	现行有效
规范性文件	畜禽新品种配套系审定和畜禽遗传资源鉴定技术规范	2007年	畜资委〔2010〕3号	现行有效
规范性文件	从境外首次引进畜禽遗传资源技术要求（试行）	2011年，农业部公告第1603号		现行有效
规范性文件	种牛及冷冻精液和胚胎进口技术要求	2011年，农业部公告第1677号	2016年农业部公告第2460号，2023年农业农村部公告第730号	现行有效
规范性文件	种猪及精液进口技术要求	2011年，农业部公告第1677号	2016年农业部公告第2460号，2023年农业农村部公告第730号	现行有效
规范性文件	种鸡及种蛋进口技术要求	2016年，农业部公告第2460号	2023年农业农村部公告第730号	现行有效
规范性文件	种兔进口技术要求	2023年，农业农村部公告第730号		现行有效
规范性文件	种羊及冷冻精液和胚胎进口技术要求	2023年，农业农村部公告第730号		现行有效
规范性文件	国家级畜禽遗传资源保护名录	2006年，农业部公告第662号	2014年农业部公告第2061号，2019年农业农村部公告第167号，2022年农业农村部公告第631号，2023年农业农村部公告第720号	现行有效
规范性文件	国家畜禽遗传资源目录	2020年，农业农村部公告第303号		现行有效
规范性文件	农产品地理标志登记程序、农产品地理标志使用规范	2008年，农业部公告第1071号		现行有效
规范性文件	养蜂管理办法（试行）	2011年，农业部公告第1692号		现行有效

2.3 国际合作与国际公约

作为畜禽资源大国，我国是最早签署和加入《生物多样性公约》的国家之一，是FAO畜禽遗传资源管理委员会政府间技术工作组26个成员国之一，全面参与制定了《保护动物遗传资源全球行动计划》《因特拉肯宣言》等，积极参与FAO畜禽遗传资源保护国际交流活动，编写《畜禽遗传资源国别报告》。

2.4 科技支撑力量

我国从事种质资源保护的科研机构主要有两类，一类是高校，包括传统的农业大学和综合性大学，前者的代表主要有中国农业大学、华中农业大学、西北农林科技大学、江西农业大学等，后者的代表主要有浙江大学、中山大学、上海交通大学、广西大学等。另一类是研究机构，包括国家级和各省级农科院。高校以人才培养和基础理论研究为主，设置有与"种质资源保护"相关的一级学科"畜牧学"，农科院主要以应用研究为主，主要从事畜禽遗传资源的收集保存、鉴定评价和共享应用等方面的研究。

2.5 保护资金来源

我国已经逐步形成了以财政资金投入为主，社会参与为补充的种质资源收集保护、鉴定、登记、监测和利用的工作运行保障机制。在财政保障方面，中央和地方有关部门通过现有资金渠道，统筹支持资源保护工作。

农业农村部以预算安排项目支出的方式支持开展畜禽种质资源保护，一是实施畜禽品种改良提升专项，主要支持畜禽品种振兴行动；二是实施物种品种资源保护专项，支持畜禽种质资源保护等；三是实施基地专项，主要支持国家家养动物种质资源共享服务平台等的建设；四是实施科技创新工程专项，主要支持畜牧学科集群等。

科技管理部门设立行业科技攻关、国家重点研发计划、国家科技重大专项、国家育种联合攻关等项目支持应用基础研究，通过各类种质资源的鉴定评价，筛选出一批优异资源，并创制了一批育种或产业紧缺的新种质，为品种改良和现代种业发展提供了强有力的支撑（武晶等，2022）。

3 存在问题

3.1 依法实施畜禽遗传资源保护的力度不够

尽管我国出台了《中华人民共和国畜牧法》，并制定了《畜禽新品种配套系审定和畜禽遗传资源鉴定办法》等配套法规，使得我国畜禽遗传资源保护有章可循。但总体上来说，我国畜禽遗传资源保护的法律法规和管理体系尚不完善，主要体现在以下几个方面：一是缺乏有关畜禽遗传资源获取与惠益分享的政策与法规体系。中国总体上属于提供遗传资源及相关传统知识的发展中国家，发展中国家争取的利益及权利都能惠及中国。中国生物技术发展很快，在农业育种技术和微生物病原体疫苗的开发利用方面能力也较强，同时中国从国外获取的遗传资源也会逐年增多，发达国家在此方面争取的利益同样能部分惠及中国（薛达元，2010）。我国尚无专门法律规范遗传资源的获取、分享和惠益，存在丧失大量遗传资源的隐患，同时缺乏对遗传资源变化的可靠的定量分析（刘哲，2021）。二是畜禽新品种保护制度缺失。在农作物方面，依据《中华人民共和国种子法》《中华人民共和国植物新品种保护条例》，植物新品种权人对品种具有类似专利的排他权力。但在畜禽方面，虽然《中华人民共和国畜牧法》第19条规定，畜禽新品种、配套系培育者的合法权益受法律保护，但缺乏可以实施的制度，企业担心自己创制的优异种质产权得不到保护，利益得不到体现，培育新品种的积极性不够。三是部分法规亟待修订完善。《畜禽遗传资源进出境和对外合作研究利用审批办法》《畜禽遗传资源保种场保护区和基因库管理办法》《畜禽新品种配套系和畜禽遗传资源鉴定办法》等配套规章制度，大部分是2006—2008年制定的，有些内容已不能完全适应当前保种工作需要，亟待修订完善。同时，十多年的保种实践积累了一些成功经验和做法，需要以法律法规的形式固定下来（于福清，2022）。四是部分品种缺失标准。我国畜禽遗传资源丰富，但大多数品种还没有制定品种标准。例如41个国家级猪遗传资源保护品种中，大花白猪、马身猪、淮猪、莱芜猪等28个品种制定了标准，其中18个制定了国家标准。一些品种还配套制定了饲养技术规范、猪肉品加工技术规范等标准，如莱芜猪以团体标准的形式制定了饲养技术规范和猪肉品加工技术规范。但部分品种标准的制定时间已将近20年，还有16个品种未制定任何标准，不利于品种的保护和选育。

3.2 优质畜禽种质资源的挖掘和创新利用不足

一是产业化开发利用种类较为单一。我国大部分地方品种产业化开发利用种类比较单一，在肉质、药用和抗逆性等优良特性上还未得到充分、系统的深入发掘，特色畜产品优质优价的机制还未建立，因此与高产畜禽品种相比缺乏市场竞争力。对优秀的地方畜禽品种的绝大部分特色性状基因还未得到充分挖掘，近20年以来，国际上已经发现与畜禽生产性能相关的DNA标记1000多个，定位的数量性状基因座（QTL）2000多个，具有重要影响的功能基因300多个，获得的相关专利400余项，而我国在其中所占份额相对低（王启贵等，2022）。虽然我国畜禽种质资源十分丰富，但目前远未达到遗传资源强国水平，仍有大量具有优异基因挖掘潜力的重要畜禽种质资源保护不力。并且收集和保存（护）的多为动物"原材料"，而非受国际知识产权保护的"基因资源"。我们收集保存畜禽种质资源中，在基因水平上得到精准鉴定的不到10%。独有的畜禽地方品种中只有53%左右得到了产业化开发利用。基因资源挖掘和优异种质创制的理论、技术及方法原创不足，仍处于"跟跑"阶段，自主知识产权储备不足，综合实力不强（谭淑豪，2021）。

3.3 企业在畜禽遗传资源保护中的作用发挥不够

一是研究与应用脱节。由于近年来我国科研体系是以追求 SCI 文章为主的导向体系，使大学、科研院所大部分研究精力放在了以功能基因组研究为主的基础研究，但是真正找到具有育种价值的功能基因很少，而育种生产亟需的准确、快速性能测定技术却鲜有研究，育种企业限于技术力量限制，形成了育种手段主观判断多、定量测定少、育种效率低的局面（杨宁等，2017）。二是商业化育种体系不成熟。纵观畜牧业发达国家的育种历程，在初期以国家扶持为主，政策上给予倾斜，资金上给予补贴，提高科研机构、育种企业和个人的积极性，从而建立系统的国家育种体系。在取得一定育种成效之后，国家更多从宏观层面上进行政策引导，具体事务交由公司化的育种组织进行。我国正处在国家育种体系向商业化育种体系过渡阶段，据统计 2014—2023 年，我国新培育的品种（配套系）共 121 个，以事业单位为主培育的品种仍占到将近 40%。在发达国家，随着育种技术水平的不断提升和遗传进展的逐渐减缓，动物种业的发展态势正逐步转向新的遗传变异的发现与利用，这在未来种业市场竞争中将扮演至关重要的角色。同时，在全球经济一体化的背景下，动物的广泛适应性越来越受到重视。相比之下，我国企业在自主育种方面起步较晚，而且有意识地搜集和利用种质资源的历史更是短暂（吕小明等，2019）。三是国内育种企业小而分散，科技创新投入少。据农业农村部统计，2022 年全国种畜禽场数量为 8791 个，总资产超过 10 亿元的仅有 47 家（王娟，2023）。我国畜育种领域的科技创新以政府投资为主，而发达国家形成了以企业为主体，辅之以国家及社会资金的多元投资方式。例如，目前全球最大的种猪育种公司及全球最大的种牛育种公司 Genus 集团每年的研发投入约为 3400 万美元，其中约 600 万美元用于基础研究，2800 万美元用于应用研究（傅衍，2023）。2022 年国家畜禽种业阵型企业研发投入超过 23 亿元，比 2021 年提高 32%。但与一些发达国家的种业创新体系相比，我国种业创新体系在体制机制及机构布局等方面仍存在一些问题。尽管种业创新体系庞大，但主体间在资源共用、利益共享、责任共担等方面合作不够。国际种业强国在国家层面着重加强种质资源的保护与挖掘创新，而种子和种源的创制、繁育及推广应用则多由企业承担，育种方向由市场决定。而我国从种质资源、种子与种源、品种推广应用的整个种业链，大多由政府负责，政府、科研、企业间的融合严重不足（谭淑豪，2021）。

3.4 畜禽遗传资源保护体系信息化建设水平有待进一步提升

一是缺少濒危品种的及时监测系统，使得我国的畜禽种质资源的实时信息反馈与动态信息难以得到及时的掌握，很多地方品种面临濒危却无法得到及时的保种（郭梓洋等，2023）。二是缺乏部门间信息共享机制。由于各系统建设单位的不同，例如，国家家养动物种质资源库信息系统由中国农业科学院北京畜牧兽医研究所建设，国家畜禽资源库信息系统缺少与其他系统信息的互联互通。我国还没有建立一个具有国际先进水平的畜禽资源库、信息库。畜禽遗传资源信息网络属于公益性建设项目，需要政府的不间断投入以维持网站的正常运行。到现在为止，尚未见到国家批复专门资金用于这方面的建设工作。一些地方学术机构建设的网站，如"中国畜禽遗传资源动态信息网"和"国家级地方鸡种基因库（江苏）"，相对独立、信息不全，缺少与国外信息的交互联系（路国彬等，2014）。

美国非常注重利用信息化手段促进对基因资源库和遗传多样性的有效管理，为相关人员提供优质基因及信息资源，扩大种质的利用。中国已建立国家作物种质资源库，应进一步加强对种质资源信息的管理和挖掘，建立可对遗传资源的描述信息进行组织、存储、挖掘并提高种质资源可获得性的强大信息管理系统，促进种质信息资源共享（郑怀国，2018）。

保种体系的信息化建设不足，由于缺乏系统和全面的资源本底、科学研究、产业开发等相关数据信息，特别是各管理部门和各行业数据零散不成系统，缺乏部门间信息共享机制，导致在采集、获取、研究开发、转让交易和知识产权保护等环节效率低下，难以形成有效的资源管理和利用体系（王镥权等，2017）。

4 相关建议

4.1 加强顶层设计，完善促进畜禽遗传资源保护利用的法律法规

深入贯彻落实2021年《种业振兴行动方案》和2023年中央一号文件精神，认真全面落实2023年修订的《中华人民共和国畜牧法》等法律法规内容，尽早尽快研究修订完善《畜禽遗传资源保种场保护区和基因库管理办法》等配套规章制度，为畜禽遗传资源保护提供法治保障。加快修订《中华人民共和国进出境动植物检疫法》《中华人民共和国动植物检疫法实施条例》《国外引种检疫审批管理办法》等制度，积极研究探索加入《粮食和农业植物种质资源国际条约》的利弊和时机，推动国际种质资源的交流交换（武晶等，2022）。加强与《名古屋议定书》履约部门的合作，建立遗传资源获取与惠益分享的法律法规。《名古屋议定书》和《国际条约》的履约协调越来越密切，农业农村部门和生态环境部门应加强沟通，协调国际谈判立场（杨庆文等，2021）。

4.2 强化共享应用，健全种质资源高效利用的信息化管理体系

一是构建基于大数据的统一平台、统一标准的信息系统，并依托信息系统建设开放共享平台，促进优质资源共享利用。二是统筹国家和省级作物种质资源收集、保存、评价、分发等工作，确保信息互联互通、资源共享共用。三是推进登记资源分类赋权，根据种质资源的知识产权属性划分开放等级，公共资源开放共享（武晶等，2022）。完善畜禽资源库、信息库建设，提高与国际信息资源的接合度，加强信息交流与监管（路国彬等，2014）。建设国家级畜禽遗传资源大数据中心，建成由国家大数据中心、

省级地方分中心、基层监测点三位一体的地方畜禽遗传资源的动态监测体系。中心开展畜禽遗传资源种群常态性的监测和登记，通过全面监控分析品种资源数据，及时掌握资源动态变化，提高地方畜禽遗传资源保护的针对性（王启贵等，2022）。

4.3 建立政府引导多方参与的多元化投入机制

一是农业农村部根据农业种质资源发展需求，制定农业种质资源平台建设和重大行动实施计划，与国家发展改革委员会和财政部共同建立国家级农业种质资源持续稳定的投入机制。二是保障库圃运行经费。国家和地方政府要加大对作物种质资源保护利用的支持力度，统筹已有资源、条件以及支持政策基础上，建立资源库（圃）认定、挂牌和考核机制，将库圃运行经费纳入部门预算。三是鼓励公益性机构、企业以及国际组织等参与作物种质资源保护，利用社会资金开发农业种质资源（武晶等，2022）。

4.4 进一步探索畜禽遗传物质保存的新技术

畜禽遗传资源异位保种主要集中在精子、胚胎、体细胞等遗传物质，利用这些遗传物质可以有效地延长群体中优良个体的使用（刘丑生等，2014）。应加强对遗传物质保存技术的探索，深化对畜禽遗传资源保护的生物技术研究，包括对生殖细胞和胚胎的冷冻保存技术、基因图谱和 cDNA 文库的构建、染色体多态性分析以及生殖细胞和体细胞的克隆技术进行探究。克隆技术作为一种无须雌雄生殖细胞结合即可繁殖新个体的新技术，对于提升畜禽遗传资源保护的效果至关重要。另一方面，要加强畜禽遗传资源的生物技术开发利用研究，这主要涉及到蛋白质多态性和 DNA 多态性等与经济性状遗传相关的遗传多样性研究。通过挖掘与经济性状相关的基因，促进畜禽遗传资源的利用，从而间接实现保护遗传资源的目标。仅仅保护而不加以利用是不够的。通过合理的开发和利用，可以更有效地促进畜禽资源的保护工作。保护和开发是两个相辅相成、不可分割的方面。我国拥有丰富的本土畜禽遗传资源，这些资源通常具有较强的适应性、耐粗饲、抗病和抗应激能力，例如太湖猪、小尾寒羊等品种还展现出了高繁殖力的特点，而五指山猪则以其矮小的体型和耐近交的特性而独树一帜。这些特性是在我国特有的自然环境下，经过长期选育形成的。高繁殖力是提高肉类生产效率的关键因素，而矮小的体型则在医学实验和动物模型研究中具有应用价值。因此，加强本土畜禽遗传资源的本品种选育和新品种的培育，不仅能够带来经济效益，还能有助于品种的保护工作（李建江等，2015）。

4.5 推动商业化育种体系的建设

国家发展改革委、农业农村部联合印发的《"十四五"现代种业提升工程建设规划》指出："种业处于农业整个产业链的源头，是建设现代农业的标志性、先导性工程，是国家战略性、基础性核心产业。"建设以市场和商业化成果为导向、具有"标准化、程序化、信息化、规模化"特征的商业化育种体系，是整合创新资源、提升科技创新水平、推动传统农业向现代农业转型升级的有效手段。应建立起成熟的以企业为主体，以市场为导向的企业与科研机构合作创新体系与成果转化体系。维护畜禽品种培育的公益性，并通过政府的援助来推动畜禽种业的发展。在商业育种的初期，由政府牵头，协调公立研究机构和私营企业的力量，共同推进育种项目。随着种业的不断发展，整合社会资源以培育和加强种业龙头企业是提升种业竞争力的关键。为了实现这一目标，政府应采取包括立法保障、政策支持和项目资助在内的多种措施，以支持大型企业在育种技术研究和产业并购方面的发展。从而打造具有国际竞争力的大型种业龙头企业。专业化和商业化的育种已成为行业主流，种业龙头企业在国家的种业战略中扮演着核心角色。这些企业通常拥有先进的育种技术、现代化的管理理念和高效的产品销售模式，它们在全球范围内建立了育种网络和产品销售网络，构建了完整的育繁推一体化种业产业链，展现出强大的市场竞争力。政府和企业共同努力，推动种业的高质量发展，确保国家粮食安全和畜禽种业的可持续发展（王以中等，2022）。

参考文献

巴桑旺堆，平措占堆，鲜莉莉，等，2023. 查吾拉牦牛遗传资源概况与保护利用现状［J］. 中国畜禽种业，19（6）：4-9.

陈国宏，刘金璐，徐琪，2022. 我国鹅遗传资源保护利用现状与展望［J］. 中国禽业导刊，39（9）：6-12.

傅衍，2013. 育种企业的技术创新与实践 --Genus 集团的案例［J］. 海洋与渔业·水产前（7）：62-62.

格根塔娜，2015. 畜禽遗传资源法律保护研究［D］. 呼和浩特：内蒙古大学.

谷继承，2010 全面推进我国畜禽遗传资源保护与利用工作［J］. 中国牧业通讯（9）：13-15.

关龙，刘丑生，2007. 我国畜禽遗传资源保护的进展［C］// 两岸生物资源与生物技术知识产权保护研讨会. 中国农业科学院.

郭梓沣，黄雷，李奎，2023. 畜禽种质资源的创新与利用研究进展［J］. 中国农业科技导报，25（4）：14-22.

贾敬敦，蒋丹平，田见晖，等，2015. 动物种业科技创新战略研究报告［M］. 北京：科学出版社.

李晨，2021. 科技绘就畜禽种业高质量发展"路线图"［J］. 中国农村科技（10）：31-33.

李建江，宋锐，牛荇洲，等，2015. 我国畜禽遗传资源保护利用现状分析［J］. 西北民族大学学报（自然科学版），36（3）：16-21.

刘丑生，刘刚，陆健，等，2014. 我国国家畜禽基因库的现状和前景［J］. 中国畜牧杂志，50（12）：10-16.

刘哲，2021.《生物多样性公约》谈判形势及其影响［J］. 国际经济评论（3）：155-

176+8.

路国彬，王夏晖，吕文魁，等，2014.中国畜禽遗传资源保护问题分析［J］.家畜生态学报，35（4）：1-6.

吕小明，李军民，罗凯世，等，2019.利用社会资本加快国家种质资源开发利用可行性分析［J］.中国种（9）：1-2.

罗清尧，庞之洪，浦亚斌，2018.中国主要畜禽种质资源数据集［J］.中国科学数据（中英文网络版），3（2）：3-13.

谭淑豪，2021.我国种业健康发展需系统创新［J］.人民论坛（22）：75-79.

王鲁权，赵富伟，臧春鑫，2017.我国履行《名古屋议定书》的挑战与对策——兼谈对农业遗传资源获取和利用的影响［J］.农林经济管理学报，16（4）：550-556.

王启贵，王海威，郭宗义，2019.等，加强畜禽遗传资源保护 推动我国畜牧种业发展［J］.中国科学院院刊，34（2）：174-179.

王秋娟，原辉，李兆国，等，2007.畜禽遗传资源保护的国际法律法规体系研究［J］.中国家禽（22）：8-11，15.

王以中，辛翔飞，林青宁，等，2022.我国畜禽种业发展形势及对策［J］.农业经济问题（7）：52-63.

武晶，郭刚刚，张宗文，等，2022.作物种质资源管理：现状与展望［J］.植物遗传资源学报，23（3）：627-635.

武维华，全国人民代表大会常务委员会执法检查组关于检查《中华人民共和国畜牧法》实施情况的报告［EB/OL］.http：//www.npc.gov.cn/npc/c30834/202108/b7efeacabb374172aa13a4aa03ec52bb.shtml，2021年08月18日.

薛达元，2010.《生物多样性公约》新里程碑:《名古屋ABS议定书》（下）［J］.环境保护（24）：76-78.

杨红杰，2011.我国畜禽遗传资源保护利用现状与展望［J］.中国家禽，33（10）：6-8.

杨红旗，许兰杰，余永亮，等，2022.我国种业发展及其知识产权保护［J］.中国种业（9）：24-29.

杨宁，2017.我国家禽品种国产化的成就、挑战与机遇［J］.中国畜牧杂志，53（1）：119-124.

杨庆文，干艳艳，张小勇，等，2021.我国粮食与农业植物遗传资源获取与惠益分享的现状、问题与未来工作设想［J］.中国食品药品监管（2）：105-115.

杨振海，2017.继往开来 推动畜禽遗传资源保护利用实现新发展［J］.中国畜牧业（24）：30-32.

于福清，2022.加强畜禽遗传资源保护夯实畜禽种业振兴根基［J］.农村工作通讯（16）：26-28.

于新茹，米静，2023.乡村振兴视域下畜禽全产业链高质量发展策略研究［J］.饲料研究，46（24）：191-195.

余泽田，彭华，刘浩，等，2023.美国畜禽遗传资源保护与利用现状及对中国的启示［J］.畜牧与兽医，55（9）：134-143.

张德福，冯景松，吴彩凤，等，2021.国内外畜禽基因库保种现状及其应用前景［J］.上海畜牧兽医通（4）：1-4.

张利庠，罗千峰，2023.中国生猪种业高质量发展的理论阐释、现实困境与路径探析——基于产业生态系统视角［J］.中国农村经济（3）：66-80.

赵一广，罗清尧，郑姗姗，等．2022.中国家养动物种质资源数据平台系统开发及应用［J］.农业大数据学报，4（2）：78-87.

郑怀国，王爱玲，赵静娟，2018.美国植物育种研究布局及对中国的启示［J］.世界农业（12）：172-177.

周磊，王晔，毛瑞涵，等，2021.国外生猪育种体系简析及对我国生猪育种的几点思考［J］.中国畜牧杂志，57（1）：231-236.

竹青，2022.时代的重任 历史的担当——高效精准高质量做好第三次全国畜禽遗传资源普查性能测定与畜禽精准鉴定工作［J］.中国畜牧业（7）：10-12.

日本畜禽遗传资源保护现状研究

日本位于太平洋西岸，是一个由东北向西南延伸的弧形岛国。西隔东海、黄海、朝鲜海峡、日本海，与中国、朝鲜、韩国、俄罗斯相望。处于东经123°～149°，北纬24°～46°，南北纬度跨度大，由本州、四国、九州、北海道四大岛及6 800多个小岛组成，属温带海洋性季风气候，终年温和湿润。陆地面积约37.8万平方千米，2022年7月统计数据显示，日本总人口约1.25亿人。

日本是仅次于美国和中国的世界第三大经济体，2022年，其国内生产总值（GDP）约546万亿日元（折合人民币27.5万亿元），连续31年为全球最大债权国，外汇储备达1.23万亿美元（外交部，2023）。日本农业发展一直走在世界的前列，在农业先进国家中居第三位（一帆，2022），日本畜牧业以规模化、集约化、组织化程度高而著称。

1 畜禽遗传资源现状

1.1 畜牧业现状

畜牧业在日本农业中占有非常重要的地位。近年来，日本畜牧业得到快速发展，畜牧业占农业的比重不断提升（王加亭，2020）。2022年日本农业总产值为9.00万亿日元（折合人民币4 429亿元），其中畜牧业产值为3.47万亿日元（折合人民币1 706亿元），约占农业总产值的39%，与10年前相比提升了8个百分点，其中奶牛产值占总产值的23%，肉牛占24%，生猪占19%，鸡（肉鸡和蛋鸡）占28%，其他畜禽占6%。

日本本土的畜禽品种贫乏，公元250年以后，随着猪、牛和鸡等家养动物品种的引进，其畜禽种类才不断丰富起来（张彬等，2005），2023年日本主要畜禽品种的存栏情况如表1所示。最著名的肉牛品种为和牛，包括黑毛和牛、褐毛和牛、短角种牛和无角种牛，这些品种都是由明治时代之后引进的外来牛种与日本地方牛种杂交产生的。随着外来品种的不断引入，日本地方牛种不断减少，甚至很多都已经灭绝，仅有2个地方牛品种存在并被保护着，即在山口县萩市海岸附近的三岛上存活的三岛牛和在鹿儿岛县土卡拉群岛的Kuchinoshim岛上生活的口之岛牛，三岛牛已被认定为日本国家自然资源，是仅有的没有被国外品种杂交的本地品种。奶牛品种全部从国外引进，没有地方品种，其中99%为荷斯坦奶牛，其次为娟姗牛。娟姗牛存栏约有1万头，主要饲养在冈山县的蒜山高原、熊本县等地，其产奶量较低，但乳脂率很高，生鲜乳主要用于生产奶酪和酸奶。生猪主要品种都为引进品种，最著名的地方猪品种为鹿儿岛黑猪，但存栏较少；还有一种在鹿儿岛和冲绳地区生活的名为"阿古"的地方猪品种，但由于第二次世界大战期间在冲绳发生的战争和物种引进的侵蚀，现已经灭绝。鸡存栏中，一半为肉鸡，一半为蛋鸡。肉鸡主要品种为白色普利茅斯岩石、比内鸡和肉蛋兼用品种横斑普利茅斯岩石；蛋鸡主要品种为白色雷格本和肉蛋兼用品种横斑普利茅斯岩石，主要品种都为引进品种。在日本，马主要用于赛马、骑行和生产马肉。

表1 2023年日本主要畜禽品种存栏情况

畜种	存栏	品种数量/个	主要品种	其他品种
肉牛	268.7万头	8	黑毛和牛、褐毛和牛、短角种、无角种	安格斯、海福特、三岛牛、之口牛
奶牛	135.6万头	7	荷斯坦牛、娟姗牛	英国弗里斯牛、更赛牛、爱尔夏牛、瑞士褐牛、Red Danish
生猪	895.6万头	8	长白猪、大约克郡、杜洛克、伯克夏	大白猪、汉普夏猪、斑点猪、切斯特白猪
鸡	31 127万只	12	横斑普利茅斯岩石、白普利茅斯石、比内地鸡、白色雷格本	来航蛋鸡、洛岛红鸡、新汉夏鸡、Nagoya、白洛克鸡、Shamo、Satsumadori，以及杂交品种
马	7.7万匹	12	纯种马、阿拉伯马、佩尔什马和柏布马	北海道马、木须马、Noma Horse、Tsushima Horse、Misaki Horse、Tokara Horse、Miyako Horse、Yonaguni Horse等
绵羊	2万只	5	Japanese Corriedale、萨福克羊	Southdown、Romney Marsh、Border Leicester
山羊	3.2万只	3	日本萨能山羊	托卡拉山羊、柴巴山羊

资料来源：日本农林水产部网站、日本2002年国别报告。

1.2 畜禽遗传资源情况

日本畜禽品种大多从国外引进，处于危险级别的畜禽品种并不多，FAO数据显示，日本引进的畜禽品种中，有5种畜种处于"濒危"等级，其中，鸡有3个，猪1个，家兔1个，处于"处于危险的"等级的有1个，为羊的品种，具体如表2所示。

表2 日本国外引进畜禽种类濒危情况　　　　　　　　　　　　单位：个

濒危状态畜禽种类	牛	鸡	鹿	山羊	珍珠鸡	马	猪	家兔	绵羊	综合
未知	0	3	6	0	1	0	1	0	0	11
安全	9	3	0	1	0	4	6	0	1	24
处于危险的	0	1	0	0	0	0	0	0	0	1
濒危—维持	0	0	0	0	0	0	0	0	0	0
濒危	0	3	0	0	0	0	1	1	0	5
濒临灭绝—维持	0	0	0	0	0	0	0	0	0	0
濒临灭绝	0	0	0	0	0	0	0	0	0	0
灭绝	0	0	0	0	0	0	0	0	0	0

资料来源：https://www.fao.org/dad-is/risk-status-of-animal-genetic-resources/en/。

1.3 畜禽遗传资源保护方式和技术

1.3.1 畜禽遗传资源保护方式

日本畜禽遗传资源主要通过迁地保护的方式进行。具体包括两个方面：一是通过冷冻胚胎、精液等遗传物质进行保存，二是为活体动物建立脱离原始生存环境的保护区或实验站等。由于迁地保护冷冻保存收集的个体非常有限，还有一些物种不能通过冷冻保存，原地保护作为迁地保护的重要补充共同维护着日本畜禽遗传资源。

在迁地保护中，日本畜禽遗传资源主要通过冷冻生殖细胞、体细胞和通过体细胞克隆的方式进行保护。体细胞主要用于保存一些很难通过冷冻生殖细胞保存的物种，而且不受性别的限制，三岛牛就是通过冷冻体细胞的方式进行保护的。由于禽类受精卵（蛋）排出时已发育到具有大量细胞的晚期囊胚阶段，再加上禽类卵母细胞的核大且只被薄薄的一层细胞质包裹，去除和移入细胞核过程非常困难等，不能通过体细胞克隆技术和冷冻体细胞的方式保存，主要通过冷冻原始生殖细胞（PGC）进行保存，但是这种方式耗时长，而且必须保存双性的生殖细胞。

从畜种看，日本牛等大型家畜的保种以冻精和冷冻胚胎为主，禽类等小型动物则以活体和冷冻原始生殖细胞为主，猪等中等体型动物采用活体、冻精两种形态进行（徐廷生，1999）。

1.3.2 畜禽遗传资源保护技术

日本很早就将人工授精、受精卵移植、体内外受精、克隆牛等先进技术应用到畜禽遗传资源保护上。此外，还研究出针对濒危畜禽的繁殖方法——未受精卵与精子显微注射繁育技术，该技术已在鸡品种保护上得到广泛应用。本地鸡濒危品种 Kurenkodori 就是通过将原始生殖细胞（PGC）引入鸡胚，形成嵌合体生殖系，然后用冷冻精液进行人工授精，生产出 Kurenkodori 纯种鸡。

亲缘关系的研究对于畜禽遗传物质的保存具有重要意义。日本在利用线粒体 DNA 多态性和 DNA 标记亲缘关系研究方面取得了很多进展。日本国立农业生物科学研究院开发了猪、鸡、鸭、犬的遗传关系分析和 QTL 分析所需的微卫星 DNA 标记。与其他团体合作，共同开发了鹌鹑、珍珠鸡、水生动物和其他动物的微卫星 DNA 标记。

1.4 畜禽遗传资源基因库

日本动物遗传资源基因库由主基因库和分基因库共同组成。主基因库是日本国家遗传资源基因库，分基因库是国家农业研究中心下属 2 个研究所、国家畜牧和草原科学研究所、国家动物卫生研究所、国家畜禽繁育中心、国家牲畜育种中心各自建立的基因库。主基因库和分基因库保存的畜禽遗传资源的形式不同，主基因库主要为机体组织或精液的低温保存，分基因库主要为濒危品种的活体动物保存，也涉及小部分的机体组织或精液的冷冻保存。此外，主基因库还保存着蚕的遗传资源，国家畜牧和草原科学研究所基因库保存着普通蜜蜂和无刺蜜蜂的遗传资源。目前，包括濒临灭绝的本地品种在内的 200 多种畜禽品种通过基因库得到了有效保护。

日本基因库建设的宗旨是从国内外探索收集农林水产生物遗传资源，经分类、鉴定，开展性能评定，在用于繁殖、保存的同时，将这些遗传资源和遗传育种信息数据库化，从而向国立、公立试验研究机构、大学等提供综合的管理利用系统。主要工作内容包括促进体系建设、探索和导入（收集）遗传资源、遗传资源的特性评价、遗传资源的保存与分配、遗传育种信息管理和利用系统的建设 5 个方面（徐廷生等，1999）。此外，为便于查阅，基因库的项目成果被汇编为遗传资源目录、管理手册、性状研究手册、性状研究报告、年度成果报告、国内外研究报告（共 13 册）等。

日本国家遗传资源基因库作为主基因库（以下简称"基因库"）是在 1985 年由其国内各个研究所独立建设的遗传资源基因库整合而成。基因库中收集着国内外的植物、动物和微生物遗传资源。1993 年，基因库成立 DNA 部门，开始进行 DNA 的收集、整理，以及 DNA 信息的研究，其畜禽遗传资源建设部分是由日本国家农业生物科学研究所负责。该基因库是日本推动与国际组织和研究机构在遗传资源领域交流与合作的重要抓手，每年都会举办遗传资源国际讲习班，其中，最早的关于动物遗传资源的三期主题分别为 1995 年"资源：有效养护和有效利用"、1998 年"遗传多样性和动物遗传资源保护"、2002 年"现状和遗传：亚洲地区动物遗传资源的变异"。

日本畜禽遗传资源基因库会对动物遗传资源进行性状表征和评价。将动物品种性状细分为基本项目和选择性项目，基本项目包括当前遗传资源项目中应收集和保存的性状，选择性项目包括那些未来会变得重要的性状。以肉牛为例，正在调查 28 个基本项目和 16 个选择性项目（共 44 个项目），奶牛有 53 项，马有 44 项，猪有 56 项，蛋鸡有 43 项，肉鸡有 52 项。

1.5 畜禽遗传资源出口情况

日本是畜禽遗传资源进口大国，进口额远大于出口额。进口的活畜禽主要为马、牛、猪，如表 3 所示。进口来源国家主要包括美国、澳大利亚、加拿大、智利和中国等，其中美国进口额最大，2020 年约 48 亿美元，其次为澳大利亚，约 23 亿美元。出口国家主要有中国、泰国、越南、美国和韩国等，其中出口中国的金额最大，2020 年约 5.2 亿美元，其他 4 个国家为 1 亿～2 亿美元。

日本出口额在世界上排名最高的畜种为马，排世界第 11 位，主要出口国家为澳大利亚、德国和土耳其，2021 年活马出口额为 0.7 亿元人民币。

表 3 2021 年日本活畜进出口数量和金额

畜种	进口		出口	
	数量 / 头	金额 / 亿元	数量 / 头	金额 / 亿元
马	3 589	11.1	27	0.7
牛	12 906	2.0	—	—
猪	961	0.2	—	—

资料来源：日本农林水产省。

2 畜禽遗传资源保护管理体系

2.1 保护主体

日本畜禽遗传资源保护主体包括中央政府、地方政府和畜牧产业协会等。

2.1.1 中央政府

日本中央政府的畜禽管理部门主要负责畜禽遗传资源保护的协调和管理，主要为农林水产省下属农业管理局的畜牧业署和农林渔业研究委员会。其中，畜牧业署主要负责推进与畜禽生产相关的项目、畜禽发展规划的制定等，下设畜牧发展计划科、畜牧技术生产科、奶类及乳制品科、肉蛋科、饲料科、动物卫生科、赛马监督处、动物检疫处、国家兽医化验实验室。此外，在东北、关东、北陆、东海、近畿、中国地方、四国地方、九州等地区都设有地方农业管理局，管理地方的畜禽生产相关工作。农林渔业研究委员会主要负责规划和拟订基本的研究计划，综合协调畜禽生产相关活动，科研与行政部门的联络与协调，对行业现状进行调研，对相关成果进行鉴定，政府与企业间的沟通与协调，促进日本国内各部委在畜禽卫生、贸易、国际经济等领域的合作等。

2.1.2 地方政府

地方政府主要依靠地方政府代表机构推进畜禽遗传资源和生产的管理。这些政府代表机构包括科研院所、畜禽卫生服务中心、地方办事处、农业改良推广中心、畜禽生产促进会、日本畜禽人工授精协会、畜禽登记协会、畜禽促进会、乳业促进会、肉类流通协会、农协互保联会（含畜禽诊所）、农协（畜禽生产、奶牛养殖等）等。

2.1.3 畜牧产业协会

日本畜牧产业协会不是地方政府的代表机构，是全国性动物生产和保护的重要指导机构，成立于1955年，是根据日本农林水产省制定的"关于加强动物生产指导体系的原则"而组建。协会的目标是提高动物生产管理者的技术能力，稳定动物生产管理。此外，作为对地县畜牧生产经营提供帮助和指导的辅助组织，地县畜牧行业协会也相继成立。日本畜牧产业协会与其附属组织，如县畜牧业协会、农业合作社和监督动物生产企业的组织主要负责畜禽领域的管理指导、资金供应、信息提供、动物生产研究等。此外，随着动物产品自由化和国际化的不断发展，日本畜牧产业协会作为一个综合性的中央组织，通过出版物和互联网提供信息，运营了一个全国性的畜牧生产信息网络。

2.2 法律法规制度

日本没有专门针对畜禽遗传资源保护的法律，但有很多法律涉及动物遗传资源保护和可持续利用。

2.2.1 《自然财产保护法》

《自然财产保护法》于1950年制定，该法将日本具有较高科学价值的家畜遗传资源（包括栖息地、繁殖地、迁徙地）指定为自然宝藏。该法第七十七条规定，若自然宝藏遭到破坏，确认需要修复的，可以责令或者建议自然宝藏的管理机构或所有人采取必要的措施进行修复。

2.2.2 《畜产改良增产法》

《畜产改良增产法》于1950年制定发布，该法规定了畜禽遗传改良的责任主体和工作进程。要求政府必须确立家畜改良繁殖目标，"农林水产部应就牛、马、绵羊、山羊、猪及其他法令规定的家畜改良繁殖，按品种制定具体目标，并公布各项目标"。实施令中还规定了时限，即"将按照农林水产部的规定，（5年内）制定各阶段的目标。"

2.2.3 《奶牛业和牛肉产生法》

《奶牛业和牛肉产生法》于1954年制定发布，该法促进了奶牛业和肉牛生产的健康发展和农业经营的稳定，促进牛奶、乳制品和牛肉的稳定供应。该法律规定，"农林水产部长应根据法令制定促进奶牛和肉牛生产现代化的基本方针"，推进了奶牛和肉牛的现代化育种进程。

2.2.4 《农林产品标准化和适当标识法》

日本的农业标准是根据《农林产品标准化和适当标识法》（JAS法）于1999年制定的，该标准规定了国内一些畜禽品牌生产方法，如"Jidori"鸡品牌。日本主要依靠海外种鸡，因此，开发和推广适合日本国情的种鸡是必要的，这为国内的育种知识产权维护提供了保障，激发了科研机构和企业的畜禽育种热情。

2.2.5 《家畜传染病预防法》

作为岛国，日本高度重视畜禽的防疫检疫，日本政府于1951年颁布《家畜传染病预防法》，经过多次修订，目前形成了较为完善的动物防疫法律法规体系。对日本国内畜禽类及海外进入其境内的家畜实行严格的检疫和卫生防疫制度。

2.2.6 《畜牧改良育种法》和《防止家畜遗传资源不正当竞争法》

日本非常重视和牛遗传资源的保护，于2020年9月专门制定了《畜牧改良育种法》和《防止家畜遗传资源不正当竞争法》，前者要求家畜人工授精研究所要定期向行政部门报告生产流通情况，禁止在家畜人工授精研究所以外的地方保存精液和受精卵；严格要求在和牛精液的吸管上要标示种公牛名、库存管理信息和转让记录等，以及对违反新规定等的罚则等（百万日元以下的罚款等）。后者注重家畜遗传资源（精液、受精卵）知识产权价值保护。

2.3 科研支撑力量

2.3.1 研究组织和大学

日本下辖研究机构包括国立农业研究所下属6个所、国立畜牧草地研究所、国立动物卫生研究所、畜牧草地部（国立农业研究中心4个区域中心）、国立农业生物科学研究所、日本国际农业科学研究中心等。这些机构主要负责动物生产的基础研究和开发。

日本共有34所国立高校、6所公立大学、11所私立大学都设有畜禽生产专业，教学内容和开展的研究都涉及畜禽遗传资源的保护和合理应用等。

2.3.2 畜禽改良机构

日本的畜禽改良项目是由各省政府独立推进的，各省也会制定具体的改良目标。国家层面的畜禽改良机构主要为国家畜禽繁育中心和日本家畜改良协会。

国家畜禽繁育中心涉及的畜禽遗传资源保护工作主要有2项：一是畜禽的改良繁殖和种畜配售，对奶牛、肉牛、猪、鸡、马、山羊、绵羊和家兔的遗传能力进行评价，同时进行优质家畜的生产和供应，并保存畜禽遗传资源（为国家畜禽遗传资源基因库分库）；二是开展遗传改良、繁殖、饲养和管理相关技术研究，进行生产性状相关基因分析、胚胎移植及克隆技术和家畜人工授精技术改进等。

日本家畜改良协会的主要工作有6项：一是通过有计划的交配来生产年轻公牛，以选择优秀的成熟品种；二是运营公牛中心，提供冷冻公牛精液；三是为牲畜改良和繁殖提供动物药品；四是运营提供胚胎的生物技术中心；五是对牛血型进行检测，监测种公牛和种母牛的遗传种质；六是操作计算中心，调度牛生产记录处理后的数据等。

2.3.3 动物健康组织

日本动物健康组织体系主要由国家动物卫生研究所联合相关国家机构和地方机构完成。国家动物卫生研究所主要负责8项工作：一是用流行病学方法对动物疾病进行调查、分析、预测、预防和经济评价，同时对动物疾病进行实地调查；二是对寄生虫、细菌、病毒和朊病毒等病原体进行鉴定，阐明其传播机制和发病机制；三是从遗传、分子和细胞水平研究动物的免疫机制，开展临床研究，开发诊断、治疗和预防传染病的免疫学方法；四是研究预防日本不常见的、可能对畜禽造成破坏的动物传染病的入侵和传播方法；五是研究生产需求超过动物生理能力时发生的代谢、生殖和泌乳障碍的病理生理学及机制；六是研究动物产品和饲料的安全性，包括开发有毒物质的检测方法、控制毒性的技术、动物产品和饲料的安全性评价；七是生产用于疾病诊断的诊断试剂和疫苗；八是提供一系列与动物卫生有关的课程、培训和其他项目。国家动物卫生研究所庞大的工作体系为日本畜禽的健康和安全保驾护航。

2.4 政府规划项目

2.4.1 亚太地区动物遗传资源保护与利用项目

为了保护亚洲地区的动物遗传资源，1993年12月日本开始资助实施"亚太地区动物遗传资源保护与利用"项目，项目期限为4年，项目包括12个亚洲国家（不丹、中国、印度、印度尼西亚、老挝、马来西亚、缅甸、尼泊尔、巴基斯坦、菲律宾、泰国、越南）。项目活动包括评估单个家畜品种和种群的现状、制定保护和提高本地畜禽品种生产力的计划、实施各国政府专家培训计划、项目成果的公布和传播、区域网络的建立。位于泰国曼谷的FAO亚洲及太平洋区域办事处为该项目的基地，负责项目的全面实施。但是由于日本与亚洲国家之间的动物遗传资源交流并不积极，项目效果不明显。

原因主要有两点：一是日本家畜缺乏高生产力和适合日本条件的优良性状；二是即使某些畜禽品种对两个国家都有吸引力，但考虑到国家利益，也不能将它们带出本国，这一障碍在未来可能会变得更突出。此外，还有口蹄疫和其他疫病的传播威胁也阻碍了遗传资源的交流。

2.4.2　国家生物资源计划

国家生物资源计划（NBRP）是日本生命科学研究的基础，包括动物、植物、微生物的系统、种群、组织、细胞、基因材料等信息。收集、保存、提供生物资源的同时，以提高生物资源的质量为目标，通过基因组信息等的解析、保存技术等的开发来提高生物资源的附加价值。日本第六期计划（2021—2025 年）中，提出"作为数据驱动型研究的基础，推进以基因组数据为代表的信息基础和生物遗传资源等的战略性、系统性建设"。

2.4.3　本地马保护项目

在本地马中，来自 ToiCape 地区的 Misaki 马已被指定为日本国家自然宝藏。1977 年以来，日本每年都会召开保护包括 Misaki 马在内的 8 种本土马群项目联络会议，在会议上会介绍目前本土马的发展状况，并商议未来将要采取的具体保护措施。

2.4.4　自然宝藏保护项目

有 19 个日本本土畜禽品种被指定为日本国家自然宝藏。包括三岛牛、Misaki 马和一些鸡的品种。保护措施包括提供补助金和具体措施，补助金由该品种生活所在的市政当局提供。

2.5　国际合作

2.5.1　参加国际组织和公约

日本参与了多个国际动物遗传资源保护和利用组织。如派遣专家参加制定动物遗传资源全球战略的非正式专家小组和 FAO 设立的动物遗传资源政府间技术工作组。

对于非洲地区动物遗传资源的保护，国际农业研究组织国际农业研究磋商小组（CGIAR）下属的 ILRI（总部设在埃塞俄比亚的国际牲畜研究所）在若干的研究领域实施行动。日本专家被派遣到 ILRI，担任理事会成员。此外，日本还加入了《生物多样性公约》《拉姆萨尔公约》等有关动物多样性的条约，并在这些条约的基础上，与周边国家合作，建立国际保护区和国家生物多样性战略。《生物多样性公约》是于 1992 年 6 月 1 日由联合国环境规划署发起的政府间谈判委员会第七次会议上通过的，日本作为第 18 个成员国签署了该条约。该条约第六条要求各成员国政府制定旨在保护和可持续利用生物多样性的国家战略。作为对该公约的回应，日本政府于 1995 年 10 月制定了《国家生物多样性战略》，并于 2002 年进行了修订。

2.5.2　参与国际联合研究

日本家畜改良协会参与牛血型检测领域的国际比较研究，这种研究每隔一年进行一次。还参加多中心协调测试、DNA 标记标准化联合研究，以及在全球范围内选择国际上可接受的标准标记的初步工作等。

2.6 畜禽遗传资源保护资金的来源

日本畜禽遗传保护资金主要来源于政府和相关协会,政府的保护资金主要通过项目的形式提供,如"自然宝藏保护项目",保护资金由自然宝藏畜禽生活地的政府来承担。日本畜牧产业协会与其附属组织,如县畜牧业协会、农业合作社和监督动物生产的社会组织也会提供一部分资金用于畜禽遗传资源保护。

3 对中国的启示

日本本土的畜禽遗传资源贫乏,但目前拥有55种以上的畜禽品种,这主要得益于先进的畜禽遗传资源保护技术和优秀的畜禽遗传资源保护体系,这对中国畜禽遗传资源的保护具有借鉴意义。

3.1 不断提升畜禽遗传资源保护技术水平

畜禽遗传资源保护技术在一定程度上决定了畜禽遗传资源保护能力。近年来,虽然中国的生物技术发展很快,水平不断提高,但是遗传物质的保存还存在一些瓶颈,如猪的胚胎移植困难导致中国生猪的胚胎冷冻至今也没有进行规模化生产(白佳桦等,2012;张德福等,2021);由于保存禽类的精液相当于只保存了一半的染色体,需要更好的保存技术对禽类完整的遗传物质进行保存(郝祖慧,2021)。日本生物技术水平较高,早在20世纪初期,人工授精、受精卵移植、体内外受精、克隆牛等技术已开始应用,目前基因组测序技术已广泛应用于畜禽遗传物质的保护。

建议中国应该着力提升畜禽遗传保护技术的水平,突破技术瓶颈,开展包括生殖细胞冷冻保存,cDNA文库的构建,以及生殖细胞、体细胞克隆等技术的更深一步的研究。建立可以大幅度提高畜禽繁殖效率的性别控制、体外胚胎生产为代表的配子胚胎操作技术体系,建立高效、安全的体细胞重编程技术,构建以克隆、干细胞为代表的新型畜禽繁殖技术等。

3.2 对畜禽遗传资源及其生存环境进行规定,并通过法律保护

除了畜禽遗传资源本身,畜禽的生存环境对于畜禽遗传资源保护也非常重要,生存环境不好会直接影响畜禽的健康状况和繁殖能力,严重时甚至会造成畜禽的死亡甚至灭绝。日本非常重视对畜禽生存环境的保护,设立了《自然财产保护法》,对畜禽生存环境标准进行规定,若发现畜禽的生存环境不合格,经过评估后确定不合格的,要求该畜禽的管理机构或者所有人进行整改,直至合格。

中国还没有建立与畜禽养殖环境相关的法律法规,很多养殖场(户)的畜禽养殖环境堪忧,对动物福利的认识不够,对畜禽遗传的资源保护认识不足,建议中国建立

保护畜禽遗传资源生存环境的法律法规和畜禽养殖环境的标准，尤其对于一些珍贵稀少的畜禽遗传品种的保护要制定更加严格的法规和标准。

3.3 建立地方畜禽品种标识和产品标准体系

日本非常重视地方畜禽品种的标识和产品标准的建立，对很多地方畜禽品种进行了地理或品牌标识，并针对有标识的畜禽品种进行专门宣传，以应对市场的需求。同时制定的《农林产品标准化和适当标识法》规定了地方畜禽品种的生产方法，保护畜禽遗传资源的知识产权，激发了市场和育种者的活力和热情。

中国拥有很多优质的地方畜禽品种，但仍有一些优质地方畜禽品种没有进行标识，不为消费者所知，产品的标准体系也没有通过法律规定，中国地方畜禽品种标识和产品标准体系还需要进一步完善。

3.4 支持畜禽遗传资源的国际合作研究

日本作为畜禽遗传资源研究水平较强的国家，派遣专家参加制定动物遗传资源全球战略的非正式专家小组和FAO设立的动物遗传资源政府间技术工作组。国内的家畜改良协会参与牛血型检测领域的国际比较研究、DNA标记标准化联合研究等。

参与国际合作研究，通过共同合作既可以不断提高本国的畜禽遗传资源研究技术水平，也可以加强畜禽遗传资源的国际交流，增加畜禽遗传改良资源素材，从而整体提升国家的畜禽遗传资源保护水平，建议中国更广泛地参与到国际畜禽遗传资源的合作研究中。

3.5 加强对畜禽遗传资源流通管理及知识产权价值的保护

日本政府制定了《畜牧改良育种法》和《防止家畜遗传资源不正当竞争法》，从精液和受精卵的流通管理、知识产权等方面对和牛遗传资源进行保护。我国也可以通过制定相关的法律对国内的冻精、胚胎移植中受精卵的流通和知识产权维护进行规范，一方面保护本国的畜牧遗传资源不受侵害；另一方面也防止本国畜禽遗传资源非法流出。

参考文献

白佳桦，田见晖，刘彦，2012.猪的非手术法胚胎移植进展综述［C］.中国畜牧兽医学会动物繁殖学分会.中国畜牧兽医学会动物繁殖学分会第十六届学术研讨会论文集.哈尔滨，2012：156.

郝祖慧．2021-03-31,技术、资金、人才——畜禽遗传资源基因库建设仍需跨过三道坎［EB/OL］.https：//www.thepaper.cn/newsDetail_forward_11983121.

王加亭，2020.日本畜牧业发展概述［J］.中国畜牧业，552（9）：42-44.

徐廷生，雷雪芹，路德成，等，1999.日本畜禽遗传资源的保存与利用［J］.世界农业
（8）：42-43.
一帆，2022.日本的极致农业［J］.宁波经济（财经视点），577（10）：54-55.
张彬，李丽立，薛立群，等，2005.日本牛的遗传资源［J］.家畜生态学报（1）：74-77.
张德福，冯景松，吴彩凤，等，2021.国内外畜禽基因库保种现状及其应用前景［J］.上海畜牧兽医通讯（4）：1-4.
朱继东，2014.基于美国、澳大利亚、日本畜牧业发展模式和经验分析河南省畜牧业的发展［J］.世界农业，427（11）：165-170.

印度畜禽遗传资源保护现状研究

印度共和国（The Republic of India，India）简称"印度"，地跨东经68°7′～97°25′，北纬8°24′～37°36′，东北部同中国、尼泊尔、不丹接壤，东部与缅甸为邻，东南部与斯里兰卡隔海相望，西北部与巴基斯坦交界，国土总面积约298万平方千米（不包括中印边境印占区和克什米尔印度实际控制区等），居世界第7位，是南亚次大陆最大的国家（国家统计局，2023；外交部，2023）。人口约14.08亿人，居世界第2位，其中，农村人口占总人口的65%。根据国际货币基金组织数据，2023年国内生产总值3.55万亿美元（约合人民币25.02万亿元），增长率7.6%，经济增长潜力巨大。

印度的民族构成复杂，其中，印度斯坦族约占总人口的46.3%，其他较大的民族包括马拉提族、孟加拉族、比哈尔族、泰卢固族、泰米尔族等。印度气候、地形多样，促就了其动物资源的丰富和多样化。气候方面，印度大部分属于热带季风气候，而西部的塔尔沙漠则是热带沙漠气候；地形方面，平原约占总面积的40%，山地只占25%，高原占33%，其他地形占比为2%。此外，印度山地、高原大部分海拔不超过1 000米，低矮平缓的地形在全国占有绝对优势，不仅交通方便，而且在热带季风气候及适宜农业生产的冲积土和热带黑土等肥沃土壤条件的配合下，大部分土地可供农业利用，农作物一年四季均可生长，有着得天独厚的自然条件（商业部，2021；外交部，2023）。

1 畜禽遗传资源现状

1.1 畜牧业现状

畜牧业在印度国民经济体系中占据重要地位。畜牧业不仅是印度经济的重要组成部分，同时也是印度经济增长的重要推动力量，统计资料显示，2021—2022年度印度畜牧业产值约1 300亿美元（约合人民币8 385亿元），占印度国内生产总值（GDP）的4.11%和农业部门总产值的25.6%，畜牧业部门经济增加值占总国民经济增加值（GVA）的4.9%（印度渔业、畜牧业与乳业部，2022；印度动物健康峰会，2022）。印度是畜禽生产大国，根据印度第20次畜牧普查，该国主要畜禽存栏量接近14亿，包括约3.04亿头牛（含水牛、牦牛等）、7 426万只绵羊、1.5亿只山羊、906万头猪和约

8.52亿只家禽[①]（表1）。乳业是印度最重要的畜牧产业，2022年牛奶产量22 610万吨，是世界上最大的牛奶生产国。印度最主要的奶牛品种是穆拉水牛、尼里水牛，这些品种产奶量虽然比不上荷斯坦奶牛，但一个泌乳期产量也可达到2 000千克以上，乳脂率和干物质含量高，且适合当地炎热的气候特点以及饲养习惯，成为这些地区很好的产奶源。此外，印度的山羊、家禽生产也在世界上名列前茅，是世界前五的羊奶、鸡蛋生产国（印度动物健康峰会，2022）。印度山羊养殖的主要品种包括贡布里山羊（Gaddi Goat）、贾木纳帕里山羊（Jamunapari）等，它们主要用于奶山羊的养殖，产奶量较高且质量良好，在印度乳制品市场具有重要地位。印度鸡养殖选用的最重要的品种是巴拉马斯鸡（Brahma Chicken），巴拉马斯鸡是一种大型鸡品种，体型庞大，肉质丰富，且适应力强，它们具有厚实的羽毛和强壮的体格，是印度非常受欢迎的肉鸡品种。此外，柯克斯鸡（Kadaknath）也是印度一种独特的本地鸡品种，尤其在中央邦地区广泛饲养，它们以其黑色的羽毛和美味的肉而闻名。

表1 印度各畜种数量

序号	物种	2012年畜牧普查（第19次）	2019年畜牧普查（第20次）	增长率/%
1	牛	1.91亿头	1.93亿头	1.34
2	水牛	1.09亿头	1.10亿头	1.06
3	牦牛	8万头	6万头	−25.00
4	亚洲野牛	30万头	39万头	30.00
	总牛数	3亿头	3.04亿头	1.26
5	绵羊	6507万只	7426万只	14.12
6	山羊	1.35亿只	1.49亿只	10.14
7	猪	1029万头	906万头	−11.95
8	其他	154万头	80万头	−48.05
	总牲畜量	5.12亿头	5.37亿头	4.82
9	家禽	7.29亿只	8.52亿只	16.81

资料来源：Department of Animal Husbandry and Dairying Ministry of Fisheries, Animal Husbandry and Dairying Government of India. Annual Report 2021–2022 [EB/OL]. https://dahd.nic.in/sites/default/filess/AnnualEnglish.pdf.

1.2 畜禽资源情况

印度畜禽遗传资源丰富。根据FAO家养动物多样性信息系统（Domestic Animal Diversity Information System，DAD-IS）数据，印度有16大类畜种，共计362个品种，畜禽主要有牛、水牛、山羊、绵羊以及家禽等。

在牛的饲养方面，印度有30种本土品种的牛（Cattle）（非定性品种不包括在内），

---

① 需要注意的是，因为印度的畜牧业规模很大，而且许多养殖户没有正式注册或报告其养殖数量，印度年度畜牧存栏数据与实际情况有较大偏差。因此，在这里没有采用最新的年度数据，而是采用的是印度2019年的畜牧普查数据，准确性更高。

根据其用途可以分为乳用、役用和兼用三种①（表2）。值得注意的是，印度人普遍遵循印度教，在印度许多地区牛被视为神圣的动物，杀害或食用牛肉被视为不道德和冒犯宗教信仰的行为，因此，大多数印度人会避免食用牛肉。正因如此，印度牛主要分为奶用和役用类别，而没有食用。在印度有10种已认证的水牛品种（表2），这其中穆拉水牛是最好的奶牛品种，也是最受欢迎的品种。

山羊主要有20个主要品种，品种多样性与该地区的地理和生态、环境变化、生产系统和该品种的遗传潜力有关，在温带喜马拉雅地区的山羊拥有最优质的羊毛，如克什米尔山羊（Changthangi）、青稞山羊（Chegu）；在北部和西北部地区发现的山羊品种体型都很大，主要用途是肉用和奶用，如贾木纳帕里山羊（Jamunapari）、马尔瓦里山羊（Marwari）等。

在印度有40个品种的绵羊，由于品种间的杂交混合，很多绵羊难以描述其品种，按照用途划分大概可以分为服装毛品种、地毯毛品种、肉用品种、肉类和地毯毛兼用品种，这其中比较著名的品种有以优质羊毛著称的马格拉（Magra），高繁殖力的加洛尔（Garole），还有高抗逆性的马尔瓦里（Marwari）、德坎尼（Decanni）等。

印度大约有18种家禽被记录在案，如阿塞尔（Aseel）、卡达克纳特（Kadaknath）、克什米尔法维罗拉（Kashmir Faverolla）等，目前还有大量品种的状况尚不清楚。此外值得注意的是目前印度大多数家禽种群是商业杂交种，如白来航（White Leghorn）、康尼什（Cornish）、巴德普利茅斯罗克（Barred Plymouth Rock）、罗德岛红鸡（Rhode Island Red）、黑澳洲鸡（Black Australorp）等（Department Of Animal Husbandry & Dairying Ministry of Agricuclture Government of India，2003；Ahmad 等，2019）。

受全球化、商业化趋势发展，高性能的外来品种逐渐替代本土品种，另外再加上城市化、工业化带来的环境破坏、役用需求降低、小农户比例降低等因素影响（Seré 等，2008；Joshi，2012），印度部分畜禽品种陷入消亡危机中（表3）。某些牛品种，如纳戈里（Nagori）、哈里亚纳（Hariana）、蓬瓦尔（Ponwar）、凯里加尔（Kherigarh）、默瓦蒂（Mewati）、哈利卡尔（Hallikar）等，由于农业机械化的普及品种正在减少（Department Of Animal Husbandry & Dairying Ministry of Agricuclture Government of India，2003）。虽然水牛品种的数量没有减少，但像巴达瓦里水牛、尼利-拉维水牛和托达水牛等水牛品种的数量正在下降。另外值得注意的是，印度还有大量品种未进行信息普查，有超过40%的本土品种缺乏相关种群数据（表3），这会导致部分品种在悄无声息中消逝，目前，印度正在加快动物普查与种质登记（Department Of Animal Husbandry & Dairying Ministry of Agricuclture Government of India，2003；S. Bhatia and R.

---

① 根据使用情况，印度畜禽品种可以分为以下几种主要类别。（1）乳用畜禽种类，该组主要包括牛、水牛和山羊，骆驼和绵羊也在一定程度上有贡献，但它们的贡献很小。（2）役用畜禽种类，该组包括公牛（阉割雄牛）、水牛、骆驼、马、小马、骡子、驴和牦牛。（3）肉用畜禽种类，包括水牛、牛、山羊、猪、绵羊和家禽，兔子、牦牛也有一定的贡献。（4）毛用畜禽种类，包括绵羊、安哥拉山羊。（5）蛋用畜禽种类，主要由鸡和鸭组成（国别报告，2003）。

Arora，2005；R K Pundir 等，2013；印度国家动物遗传资源局，2021）。

表2 部分已查明的印度重要畜禽品种

畜种	品种
牛	萨希瓦尔（Sahiwal）、吉尔（Gir）、拉提（Rathi）和红信德（Red Sindhi）
	阿姆里特马哈尔（Amritmahal）、巴秋尔（Bachaur）、巴尔古尔（Bargur）、丹吉（Dangi）、哈利卡尔（Hallikar）、坎盖亚姆（Kangayam）、肯卡萨（Kenkatha）、凯里加尔（Kherigarh）
	迪奥尼（Deoni）、高劳（Gaolao）、哈里阿纳（Hariana）、坎克雷杰（Kankrej）、克里希那山谷（Krishna Valley）、梅瓦提（Mewati）、昂戈尔（Ongole）和塔尔帕卡尔（Tharparkar）
水牛	穆拉水牛（Murrah）、尼利-拉维水牛（Nili-Ravi）、贾法拉巴德水牛（Jaffarabadi）
	梅萨纳水牛（Mehsana）、马拉特瓦达水牛（Marathwada）、那格浦水牛（Nagpuri）、潘哈尔普里水牛（Pandharpuri）、巴达瓦里水牛（Bhadawari）、苏尔蒂水牛（Surti）、托达水牛（Toda）
山羊	克什米尔山羊（Changthangi）、Chegu（青稞山羊）
	贾木纳帕里山羊（Jamunapari）、马尔瓦里山羊（Marwari）、扎拉瓦迪山羊（Zalawadi）、贝塔尔山羊（Beetal）、库奇山羊（Kutchi）、锡罗希山羊（Sirohi）、巴巴里山羊（Barbari）
	桑加姆内里山羊（Sangamneri）、奥斯曼阿巴迪山羊（Osmanabadi）、卡奈阿杜山羊（Kanai Adu）、马拉巴里山羊（Malabari）
	甘杨山羊（Ganjam）、孟加拉黑山羊（Black Bengal）
	贝兰山羊（Barren goat）、特里萨山羊（Teressa）、比达里山羊（Bidari）、阿萨姆山羊（Assamese hill goat）、阿塔帕迪黑山羊（Attapady Black）、马可尔山羊（Markhor）、喜马拉雅野山羊（Himalayan Ibex）、喜马拉雅岩羊（Himalayan Tahr）、尼尔吉利岩羊（Nilgiri Tahr）
绵羊	马格拉（Magra）、昌塔吉（Changthangi）、加洛尔（Garole）、马尔瓦里（Marwari）、德坎尼（Decanni）、乔克拉（Chokla）、帕坦瓦迪（Pattanwadi）、曼德亚（Mandya）、马尔瓦里（Marwari）、德干尼（Decanni）、哈桑（Hassan）、贾伊萨尔米（Jaisalmeri）、乔克拉（Chokla）、克赫里（Kheri）、曼杰尔（Munjal）、比昂（Biang）、冬巴（Dumba）、巴拉特美利诺（Bharat Merino）、阿维卡林（Avikalin）等
马	喀蒂阿瓦里（Kathiawari）、马尔瓦里（Marwari）、不丹马（Bhutia）、曼尼普尔（Manipuri）、斯皮提（Spiti）、赞斯卡尔（Zanskari）
驴	印度驴（Indian donkeys）、印度野驴（Indian wild）、藏野驴（Kiang）
骆驼	梅瓦里骆驼（Mewari）、贾沙梅尔骆驼（Jaisalmeri）
猪	得斯猪（Desi）、戈里猪（Ghori）、安卡马利猪（Ankamali）、尼科巴猪（Nicobari pigs）、安达曼野猪（Andaman wild pigs）、杜姆猪（Doom）、古恩格鲁猪（Ghungroo）
鸡	阿塞尔（Aseel）、卡达克纳特（Kadaknath）、克什米尔法维罗拉（Kashmir Faverolla）、米里（Miri）和尼科巴里（Nicobari）、白莱赫恩（White Leghorn）、康尼什（Cornish）、巴德普利茅斯罗克（Barred Plymouth Rock）、罗德岛红鸡（Rhode Island Red）、黑澳洲鸡（Black Australorp）、吉拉贾（Giriraja）、瓦纳拉贾（Vanaraja）、克里希纳-J（Krishna-J）、亚穆纳（Yamuna）、卡林加布朗（Kalinga Brown）、达恩拉贾（Dhanraja）、米提尤尼杰（Mrityunjay）、卡里金（Cari Gold）、德本德拉（Debendra）、南达南-I（Nandanam-I）、吉拉尼（Girirani）、阿图拉（Athula）、格拉马拉克什米（Gramalakshmi）、格拉马普里亚（Gramapriya）
鸭	印度奔鸭（Indian Runner）、纳格瑟瓦里（Nageshwari）、塞舌尔（Sythetemete）、库塔纳杜鸭（Kuttanadu Chara）、斑节雉（Chemballi）、卡其坎贝尔鸭（Khaki Campbell）

资料来源：Department Of Animal Husbandry & Dairying Ministry of Agricuclture Government of India，2003；Ahmad 等，2019。

表 3 印度畜禽品种濒危等级划分及现状   单位：个

等级	数量	
	本土品种	跨境品种
灭绝	0	0
濒临灭绝	2	3
濒临灭绝—维持	2	0
濒危	5	8
濒危—维持	6	0
处于危险的	8	1
安全	140	41
未知	125	21

资料来源：Pundir 等，2013；DAD–IS 系统 https：//www.fao.org/dad-is/risk-status-of-animal-genetic-resources/en/。

1.3 畜禽遗传资源保护方式

印度畜禽遗传资源保护主要采取原地保护（核心群保种）和异地保护。

原地保护方面，依据政府专门的原地保护项目，印度在品种的本地区域建立大量原地保护单位。一般情况下，选择的原地保护单位都是有一定规模的牧场。在这些保护单位中，每个品种会根据个体表现选择近百只不相关的优良雌性个体，并与同一品种的雄性个体交配，而对应的养殖户会得到为期两年的奖励来继续饲养这些动物。在这个过程中，精液加工等相关费用由国家畜牧遗传资源局提供，政府希望通过前期的资助推动形成良性的保护机制，即农民通过提供种源获取收费从而实现长期可持续发展。除此之外，原地保护项目中还有大学、研究机构等组织的参与，这些机构会为牧场提供技术和服务支持（Department Of Animal Husbandry & Dairying Ministry of Agricuclture Government of India，2003；印度国家动物遗传资源局，2021）。

除了上述专门的原地保护单位，某些养殖场和自然保护区也具备原地保护功能。为了改善各种牲畜和家禽品种，印度政府为印度本土畜禽品种建立了大量饲养场，这其中的某些饲养场也承担着原地保护中心角色（国别报告，2003）。为保护生态系统和生物多样性，印度设立了大量自然保护区，在生态区有禁止农药化肥使用、禁止开发树木、限制养殖品种、强化监管等规定，因此客观上这些生态区也承担了畜禽原地保护区的功能。这些自然保护区的开设有助于印度探索可持续畜牧业发展，并为有价值的动物遗传多样性提供保护，为促进动物品种的遗传改良提供良好的资源。

异地保护方面，印度保存着本国特有的牛、山羊、绵羊、马和驴等品种的冷冻精液和胚胎。印度国家动物遗传资源局（National Bureau of Animal Genetic Resources）于1984年成立，负责该国畜禽遗传资源的鉴定、评估及保护利用，并建立了国家动物基因库，共收集了包括牛、水牛、绵羊、山羊、骆驼、牦牛和马等31个品种的97 835剂冷冻精液（表4）。

表 4　印度国家动物基因库保存品种与冻精数量

动物	品种/个	雌性动物/个	冻精/剂
牛	16	104	39 936
水牛	8	76	36 653
山羊	2	33	11 093
马	2	6	490
绵羊	1	20	8 375
骆驼	1	15	928
牦牛	1	3	360
总计	31	257	97 835

资料来源：张德福，2021。

1.4　畜禽基因库建设

印度畜禽资源基因库主要由1984年成立的印度国家动物遗传资源局管理统筹，该机构历史悠久，但其信息库建设时间并不长，畜禽资源信息收集和利用水平不及欧美发达国家。国家动物遗传资源局主要通过系统/试点实地调查以评估农民的社会经济状况、羊群/牛群结构、种群状况、饲养、繁殖和管理实践、表型特征、身体生物统计和生产绩效以及活畜的营销，值得注意的是本地品种的生产性能等信息必须是在其栖息地的农业气候条件下进行评估和记录。收集后的数据信息通过出版物、品种专论、计算机数据系统等多种形式记录，根据记录的信息来制定新的战略以改良和保护品种。

印度国家动物遗传资源局建设的遗传资源数据库目前主要提供两大功能，第一大功能是提供基础信息（信息系统：Information System of Animal Genetic Resources of India；Mobile Enabled Interface for Information System of Animal Genetic Resources of India）。该部分主要提供五方面的信息：一是一般信息，包括物种名称、繁殖地及特征、用途、起源、是否登记、环境适应性等内容。二是形态信息，包括颜色、可见特征、身高/长、重量等内容。三是管理信息，包括管理系统、饲养方式、经营状况等内容。四是性能表现信息，包括初产年龄（平均月数）、分娩间隔（月）、泌乳量、乳脂等内容。五是品种数量信息，主要依据普查信息数据。第二大功能是提供基因信息［信息系统：Tissue Specific Single Nuclcotide Polymorphisms（SNPs）in Livestock Species］。通过选取品种，可以输出dbSNP名称[①]（dbSNP name）、基因名称（Gene

---

[①] dbSNP名称：dbSNP是"单核苷酸多态性数据库"的缩写，是一个公共数据库，收录了单核苷酸变异（SNV）和小片段插入/删除（Indel）等遗传变异信息，dbSNP名称是指这些遗传变异的命名，以便研究人员能够准确地识别它们。

name）、染色体名称（Chromosome Name）、组装（Contig）①、序列（Sequence）②。但值得注意的是，印度基因信息建设仍处于初步阶段，系统中目前仅提供四种动物（猪、鸡、水牛、奶牛）的基因信息（印度国家动物遗传资源局，2023）。除此之外，还有一些数据库提供畜禽资源信息，例如，一些关于 AnGR 的信息可以在 DAD-IS 中获得；班加罗尔动物疾病监测和监测项目理事会正在维持着一个关于动物疾病监测的数据库；另外，部分部门或组织还建立有不开放的私人数据库。

1.5 种畜禽资源贸易情况

印度的畜禽遗传资源贸易总体呈现较为平衡的状态（表5、表6）。印度从其他国家进口了一些高品质的畜禽品种，如种鸡、奶牛、鲑鱼等，以提高印度本土的畜禽品质和生产水平。同时，印度也向其他国家出口各种家禽和家畜的遗传资源，如各种品种的鸡、鸭、鹅、牛、山羊、绵羊等，出口市场主要是中东、非洲、东南亚等地区。

在品种上，山羊是印度国际贸易出口的最重要畜种，2021年出口超20万只，价值超9 000万美元，居世界第二位；其他畜禽品种进出口贸易在国际市场的排名均较为靠后，印度总出口的90%以上都是由山羊贡献的（表5）。总体来看，其畜禽遗传贸易并不发达，这可能与印度的小农特征有关。

表5 印度 2015—2021 年主要畜禽种质资源出口数量与出口额

种质资源	项目	2015年	2016年	2017年	2018年	2019年	2020年	2021年
牛精液	数量/千克	-	-	70	70	-	-	55
	价值/万美元	-	1.5	2.2	1.4	-	-	0.9
马[1]	数量/匹	21	57	-	106	10	-	104
	价值/万美元	0.9	2.6	1.9	19.8	0.6	-	1.0
牛[1]	数量/头	2	-	-	70	-	-	-
	价值/美元	310	-	-	55 260	-	-	-
猪[1]	数量/头	1 152	2 365	1 065	338	-	-	-
	价值/万美元	7.0	14.5	6.9	2.0	-	-	-
活绵羊	数量/万只	38	21.37	0.45	3.29	3.22	2.71	0.99
	价值/万美元	0.2	1 112.1	308.3	145.7	138.1	92.5	50.9
活山羊	数量/万只	23.1	49.6	42.5	50.9	32.0	14.3	21.8
	价值/万美元	926.2	2 501.7	2 266.7	2 736.2	1 467.9	402.6	947.9

---

① Contig：在基因组学中，Contig 是指由若干个连续的重叠 DNA 片段组成的序列，Contig 是基因组组装的一个重要概念，它是将基因组测序结果组装成一个连续的序列的中间步骤。

② 序列：在生物学中，序列通常指 DNA、RNA 或蛋白质的线性排列。DNA 和 RNA 的序列由四种不同的核苷酸单元组成，而蛋白质的序列由 20 种不同的氨基酸单元组成。序列是生物体遗传信息的基本单位，在生物学和生物技术研究中广泛应用。

续表

种质资源	项目	2015年	2016年	2017年	2018年	2019年	2020年	2021年
活家禽[2]	数量/万只	8.1	1.1	5.0	23.7	8.1	15.8	71.6
	价值/万美元	21.3	5.6	15.0	73.2	27.6	22.4	63.7
活家禽[3]	数量/万只	–	–	–	–	–	–	0.29
	价值/万美元	–	–	–	–	–	–	0.61
活家禽[4]	数量/只	1 384	–	3 120	–	–	1	–
	价值/万美元	7.6	–	0.2	–	–	0	–
活家禽[5]	数量/万只	5.6	3.2	5.6	13.2	7.9	2.5	0.6
	价值/万美元	12.0	4.9	18.3	39.4	27.0	10.0	0.3

注：[1] 活的纯种繁殖动物；[2] 鸡种，重量不超过185克；[3] 鸡种，重量超过185克；[4] 鸭、鹅、火鸡和珍珠鸡，重量不超过185克；[5] 鸭、鹅、火鸡和珍珠鸡，重量超过185克。

数据来源：World Integrated Trade Solution（WITS），https：//wits.worldbank.org/。

表6　印度2015—2021年主要畜禽种质资源进口数量与进口额

种质资源	项目	2015年	2016年	2017年	2018年	2019年	2020年	2021年
牛精液	数量/千克	–	–	240	205	617	165	387
	价值/万美元	36.2	167.9	38.7	6.4	37.7	15.0	13.3
马[1]	数量/匹	9	8	2	–	6	9	34
	价值/万美元	11.8	15.5	0.8	–	29.7	17.4	144.5
牛[1]	数量/头	158	13	99	–	–	–	–
	价值/万美元	175.8	7.0	109.9	–	–	–	–
猪[1]	数量/头	–	–	–	–	–	262	–
	价值/美元	–	–	–	–	–	670.31	–
活绵羊	数量/只	–	–	–	–	–	900	–
	价值/万美元	–	–	–	–	–	3 116.02	–
活家禽[2]	数量/万头	17.9	11.5	9.6	22.1	7.7	6.3	8.6
	价值/万美元	354.4	302.4	258.7	541.8	280.0	296.4	376.4
活家禽[3]	数量/只	–	–	22 000	–	8	–	–
	价值/万美元	–	–	1.2	–	0.1	–	–

注：[1] 活的纯种繁殖动物；[2] 鸡种，重量不超过185克；[3] 鸡种，重量超过185克；[4] 鸭、鹅、火鸡和珍珠鸡，重量不超过185克；[5] 鸭、鹅、火鸡和珍珠鸡，重量超过185克。

数据来源：World Integrated Trade Solution（WITS），https：//wits.worldbank.org/。

2 畜禽遗传资源保护管理体系

2.1 保护主体

2.1.1 政府管理部门

（1）中央部委

畜禽遗传保护与利用在印度是一个多部门管理重叠的领域，相关政府管理部门有印度农业和农民福利部（Ministry of Agriculture and Farmers Welfare，MoAFW）、印度渔业、畜牧业与乳业部（Ministry of Fisheries, Animal Husbandry and Dairying，FAHD）、环境、森林和气候变化部（Ministry of Environment, Forest and Climate Change，MOEFCC）、科学技术部（Ministry of Science and Technology）、印度农业研究理事会（Indian Council of Agricultural Research，ICAR）等（刘丑生，2008）。

印度农业和农民福利部下属两个司，它们都是畜禽保护利用的重要管理主体。农业研究和教育司（department of Agricultural Research and Education，DARE）主要负责畜禽遗传资源研究与教育方面的有关内容，DARE下属中央农业大学和大量的研究机构，为畜禽遗传保护提供长远有力支撑，主要任务包括负责开展畜禽遗传资源的研究，了解各个品种的遗传特征和性状；运营多个畜禽遗传资源中心，负责保存和维护珍贵的遗传资源；科学方法培育高产高效的品种，帮助农民提高生产效率和收入；提供技术支持和培训，帮助兽医、畜牧专业人员和农民更好地管理和利用畜禽遗传资源。农业和农民福利司（Department of Agriculture and Farmers Welfare，DAFW）主要职能是通过协调和促进农业发展、制定和执行农业政策、农业研究和技术推广、监督和管理农业市场等方式来确保农业生产和农民福利，而DARE的畜禽遗传工作最终也是为了发展农业生产和农民福利，因此，在一定程度上，这两个部门在畜禽遗传资源保护与利用方面的工作中是协同一致、紧密结合的。印度渔业、畜牧业和乳业部及其下属的畜牧和乳业司（Department of Animal Husbandry and Dairying，DAHD）在管理职能上与MoAFW有一定重叠，但其管理对象更加具体，主要针对渔业、畜牧业和乳业发展，在畜禽遗传资源保护与利用上也同样发挥着巨大作用。印度科学技术部主要通过资助科学研究、支持技术创新和转化、建设科技平台、提供科研资源和国际合作等方式，促进畜禽遗传资源的保护和利用。另外，印度的环保部门，即环境、森林和气候变化部从资源和环境保护的角度出发也会深度参与畜禽遗传资源保护工作中，如其下属的国家生物多样性总局（National Biodiversity Authority，NBA）就在保护畜禽动物多样性方面发挥着巨大作用。印度农业研究理事会是一个负责规划、开展和协调印度的农业研究和教育的国家级机构，其下属的研究机构（如印度国家乳制品研究所、印度兽医研究所、国家动物营养与生理学研究所、国家研究中心等）开展各种改进和管理畜禽遗传资源的研究，并为其教育培养专业性人才（印度农业和农民福利部官网；印度渔业、畜牧业和乳品部官网；印度环境、森林和气候变化部官网；印度科学技术部官网；印度农业研究理事会官网）。

（2）推广机构

ICAR 还成立了国家动物遗传资源局（National Bureau of Animal Genetic Resources，NBAGR），这是印度畜禽遗传资源管理最重要的机构之一，也是畜禽遗传的最直接管理部门。它的主要职责是畜禽遗传资源的鉴定、评价、表征、保护、可持续利用，以及动物遗传资源管理和政策问题的协调和能力建设。该机构历史悠久，最早可追溯至1926年。在1984年，ICAR-国家动物遗传资源局/动物遗传研究所（ICAR-National Bureau of Animal Genetic Resources/Institute of Animal Genetics，ICAR-NBAGR/NIAG）在班加罗尔正式成立，1995年两机构合并，以 ICAR-国家动物遗传资源局（ICAR-NBAGR）的形式作为一个单位运作（印度国家动物遗传资源局官网）。NBAGR 的主要目标和任务有四方面：一是开展系统调查，对农场畜禽遗传资源进行特征描述、评估和编目，并建立国家数据库。二是设计用于畜禽遗传资源的异地保护和就地管理以及优化利用的方法。三是利用分子细胞遗传学、免疫学、DNA 指纹图谱、RFLP 分析等现代生物学技术进行遗传表征研究。四是开展与动物遗传资源的评价、特性描述和利用相关的培训计划（印度国家动物遗传资源局官网）。该局还作为动物遗传资源网络计划（AnGR）和国家土著品种牛基因组中心的协调中心（印度国家动物遗传资源局，2021）。

2.1.2 非政府组织与个人

非政府组织和个人也是畜禽遗传资源保护与利用工作的重要主体。农民实际上是 AnGR 的独家保管人，是基层真正和最重要的利益相关者，印度有大量的农场，他们是大量畜禽遗传资源的直接保管人，对畜禽保护与利用起到直接作用。企业、行业协会也是参与畜禽遗传资源保护与利用的直接力量，它们会直接参与印度的国家基因改良计划，如印度农业工业基金会（Bhartiya Agro Industries Foundation，BAIF）参与了牛和水牛改良，还有些为提升肉鸡产量的私人商业公司参与了鸡基因改良（国别报告，2003）。大学是重要畜禽资源保护利用的决策支持和科学服务主体，在印度几乎所有的畜禽保护项目都有大学参与（印度国家动物遗传资源局，2021；国别报告，2003）。印度还有一些极具特色的保护主体，因习俗、信仰、生活习惯等原因客观上参与到畜禽遗传资源保护中，如宗教和慈善组织，摩诃特（Muths）、慈善牧场（Panjrapoles）、牛之家（Gaushalas）等；民族社区[①]，拉贾斯坦邦的拉伊卡人牧民社区等（国别报告，2015）。

2.2 法律法规制度

2.2.1 法律法规

印度中央政府和各部委制定的畜禽遗传资源保护相关法律规定较多，但直接针对畜

[①] 印度是一个多民族国家，部分地方民族生活相对独立，具有特殊的生活习惯和传统习俗。以某些民族为中心建立的民族社区尊重当地民族的生活习惯，允许他们保留特殊的畜禽养殖传统，这在某种程度上是有利于保护畜禽遗传资源的（国别报告，2015）。

禽遗传资源保护与利用的法律很少。印度相关法律规定相对陈旧，一般公众甚至都不知道这些法律规定的存在（国别报告，2003）。纵然是某些相关法律经过多次修订，但关于畜禽遗传资源相关规定也并未作出大的变动，如印度 2021 年修订的《海关法》、2020 年修订的《进出口（管制）》、2018 年修订的《国家乳制品发展委员会法案》都是如此。在缺乏适当政策支持的强有力法律规定的情况下，致力于保护 AnGR 的各个机构所作的努力仍然很薄弱（国别报告，2003）。表 7 列出了该国现有的一些法律规定。

表 7　印度畜禽遗传资源相关法律

法案	内容
1947 年 进出口（管制）法案	a）禁止或限制特定项目的进出口； b）关于指定项目运输的规定。
1960 年 防止虐待动物法案	a）对残忍对待动物的限制，包括运输和贸易； b）对为实验目的使用动物的限制。
1962 年 海关法	a）限制或禁止进出口特定物品，具体包括保护人类、动物或植物的生命或健康目的；b）保护不可再生自然资源；c）运输和储存通报物品的管制。
1984 年 印度兽医委员会法案	一项规范兽医实践的法案，具体包括设立一个印度兽医委员会和国家兽医委员会、兽医登记册及与之有关的事项。
1986 年 环境（保护）法案	a）保护环境的一般措施； b）在指定区域限制工业和其他进程/活动； c）预防和控制有害物质，包括制造、使用、释放和移动。
1987 年 国家乳制品发展委员会法案	a）建立一个委员会，促进乳制品发展和其他以农业为基础的行业； b）资助和促进高产乳牛的培育，乳动物和公牛的进出口，精液进口，以及提高相关行业产值。
1972 年《野生动物（保护）法》和 1991 年《野生动物（保护）修正案》	a）禁止狩猎动物的限制； b）保护指定的动物； c）建立和管理保护区和国家公园； d）强化动物园和圈养野生动物的监管； e）强化野生动物商业贸易的监管。
2002 年 生物多样性法	成立国家生物多样性局，严格遗传资源出口管制，开展畜禽遗传资源保护，强化畜禽遗传资源知识产权保护。
2013 年 《国家牲畜政策》	为该国现有的所有主要（哺乳动物）牲畜物种制定了育种政策，并在不同程度上强调了当地适应品种的发展。该政策的其他内容包括促进生殖生物技术的使用和实施保护措施，包括向管理绵羊、山羊、牦牛等品种的迁徙牧民社区提供支持。

2.2.2　国际法律

印度是《生物多样性公约》《名古屋议定书》的缔约国，主张遗传资源主权归国家所有、遗传资源惠益公平分享，奉行平等互利的对外交流政策。印度政府于 2003 年颁布了《生物多样性法》，对生物多样性的获取加强了管制；2004 年又颁布了《生物多样性条例》。在印度联邦颁布的《生物多样性法》（2003）及补充说明的《生物多样性条例》（2004）中明确规定国家对其生物资源及其相关传统知识的主权、保护原则、主管部门和管理体系、获取和惠益分享等问题。2014 年，印度又制定发布了《生物资源及相关传统知识获取规则指南》，对生物考察和利用、商业开发的惠益形式与比例、成果转化程序与惠益分享方式、知识产权获取程序与惠益分享形式、第三方转让为研究或商业利用、豁免审批情况等都作出了明确详细的规定。此外，印度还制定了《印度政府所属科研机构与其他国家科研机构涉及转移、交换生物资源及信息国际协作研究项目指南》（2006）、《生物多样性遗址选取与管理指南》（2011）、《人民生物多样性注册指南》（2013年第二版）、《生物多样性管理委员会运作指南》（2013）等技术文件。印度上述法律、条例及指南的制定与实施对世界上其他国家在生物资源和相关传统知识获取管理制度的制定带来积极影响（武建勇，2017）。为了实施以上的法律规定，印度设置了国家生物多样性总局（National Biodiversity Authority of India，NBA）（独立法人，能够以自己的名义签署协议，承担法律责任），并在各邦都成立了邦生物多样性委员会（林燕梅，2014；刘立甲，2019）。

2.3 科研支撑力量

科技的进步提高了 AnGR 在印度的使用，近年来，通过使用分子生物学方法、生物技术和人工智能等方法作为实施育种方案的工具，已经生产了不同的疾病诊断、更便宜和适当的疫苗。此外，印度还利用育种方法进行遗传改良、平衡饲料生产、流行病学研究和技术推广等，AnGR 的广泛应用对畜禽生产产生了重大影响。

印度农业研究理事会 ICAR 是印度农业领域最高科研机构，其下属的各个研究机构及合作的各个大学构成了印度畜禽遗传资源的主要科研支撑力量。国家动物遗传资源局大力追求其对畜禽遗传资源的评价、鉴定、保护和利用的目标，通过与各州立农业大学合作，以及一定范围内与 ICAR 动物科学研究所、畜牧饲养部、国家畜牧部门和非政府组织等合作，建立了一个全国范围的技术创新网络。国家动物遗传资源局在追求卓越创新研究方面经历了漫长的过程以确定该国广泛分布的畜禽生物多样性及其可持续发展的独特性和遗传潜力。虽然过程艰难，但也取得了一定成就，主要成就包括收集了大多数（＞90%）牛、水牛、绵羊、山羊、马、骆驼和家禽注册品种的表型和遗传特征；鉴定了与不同物种生产、繁殖、环境适应和抗病性状相关的各种主要候选基因的1 600多个SNP；在本土牛和水牛品种中展示了更高频率的理想 A2 β 酪蛋白等位基因；开发保护模型并建立本地牲畜物种数据库等（国别报告，2003；国家动物遗传资源局，https：//nbagr.icar.gov.in/en/message/）。除了国家动物遗传资源局，ICAR 下属的印度畜禽研究所（ICAR-National Institute of Animal Nutrition and Physiology）、印度畜禽品种改良研究所（ICAR-National Bureau of Animal Genetic Resources）、印度兽医研究所（ICAR-Indian Veterinary Research Institute）等也是印度畜禽遗传科研领域代表性机构，一直在致力于努力保护和研究畜禽遗传资源，以确保其可持续利用和发展，其中，印度畜禽研究所主要从事畜禽遗传改良、营养、生理学和生物技术等方面的研究工作；印度畜禽品种改良研究所主要从事畜禽品种改良和保护、基因库建设和管理、传统知识保护和维护等方面的工作；印度兽医研究所主要从事畜禽疾病预防、治疗和控制、兽医生物技术等方面的研究。

大学是参与畜禽遗传资源科研的主要力量之一，在印度各州有30所农业大学专门处理该地区的相关畜禽要求和问题，并培养兽医和动物科学方面训练有素的人才（国别报告，2003）。畜禽遗传研究方面比较具有代表性的大学有印度农业大学（Indian Agricultural University）、印度国立兽医科学大学（National Veterinary Science University）、印度农村发展学院（Institute of Rural Management Anand）等。科学和技术部的生物技术司也十分重视利用生物技术参与畜禽遗传资源保护与利用工作，其主要关注精液、卵子、DNA和细胞系等相关的新技术的开发。某些商业公司、协会、基金会也会参与畜禽基因改良，是畜禽遗传资源科研的支撑力量之一。

2.4 政府规划项目

印度中央各部委以及各地方制定的畜禽遗传相关规划与项目很多，其大部分规划目的明确，针对某一领域或某一方面的不足开展专项攻关。

2.4.1 印度国家牲畜任务（The National Livestock Mission，NLM）

NLM是印度政府在2014年推出的一个计划，旨在提高印度畜牧业的生产力和效益水平，改善牲畜的健康和福利，以及促进畜牧业的可持续发展。该项目主要关注畜牧业的生产力和生产效率提升、动物健康和疾病控制、饲料生产和管理、市场连通性、畜牧人力资源开发等相关内容。国家畜牧任务将绵羊、山羊和猪的遗传改良作为其重要赞助计划，具体赞助活动包括建立畜禽精液生产实验室、建立羊国家精液库、引入进口种质资源等。通过建立畜禽种质资源中心、推广优良种畜、保护濒危品种和促进遗传资源研究等措施，印度国家牲畜任务（NLM）为保护和利用畜禽遗传资源做出了巨大贡献（Government of Assam Animal Husbandry & Veterinary官网；NLM操作指南报告，2021；畜牧和与乳业司年度报告，2022）。

2.4.2 全印度协调研究项目/网络项目（All India Coordinated Research Projects/Networks，AICRPs/Networks）

AICRPs/Networks是由印度农业研究委员会发起的一项重要的农业研究计划，该计划的目标是协调和整合全国范围内的研究机构和研究人员，从而推动印度农业科学的发展和农业生产的提高。它涵盖了多个农业领域，包括作物科学、畜禽养殖、渔业、水资源管理等，通过该计划，各地的研究机构可以共享研究成果和技术，同时也可以共同开展项目研究，协调各方面的资源，提高印度农业研究的整体水平和效率。目前，ICAR已经启动了全印度关于牛、水牛、绵羊、山羊、猪和家禽的协调项目，用于对这些物种的基因改良，以提高牛奶、羊毛、肉、鸡蛋等的生产水平。目前，AICRP/Networks的工作，包括牛和家禽，牛、山羊、绵羊、猪、胚胎移植、微量营养动物生产、动物疾病监测和动物口蹄疫流行病学研究。该项目的基本目标是通过培育高产种/品系，对不同的畜禽进行遗传改良，以适应不同农业气候区的当地环境和高育种效率。另外，还启动了一个单独的网络项目，以鉴定和保护该国的动物遗传资源（印度国家动物遗传资源局，2021）。

2.4.3 国家牛和水牛育种项目（National Project On Cattle And Buffalo Breeding, NPCBB）

印度的国家牛和水牛育种项目是印度政府为了改进印度本土牛品种质量而实施的一项计划。该项目旨在提高印度本土牛种的遗传水平，通过选择、培育、繁殖和推广一些具有良好性状的优质牛种，以提高其产量、品质和适应力，同时也改善了农村地区的养殖环境和养殖方式。NPCBB项目始于2000年，是印度农业和农民福利部及印度农业研究委员会共同推动的计划。该计划的重点是在全国范围内推广人工授精技术和胚胎移植技术，以提高本土牛种的遗传水平。此外，该项目还促进了畜牧业现代化，推广了现代饲养管理技术和疾病防治技术，提高了畜牧业生产的效率和质量。NPCBB项目的实施包括以下几个方面：牛的鉴定和评价，对各品种牛进行身体、血统追溯、性状表现等评估；牛的配种和繁殖，选择高品质的公牛进行配种，推广人工授精和胚胎移植等现代技术；牛的管理和保健，提高饲养管理水平，预防疾病和保护健康；牛的推广和市场化，通过各种宣传和销售方式，鼓励农民和养殖者参与和受益于该项目（国别报告，2003；Pundir等，2013）。

2.4.4 其他项目

其他项目包括牛群登记计划、集约化牛群发展项目、畜牧后代检测计划、国家公羊/雄鹿生产计划（NRBP，NBPP）、"发展驮畜"项目、印度畜牧业发展项目（CADP）等都在一定程度上直接或间接促进印度畜禽遗传资源保护与利用。各部门也会发布一些具有影响力的项目，如畜牧和乳业司（DAHD）通过其部门项目，如中央养牛场（CCBFs）项目、中央牲畜登记计划（CHRS），以试图增加本地品种的数量和生产力（国别报告，2003；Pundir等，2013；国别报告，2015；印度国家动物遗传资源局，2021；畜牧业与乳业司年度报告，2022）。

2.5 保护资金来源

政府一直是并将继续是AnGR保护项目的唯一资助者（国别报告，2003）。印度将实现畜牧业多样化视为提升农民收入增长的主要驱动因素之一，在印度政府规划中，2021—2022年投入98亿卢比（约合人民币8.6亿元），并计划在未来5年投入超过500亿卢比（约合人民币43.6亿元）（畜牧和乳业司年度报告，2022）。这些资金来源广泛分布于印度农业和农民福利部、印度渔业、畜牧业与乳业部、环境、森林和气候变化部、印度科学技术部、印度农业研究理事会等部门。但在具体资助途径上，主要资金来源于印度农业和农民福利部，印度渔业、畜牧业与乳业部和印度农业研究理事会，农业研究理事会专注于科研资金的资助，前者不仅赞助科研资金，还会支持市场开发、畜禽直接保护补贴等方面。

根据《生物多样性法》第27、32和43条的规定，印度在国家、邦和地方社区层面分别成立了国家生物多样性基金、邦生物多样性基金和地方生物多样性基金，将国家生物多样性总局、生物多样性委员会收到的惠益，转给惠益主张人（相关生物资源保育人和传统知识的持有人或社区），以及把基金用于生物资源的保护和研究以促进相关区域的社会经济发展。国家生物多样性基金的来源主要是申请费、赠款、借款以及获取与惠益分享协议规定的特许权使用费。邦生物多样性基金的来源主要是国家生物多样性基金的转移赠款、借款和其他赠款。地方生物多样性基金的来源主要是国家与邦生物多样性基金的转移赠款、借款和其他赠款（朱洪云等，2011；林燕梅，2014）。

畜牧业加工和基础设施发展基金也为畜禽遗传资源保护提供一定的资金来源。根据乳制品加工和基础设施发展基金，允许直接向合格的最终借款人/最终执行机构提供贷款，乳品合作社牛奶生产商公司等有资格获得直接援助。在畜牧业基础设施发展基金的资助下，印度品种改良技术、牛奶试验设备和乳品设备制造、饲料补充剂/饲料添加剂生产等活动得到有效发展（畜牧和乳业司年度报告，2022）。

2.6 国际交流与合作

印度在国际畜禽品种交流合作方面起步较早，一方面，大量的印度本土种质被带到其他国家，并成功地发展成畜群，另一方面，杂交育种被引入印度，以提高该国的牛奶、羊毛、鸡蛋和肉类生产。在种质资源外流方面，和其他发展中国家一样，印度面临着被拥有先进生物技术的发达国家资源掠夺和剽窃的现实，为此印度1994年就启动了制定关于生物资源的保护、获取和惠益分享法律的工作程序，并于2002年通过了《生物多样性法》，于2004年出台并实施《生物多样性条例》，基于这两部法律文本，印度对生物资源及相关传统知识的获取进行管制，并建立起印度的生物资源和相关传统知识的获取与惠益分享制度。在种质资源进口方面，外来品种的引入有利有弊，外来杂交育种的引入大大提高了印度畜禽的生产性能，但也挤压、稀释了本土品种的生存空间，造成部分畜禽品种消亡危机进一步加剧，目前，印度已提出将重点由外来遗传资源的引入转向本土种质资源的开发。

出于有效借用国际资源、优化资源配置的目的，印度认为有必要开展一些国际合作项目。如在巴基斯坦也有繁殖地的红辛迪牛（Red Sindhi）和萨希瓦尔牛（Sahiwal），以及印度与巴基斯坦共享繁殖地的塔尔帕卡尔牛（Tharparkar），需要国际合作项目的帮助。这些牛的生长地区只有很少的机构畜群和私人饲养者，这意味着凭借当地的力量很难进行畜禽品种保护与发展。因此，保护和改善这些品种资源需要双方合作，形成统一的管理和发展方案，以避免任何资金浪费和重复的努力。此外，还需要制定准则，以便在各国之间共享、管理和使用各种形式的数据/信息和种质。国际合作是印度政府未来将要重点强化的发展领域之一。

参考文献

国家统计局，2023. 2022年中国统计年鉴［M］.北京：中国统计出版社.
刘丑生，2008. 巴西与印度畜禽遗传资源多样性保护与利用的研究进展［J］.中国牧业通讯（4）：25-27.

林燕梅，成功，2014. 印度生物遗传资源及相关传统知识获取与惠益分享制度分析［J］. 贵州社会科学（10）：87-91.

刘立甲，2019. 生物遗传资源知识产权保护问题研究［D］. 武汉：武汉大学.

武建勇，李一丁，2017. 印度生物遗传资源和相关传统知识获取制度发展动态研究［J］. 植物遗传资源学报，18（3）：503-508.

印度国家动物遗传资源局数据库，http：//14.139.252.116/Datab.html.

张德福，冯景松，吴彩凤，等，2021. 国内外畜禽基因库保种现状及其应用前景［J］. 上海畜牧兽医通讯（4）：1-4.

中华人民共和国外交部. 印度国家概况［EB/OL］. https：//www.fmprc.gov.cn/web/gjhdq_676201/gj_676203/yz_676205/1206_677220/1206x0_677222/.

中华人民共和国商务部. 对外投资合作国别（地区）指南印度（2021年版）［EB/OL］. http：//www.mofcom.gov.cn/dl/gbdqzn/upload/yindu.pdf.

朱洪云，董海龙，芮亚培，等，2011. 印度的生物遗传资源立法［J］. 世界农业（5）：47-50.

AHMAD S, KOUR G, SINGH A, et al., 2019. Animal genetic resources of India-An overview［J］. International Journal of Livestock Research, 9（3）：1-12.

BHATIA S, ARORA R, 2005. Biodiversity and conservation of Indian sheep genetic resources-an overview［J］. Asian-australasian journal of animal sciences, 18（10）：1387-1402.

Department of Agriculture & Farmers Welfare Ministry of Agriculture & Farmers Welfare Government of India. Annual Report 2021-2022［EB/OL］.https：//agricoop.nic.in/Documents/annual-report-2021-22.pdf.

Department of Animal Husbandry and Dairying Ministry of Fisheries, Animal Husbandry and Dairying Government of India. Annual Report 2021-2022［EB/OL］. https：//dahd.nic.in/sites/default/filess/AnnualEnglish.pdf.

Department Of Animal Husbandry & Dairying Ministry of Agricuclture Government of India, 2003. Country Report on Animal Genetic Resources of India［EB/OL］.https：//www.fao.org/3/a1250e/annexes/CountryReports/India.pdf.

FAO Commission on Genetic Resources For Food and Agriculture Assessments, 2015. The Second Report on The State of The World's Animal Genetic Resources For Food and Agriculture［EB/OL］. https：//www.fao.org/documents/card/fr/c/fea3da3d-d6ed-4a27-8f58-2d83222b29d9/.

Government of Assam Animal Husbandry & Veterinary. https：//animalhusbandry.assam.gov.in/projects/detail/national-livestock-mission-nlm.

Government of India Ministry of Fisheries, Animal Husbandry and Dairying, 2021.

Operatational guidelines for national livestock missionicar, https：//dahd.nic.in/sites/default/filess/NLM-Operational-Guidelines.pdf.

ICAR-National Bureau of Animal Genetic Resources, 2021. ANNUAL REPORT 2021 [EB/OL]. https：//nbagr.icar.gov.in/NBAGR_AR-2021.pdf.

India Animal Health Summit 2022 [EB/OL]. https：//journalsofindia.com/india-animal-health-summit-2022/.

JOSHI B K, SODHI M, MUKESH M, et al., 2012. Genetic characterization of farm animal genetic resources of India: A review [J]. Indian Journal of Animal Sciences, 82 (11): 1259.

PUNDIR R K, NIRANJAN S K, BEHL R, 2013. Sustainable Utilization of Indigenous Animal Genetic Resources of India [EB/OL].https：//www.researchgate.net/publication/312626068_Sustainable_Utilization_of_Indigenous_Animal_Genetic_Resources_of_India.

SERÉ C, VAN DER ZIJPP A, PERSLEY G, et al., 2008. Dynamics of livestock production systems, drivers of change and prospects for animal genetic resources [J]. Animal Genetic Resources/Resources génétiques animales/Recursos genéticos animales, 42: 3-24.

韩国畜禽遗传资源保护现状及对中国的启示

大韩民国（韩语：대한민국，英语：Republic of Korea）简称"韩国"，位于东亚朝鲜半岛南半部，地跨东经124°～131°，北纬33°～43°，北部属温带季风气候，南部属亚热带气候，海洋性特征显著，年均气温13～14℃，年均降水量为1 300～1 500毫米。三面环海，西濒临黄海，东南是朝鲜海峡，东边是日本海，北面隔着三八线非军事区与朝鲜相邻。国土总面积10.329万平方千米。人口约5 162万人，为单一民族，通用韩国语。现有耕地面积156.5万公顷，主要分布在西部和南部平原、丘陵地区；永久性草场面积5.8万公顷，林地面积有623.5万公顷。农业人口约占总人口的4.3%，农业产值（含渔业和林业）占GDP的2%左右，其中主要粮食作物是水稻，主要水果是苹果和梨，园艺产品是卷心菜、甜菜，香料是胡椒和大蒜；主要畜产品是牛肉、猪肉和家禽（外交部，2023）。

1 畜禽遗传资源现状

1.1 畜牧业现状

韩国农业以小规模家庭经营为主。随着韩国经济的飞速发展，农业在韩国GDP的比重不断快速下降。1970年农业在GDP的比重为20.7%，而到2004年这一比例就已经下降到4.0%。韩国城市化发展速度很快，农业劳动力流失和老龄化问题严重。1970—2000年，韩国农业就业人口比例由50%降到了8.5%。韩国农民的收入水平较高，人均年收入1.35万美元（2005年）。城乡收入差距小，农民与城市居民收入的比例是0.84∶1。

韩国国土面积小，大多是岛，畜禽饲养是韩国的第二大农业生产领域，主要有牛、猪、鸡等，其收入占农业总收入的比重仅次于水稻生产。受限于国土面积，除了鸡肉和鸡蛋基本上可以保证自给外，牛肉、猪肉和牛奶每年都需要大量进口来满足国内市场的需求。随着韩国国民收入的不断提高以及人口的增长，畜牧业在韩国农业的比重在不断提高。2018年韩国畜牧业产值为19.7万亿韩元（约合1 187亿元人民币），占农业总产值的39.4%。肉类产量方面，鸡肉的年均增幅最大，为5.1%，猪肉为3.7%，牛肉为

2.5%①。

据韩国统计局 2023 年第一季度统计（表 1），韩国本土牛及肉牛的数量达到 359.1 万头。奶牛总数为 38.5 万头；生猪总数为 1 111.1 万头；肉鸡总数为 8 885.2 万只；鸭总数为 482.3 万只（-15.5%）。

表 1　韩国 2023 年一季度主要畜禽品种存栏情况

种质资源	项目	2019年12月	2020年12月	2021年12月	2022年3月	2022年6月	2022年9月	2022年12月	2023年3月	变化(%)环比	变化(%)同比
牛	总数/万头	364.5	380.5	399.0	395.4	412.2	414.2	411.6	397.6	-3.4	0.5
	本土牛及肉牛/万头	323.7	339.5	358.9	355.8	373.4	375.2	372.7	359.1	-3.6	0.9
	本土牛/万头	307.8	322.7	341.5	338.5	356.7	358.4	355.7	343.3	-3.5	1.4
	可繁育肉牛/万头	149.1	155.5	164.0	162.0	164.8	169.1	170.2	166.0	-2.5	2.5
	奶牛/万头	40.8	41.0	401	397	388	390	390	385	-1.3	-3
	可繁育奶牛/万头	31.6	31.4	30.7	30.6	30.1	29.7	30.0	30.2	-0.5	-1.4
	养殖场数量/万个	9.5	9.4	9.4	9.4	9.4	9.3	9.2	9.1	-1.1	-3.2
	本土牛及肉牛/万头	9 400.7	9 317.8	9 384.5	9 344.9	9 300.9	9 246.1	9 159.2	9 050.5	-1.2	-3.2
	本土牛/万头	8 973.1	8 899.4	8 982.4	8 950.1	8 925.8	8 872.5	8 785.2	8 686.1	-1.1	-2.9
	奶牛/万头	616.8	610.6	610.5	608.7	599.1	595.7	588.8	585.3	-0.6	-3.8
猪	总数/万头	1 128.0	1 107.8	1 121.7	1 116.9	1 116.6	1 132.6	1 112.4	1 111.1	-0.1	-0.5
	母猪/万头	102.6	100.1	102.3	102.4	102.1	100.8	99.5	100.8	1.3	-1.6
	养殖场数量/万个	0.61	0.61	0.59	0.60	0.59	0.58	0.57	0.58	2.2	-2.2
鸡	总数/万只	17 292.0	17 852.8	17 719.4	17 156.0	19 024.3	17 599.3	17 313.6	17 286.8	-0.2	0.8
	蛋鸡/万只	7 270.1	7 258.0	7 261.2	7 042.8	7 307.3	7 586.3	7 418.8	7 368.4	-0.7	4.6
	肉鸡/万只	8 873.8	9 483.5	9 360.4	8 999.0	10 625.4	8 946.3	8 871.3	8 885.2	0.2	-1.3
	种鸡/万只	1 148.1	1 111.4	1 097.8	1 114.2	1 091.6	1 066.7	1 023.4	1 033.1	0.9	-7.3
	养殖场数量/个	2 784	2 845	2 842	2 786	3 096	2 820	2 694	2 729	1.3	-2
鸭	总数/万只	863.7	792.9	675.2	570.6	976.4	919.7	599.4	482.3	-19.5	-15.5
	父母代/万只	88.1	70.9	63.5	54.0	58.6	66.4	63.1	57.0	-9.7	5.5
	商品代/万只	775.6	721.9	611.7	516.6	917.8	853.2	536.3	425.3	-20.7	-17.7
	养殖场数量/个	486	449	379	336	550	530	338	294	-13	-12.5

资料来源：韩国统计局（Statistics Korea）。

---

① https://www.muyeseed.com/hhzz/238202.html.

1.2 畜禽遗传资源情况

1.2.1 主要品种

根据 FAO 家养动物多样性信息系统（DAD-IS）数据，韩国饲养了 15 大类畜种，共计 123 个品种，主要畜种包括牛、猪、羊、鸡、鸭（表 2）。

牛饲养方面，韩国共有 9 个牛品种，其中地方品种有 5 个。韩国本土牛被称为"韩牛"，引进品种中乳用品种只有荷斯坦（Holstein）一种，韩国本地以养殖韩牛（Hanwoo）为主，引进品种除荷斯坦外其余品种养殖数量较少（Republic of Korea—National Report on the State of Animal Genetic Resources-2004）。

家禽饲养方面，韩国有 40 个鸡品种、3 个鸭品种、1 个番鸭品种、1 个鸽品种、2 个火鸡品种和 4 个鹌鹑品种，大多数品种为商品杂交选育品种，包括白来航（White Leghorns）、洛岛红（Rhode Island Reds）等品种及其杂交选育品种。地方品种 22 个，其中延山黑鸡（Yeonsan Ogye）最为出名，该品种通体黑色，在当地已有几百年的养殖历史，因其具有独特的药用价值受到国内外学者的高度关注（Cho 等，2022；N′deh 等，2020），于 1980 年被认证为自然珍贵物（natural monument）-265 号，随着延山黑鸡被指定为自然珍贵物，韩国研究机构、大学和农民逐渐参与到保护所有其他本地物种工作中，对韩国畜禽遗传资源保护工作开展意义重大[①]。

猪饲养方面，韩国有 32 个猪品种，本地品种 8 个、引进品种 20 个和 4 个本地适应品种，韩国主要的猪品种有长白猪（Landrace）、约克夏（Yorkshire）和杜洛克猪（Duroc）。这 3 个品种和它们的杂交后代占到了韩国猪业养殖总种群的 99%（Republic of Korea—National Report on the State of Animal Genetic Resources-2004）。此外随着畜禽遗传资源保护工作的开展落实和当地对黑猪需求的逐渐增加，本地品种济州黑猪（Jeju Gilgal Black Pig）、济州土猪（Jeju native pig）养殖数量有所恢复，但总体数量依然较少[②]。

山羊饲养方面，韩国共有 10 个品种，其中 5 个本地品种和 5 个引进品种，韩国的山羊肉主要通过本地品种和其他品种杂交生产。绵羊饲养方面，韩国有两个引进品种，即考力代羊（Corriedale）和美利奴绵羊（Merino）。

马方面韩国有 2 个品种，一个本地品种和一个进口品种，本地品种为济州马（Jeju horse），该品种在韩国本土较受欢迎。

犬饲养方面，韩国有 3 个本土犬品种，包括济州土犬（Jeju native dog）、金多犬（Jindo）、Donggyeongi。

---

① https：//www.fao.org/3/i4787e/i4787e01.htm.
② https：//www.fao.org/3/i4787e/i4787e01.htm.

表 2　韩国主要畜种

畜种	品种数/个	品种类型
牛	9	安格斯（Angus）、夏洛莱（Charolais）、韩国斑纹牛（Chikso）、韩牛（Hanwoo）、白韩牛（Hanwoo White）、海福特（Hereford）、Heugu、济州黑牛（Jeju Black Cattle）、韩国荷斯坦（Korean Holstein）
鸡	40	Auraucana（Gyeongbuk）、Baeksaek Jaerae-jong、高趾鸡（Cochin）、韩国长尾鸡（Ginkkoridak）、Hanhyup Barred Plymouth Rock、Hanhyup Black Cornish、Hanhyup Brown Cornish、Hanhyup New Hampshire、Hanhyup Patridge Rock、Hanhyup Rhode Island Red（S）、Hanhyup Rhode Island Red（W）、Hanhyup White Cornish、Hanhyup White Plymouth Rock（G）、Hanhyup White Plymouth Rock（V）、Heuksaek Jaerae-jong、Hoegalsaek Jaerae-jong、Hoengseong Yakdak、Hwanggalsaek Jaerae-jong、Hyunin Black、Hyunin Gray-brown、Hyunin White、Hyunin Yellow-brown、济州土鸡（Jeju native fowl）、Jeokgalsaek Jaerae-jong、韩国棕科尼什（Korean Brown Cornish）、韩国洛岛红（Korean Rhode Island Red）、韩国白来航（Korean White Leghorn）、韩国黑科尼什（Korean black cornish）、新汉夏鸡（New Hampshire）、Sorae Korean Black Chicken、Sorae Korean Cornish A、Sorae Korean Cornish B、Sorae Korean New Hampshire C、Sorae Korean Rhode Island Red D、白科尼什鸡（White Cornish）、White Leghorn GNTECH、White Leghorn SNU、白洛克鸡（White Plymouth Rock）、延山黑鸡（Yeonsan Ogye）、hwangbong
鹿	3	驼鹿（Elk）、台湾梅花鹿（Formosan Sika Deer）、马鹿（Red Deer）
狗	3	Donggyeongi、济州土犬（Jeju native dog）、金多犬（Jindo）
鸭	3	康贝尔鸭（Campbell）、Cheongsoo、北京鸭（Pekin）
山羊	10	高山山羊（Alpine）、安哥拉山羊（Angora）、澳大利亚野山羊（Australian feral）、波尔山羊（Boer）、唐津山羊（Dangjin Yeomso）、Jangsu Yeomso、韩国土山羊（Native goat）、萨能山羊（Saanen）、统营山羊（Tongyeong Yeomso）、Yeomso
鹅	3	African Burf、Canadian、Embden
马	2	济州马（Jeju Horse）、Thoroughbred
番鸭	1	Muscovy
猪	32	巴克夏（Berkshire）、Chookjin Chamdon、Chookjin Duroc、Chookjin Land、Chookjin York、Darby Duroc/Wonsan、Darby Landrace Anseong、Darby Yorkshire Gimcheon、Dasan Berkshire、杜洛克（Duroc）、汉普夏猪（Hampshire）、济州黑猪（Jeju Gilgal Black Pig）、济州土猪（Jeju native pig）、KAYA-Duroc、KAYA-Yorkshire、Kaya-Landrace、韩国土猪（Korean Native）、Korean native pig Gyeongsangbuk-do strain、长白猪（Landrace）、Landrace Sunjin、大黑猪（Large Black）、Micro pig M-TYPE、Micro pig T-TYPE、NH Landrace B、NHBG-Duroc、NHBG-Landrace、NHBG-Yorkshire、NHSO-Yorkshire、地方猪（Native pig）、RDA WooriHeukDon、约克夏猪（Yorkshire）、Yorkshire Sunjin
鸽	1	白赛鸽（white racing pigeon）
鹌鹑	4	Black Japanese Quail SNU、日本鹌鹑（Japanese）、Jumbo brown Quail SNU、Wild Japanese Quail SNU
家兔	8	Angora、California Giant、California White、Chinchilla、Japanese White、Native rabbit、New Zealand White、Rex
绵羊	2	考力代羊（Corriedale）、美利奴（Merino）
火鸡	2	荷兰白（Holland White）、大型古铜色火鸡（Mammoth Bronze）

资料来源：DAD-IS 系统 https：//www.fao.org/dad-is/browse-by-country-and-species/en/.

1.2.2 濒危品种

从家禽家畜物种多样性方面来看，韩国畜禽遗传资源当前面临风险的本地品种畜禽有21个（表3）。

表3　韩国畜禽品种濒危等级划分及现状　　　　　　　　　　　　单位：个

等级	数量	
	本土品种	跨境品种
已灭绝	0	0
极危	2	2
极危—维护	5	4
濒危	4	6
濒危—维护	10	11
易危	0	5
安全	-	-
未知	29	45

资料来源：DAD-IS系统 https://www.fao.org/dad-is/browse-by-country-and-species/en/.

1.3　畜禽遗传资源保护方式

韩国采用原地保种和异地保种相结合的方式对畜禽遗传资源进行保护，政府会综合考虑物种实际情况、保存难度、地理位置等因素，选择适宜的保护方式。

原地保护方式：由联邦政府、地区政府完全资助，通过各个研究中心来进行保护，主要通过建设自然保护区或农场进行保护，保护品种包括济州黑牛、韩牛、韩国土猪、韩国土鸡、延山黑鸡、韩国土山羊、济州马等地方品种。韩国会每季度对韩国地方牛品种进行数量普查，并积极指导当地农场开展繁育工作，并持续在韩国各研究院设置的保护区内进行品种改良和保护。

异地保护方式：主要由韩国政府来主导，完全依靠低温冷冻方法进行，通过低温保存的畜禽遗传种质资源包括冷冻精液和胚胎（表4）。目前，通过超低温保存的畜禽遗传种质资源包括牛、猪、山羊等15个品种的14.2万管生殖细胞及濒危韩牛品种的2 390管生殖细胞[①]。

表4　韩国畜禽遗传资源体外基因库保存品种数　　　　　　　　　单位：个

畜种	储存品种数
奶牛	1
肉牛	7
绵羊	0
山羊	1
猪	4
家禽	1

资料来源：国别报告，2013。

---

① https://nias.go.kr/front/main.do. 2023.4.23.

此外，韩国政府还通过多种途径和政策来探索畜禽遗传资源保护方式，包括：利用闲置山区、发展环境友好型畜牧业、开发寻求应对环境变化的畜禽资源、利用本地特有品种开发高附加值畜牧业产品、加大宣传教育、对特有品种进行定期普查、稳定产品价格、改善畜禽产品流通结构以及通过建设畜禽种质资源基因库等形式进行保护[①]。这些工作主要在国家动物科学研究所下设的不同部门进行，例如，在韩宇（Hanwoo）研究院专门从事韩牛品种的育种、改良、疫病防控、推广等工作；亚热带畜牧研究所主要从事济州本地黑猪、济州马的价值开发、保护工作等。

1.4 畜禽遗传资源基因库建设情况

韩国开展并建立畜禽遗传资源基因库来保存畜禽种质资源。截至2016年，已保存13个畜种的精液、体细胞、胚胎等遗传材料，并同时搭建了生物资源信息服务系统（Bio Resources Information Service，BRIS）以及动物遗传资源信息管理系统（Animal Genetic Resources Information Management System，AGRIMS）两个国家数据库为农业和牲畜遗传资源保护提供服务。此外，韩国政府也会定期组织国内参与畜禽养殖及种质资源保护的单位和个人提交自有畜禽品种信息及证明材料，更新FAO DAD-IS中的畜禽遗传资源数据，并根据统计数据部署遗传种质资源工作计划。

1.5 种畜及遗传资源进出口

韩国本土畜禽遗传资源并不丰富，长期以进口来维持国内供给，出口份额较少，2021年，韩国畜禽遗传资源总出口额15.2万美元，主要出口畜禽为肉鸡，其他畜禽遗传资源出口较少。2021年，韩国畜禽遗传资源总进口额为2 155.73万美元，种家禽和种猪及相关畜产品严重依赖国外进口（表5、表6）。

表5 韩国2015—2021年主要畜禽种质资源出口数量与出口额

种质资源	项目	2015年	2016年	2017年	2018年	2019年	2020年	2021年
牛精液	数量/千克	—	—	237	237	—	57	8
	价值/万美元	0.26	3.04	1.78	1.78	—	11.55	7.78
马[1]	数量/匹	—	—	—	—	—	—	3
	价值/美元	—	—	—	—	—	—	50
牛[1]	数量/头	—	—	—	—	—	8	3
	价值/美元	—	—	—	—	—	620	140
猪[1]	数量/头	—	—	—	—	—	—	—
	价值/万美元	—	—	—	—	—	—	—
活绵羊	数量/只	—	—	—	—	—	—	2
	价值/美元	—	—	—	—	—	—	110

---

① https：//www.fao.org/3/i4787e/i4787e01.htm.；https：//nias.go.kr/front/main.do. 2023.4.23.

续表

种质资源	项目	2015年	2016年	2017年	2018年	2019年	2020年	2021年
活山羊	数量/只	—	—	—	—	—	—	5
	价值/美元	—	—	18	—	—	—	30
活家禽[2]	数量/万只	1.25	2.48	—	1.80	2.21	0.45	1.24
	价值/万美元	3.91	5.93	6.77	6.63	8.39	2.70	7.45
活家禽[3]	数量/万只	—	—	—	—	—	—	—
	价值/万美元	—	—	—	—	—	—	—
活家禽[4]	数量/万只	—	—	—	—	—	—	—
	价值/万美元	—	—	—	—	—	—	—
活家禽[5]	数量/万只	—	—	—	—	—	—	—
	价值/万美元	—	—	—	—	—	—	—
总计	数量/万单位	1.25	2.48	—	1.80	2.21	0.45	1.24
	价值/万美元	4.17	8.97	8.57	8.41	8.39	1432	15.24

注：1 活的纯种繁殖动物；2 鸡种，重量不超过185克；3 鸡种，重量超过185克；4 鸭、鹅、火鸡和珍珠鸡，重量不超过185克；5 鸭、鹅、火鸡和珍珠鸡，重量超过185克。总计数量不包括牛精液。

资料来源：World Integrated Trade Solution（WITS）。

表6　韩国2015—2021年主要畜禽种质资源进口数量与进口额

种质资源	项目	2015年	2016年	2017年	2018年	2019年	2020年	2021年
牛精液	数量/千克	—	—	195	182	230	197	194
	价值/万美元	425.07	298.33	405.35	381.55	445.10	388.95	431.10
马[1]	数量/匹	—	—	—	—	—	34	—
	价值/万美元	784.17	666.04	1003.58	324.43	—	7.76	—
牛[1]	数量/头	391	—	496	541	516	—	2
	价值/万美元	90.18	—	98.77	95.99	85.14	—	47.50
猪[1]	数量/万头	—	—	—	0.76	—	0.09	0.15
	价值/万美元	409.38	545.41	798.17	373.20	184.80	165.97	321.05
活绵羊	数量/头	—	—	—	—	—	—	—
	价值/万美元	—	—	—	—	—	—	—
活山羊	数量/头	—	—	—	—	—	—	—
	价值/万美元	—	—	—	102.35	—	—	—
活家禽[2]	数量/万只	297.17	—	—	—	—	85.31	85.17
	价值/万美元	986.63	1262.40	2263.62	1109.51	1068.34	1096.98	1331.28
活家禽[3]	数量/只	—	—	—	—	—	—	—
	价值/万美元	—	—	—	—	—	—	—

续表

种质资源	项目	2015年	2016年	2017年	2018年	2019年	2020年	2021年
活家禽[4]	数量/万只	—	—	—	—	—	1.42	0.35
	价值/万美元	78.26	6.48	71.83	131.42	116.83	91.46	24.80
活家禽[5]	数量/万只	3.44	8.76	10.95	—	—	—	—
	价值/万美元	25.35	88.14	77.55	—	—	—	—
总计	数量/万单位	300.65	8.76	11.00	0.81	0.05	86.82	85.67
	价值/万美元	2799.03	2866.80	4718.87	2518.43	1900.21	1751.11	2155.73

注：1 活的纯种繁殖动物；2 鸡种，重量不超过185克；3 鸡种，重量超过185克；4 鸭、鹅、火鸡和珍珠鸡，重量不超过185克；5 鸭、鹅、火鸡和珍珠鸡，重量超过185克。总计数量不包括牛精液。
资料来源：World Integrated Trade Solution（WITS）。

2 畜禽遗传资源保护管理体系

2.1 保护主体

韩国畜禽遗传保护主要由公共部门参与，私人企业很少参与。公共部门主要通过颁布实施法律法规、低温保存和宣传教育等方式参与畜禽遗传资源保护，主要包括政府部门、行业协会、高校和科研院所。

政府方面，由农业部—畜牧业政策司［Ministry of Agriculture（Livestock Policy Division）］统筹管理进行政策决策和调整，制定改进目标。此外韩国政府成立了农业遗传资源审查委员会，负责工作包括：①制定农业遗传资源养护、管理和利用基本计划；②制定农业遗传资源研究、技术和人力资源开发的重大政策；③提供获取和分配农业遗传资源的重要信息；④农业、粮食和农村事务部认为保护、管理和利用农业遗传资源所必需的其他信息[①]。

行业协会方面，在韩国各种动物及相关产业协会在参与畜禽遗传资源保护的过程中更多扮演畜牧行业从业人发言人的角色，在保护和管理畜禽遗传资源方面作用较低（Republic of Korea—National Report on the State of Animal Genetic Resources-2004.）。1981年韩国畜牧业协会联盟从韩国农业协会中分离出来。2000年韩国农业协会与韩国畜牧业协会联盟及韩国人参协会联盟合并形成现在新的韩国农业协会。韩国农业协会在促进韩国畜牧业发展方面发挥了非常重要的作用，为广大生产者提供法律信息和培训服务、销售农产品和供应农业生产材料、金融服务，同时还参与制定农业法规和政策以及国际合作。表7列出该国现有行业协会及主要职能信息。

---

① https：//www.fao.org/3/i4787e/i4787e01.htm.

表7 韩国参与畜禽遗传资源保护的组织及其职能

组织名称	职能
全国农业合作社联合会（National Agricultural Cooperative Federation，NACF）	收集奶牛的放牧记录和性能测定记录，并为奶牛提供精液产品
韩国赛马管理局（Korean Horse Association，KRA）	负责管理赛马群（纯种马），并评估赛马表现
韩国动物改良协会（Korean Animal Improvement Association，KAIA）	提供畜群信息、动物登记，实施外观检查方法（不分性别）、评判服务，以及奶牛的线性类型评估。参与各种韩宇改良计划
农业合作社牲畜改良中心（Agriculture Cooperative Livestock Improvement Center）	韩牛和荷斯坦牛的性能测定和改良业务
韩国人工授精协会（Korean Artificial Inseminator Association）	参与韩牛和荷斯坦牛改良计划
韩宇协会（Hanwoo association）	韩牛原地保护和利用支持
韩国肉用奶牛协会（Korean Dairy-Beef Association）	韩牛和荷斯坦牛原地保护和利用支持
韩国养猪协会（Korean Swine Association）	猪的原地保护和利用支持
韩国家禽协会（Korean Poultry Association）	家禽原地保护和利用支持
韩国鹿茸协会（Korean Deer Antler Association）	鹿的原地保护和利用支持
韩国肉类进出口和分销协会（Korean Meat Import-Export and Distribution Association）	肉类进出口及相关事宜
韩国农业合作社联合会（NACF）	进行性能和后裔测定计划

资料来源：国别报告，2004，2013。

科研院所方面，2015年韩国正式成立动物遗传资源研究中心（Animal Genetic Resources Research Center），执行家畜遗传资源采集、保存、管理、物种改良、特征鉴定检测与研究工作。目前设置了11个管理机构（9个地方机构和2所大学，即首尔大学、京畿道畜牧兽医部、忠清南道家畜研究所、忠清北道畜牧兽医部、全罗北道家畜实验站、全罗南道家畜研究所、济州岛畜牧业振兴院、江原道家畜研究所、庆尚北道家畜研究所、庆尚南道家畜实验站、庆南科学技术大学）对4个畜禽品种的11个品系共1.72万头畜禽进行保护；此外，还设有5个地方保护农场对韩国土鸡和土山羊等9个品系共1 228只动物进行保护[①]。同时每年都会编写以本土品种为重点的韩国牲畜遗传资源状况年度报告[②]。

2.2 法律法规制度

韩国政府于1963年颁布了《畜牧业法》，为畜牧业的总体计划提供了支持。由于1990年初国际上许多国家开展了动物遗传多样性和保护本土牲畜的运动，1990年末韩国认识到动物遗传多样性的重要性和价值，并鼓励开展维护和保护本土动物遗传资源

---

① https://nias.go.kr/front/main.do. 2023.4.23.
② https://www.fao.org/3/i4787e/i4787e01.htm.

的研究活动,并制定了一系列相关法律法规促进畜禽遗传资源的可持续利用,表8列出了该国现有的一些相关法律规定。

表8 韩国现有畜禽遗传资源保护相关法律法规

法案	主要职能
《生物研究资源保障、管理和使用法》（2020年修订）	促进动物遗传资源的可持续利用
《农业生命资源保护管理与利用法》（2020年修订）	系统地保护和管理农业生命资源,通过可持续利用,保障农业生命资源的多样性,提高农业生命产业的竞争力,为农业农村和国民经济发展做出贡献
《动物传染病防治法》（2021年修订）	规定要预防家畜传染病发展和传播
《家畜传染病预防法》（2021年修订）	防止家畜传染病的发生或传播,对畜牧业的发展和公共卫生的改善起到应有的作用
《畜产品卫生管理法》（2023年修订）	规定了所有与牲畜屠宰和处理、畜产品加工、分销和检验有关的过程
《农产品加工业支持法案》	支持传统食品发展
《乳品促进法》（2009年修订）	促进畜产品消费
《饲料管理法》《珍岛犬养殖保护法》（2021年修订）	饲料生产和质量控制
《牲畜粪便管理和利用法》（2022年修订）	资源化或适当处理牲畜粪便,防止环境污染,促进与环境相协调的可持续畜牧业的发展和国民健康的改善
《动物保护法》（2023年修订）	保护动物不受虐待
《农村发展法》（2022年修订）	农村发展
《文化财产保护法》（1962年颁布）	支持保护与农业相关的动物遗传资源的政策、宣布天然纪念物

2.3 科研支撑力量

韩国设有专门的科研机构针对畜禽遗传资源保护与利用开展研究,包括1个国家级研究所、9个地方研究所、2个合作研究所和其他民间研究机构,以及24所畜牧相关高校。它们主要通过定期普查调研、制定保护计划。

（1）科研机构

韩国农业发展部下属的国家动物科学研究所（National Institute of Animal Science, NIAS）是一个政府指导的农村发展管理的自治组织,其下的动物遗传资源研究中心、动物基因组学和生物信息学部、动物生物技术部、动物产品研发部等十几个部门主要与许多其他注册机构协调动物育种计划,承担了大量的国家级动物遗传评估、保种、科研任务，是韩国畜禽遗传资源研发的主要支撑力量。NIAS积极参与制定各种动物育种政策和计划，如"国家牲畜育种目标"。Hanwoo Nucleus Breeding Farm（韩宇核心育种场，HNBF）计划和Progressive Farmers' Group Support（先进农民主集体支持，PFGS）计划也得到了NIAS的直接资助。

（2）高校方面

高校方面主要包括：首尔大学（Seoul National University，SNU）、庆北大学（Kyungpook National University，KNU）、全南大学（Chonnam National University，CNU）、庆熙大学（Kyung Hee University，KHU）、庆尚大学（Gyeongsang National University，GNU）、高丽大学（Korea University）等24所大专院校。他们主要工作内容包括：①培养高素质专业人才，为行业不断注入新鲜血液；②定期开设讲习班、研讨会，针对农民、行业从业人员进行宣传教育、技术指导，借此来提高农场及私人协会对畜禽遗传资源保护的意识和技能；③主持和参与科研项目等方式开展畜禽遗传资源保种工作[1]。

2.4 政府规划项目

国内规划方面：韩国自2000年起每年都会组织开展畜禽遗传资源调查及来年遗传资源保护工作重点部署并以年度报告形式呈现，且每5年制定一次生物遗传资源五年工作计划及总结[2]。2022年韩国家畜禽研究所（NIAS）公布了2025—2030年家畜改良及遗传资源保护计划，内容包括：（韩牛）出栏重由450千克提升至474千克；（奶牛）产奶量从9 335千克左右提升至9 416千克左右，韩牛、奶牛、猪优秀种畜选拔及遗传评价技术开发——保证种牛35头（韩牛30头，奶牛5头）及种猪20头（父系6头，母系14头）选拔，并正式参与国际荷斯坦基因组计划（InterGenomics-Holstein，IG-HOL），该计划是利用基因信息进行性能评估的国际公约，意在改良国内奶牛品种和种牛选拔体系（韩国国家畜牧科学院2022年主要工作计划）。

国际合作方面：通过建立政府主导的亚洲和非洲多边粮食和农业合作机构：韩国—非洲粮食和农业合作倡议（The Korea-Africa Food & Agriculture Cooperation Initiative，KAFACI），亚洲粮食和农业合作倡议（Asian Food & Agriculture Cooperation Initiative，AFACI），通过农业技术知识和信息共享（www.kafaci.org）改善粮食生产，实现可持续农业并加强非洲国家的推广服务。韩国—非洲粮食和农业合作倡议（KAFACI）于2010年7月正式成立，该倡议是以2009年包括韩国在内的12个亚洲国家间农业技术合作倡议——亚洲农食品技术合作倡议（ASIA Food and agricultural Initiative，AFACI）事业的经验为基础展开的，具有一定程度的发展模式和推进的特点。KAFACI以17个成员国为中心展开了多种事业。该倡议摆脱了此前通过双边合作的直接支援方式，具有向成员国传授构建实质性的农业生产基础和提高生产效率等方法的政府开发援助（Official Development Assistance，ODA）。此外，通过与非洲绿色革命联

---

[1] https://www.fao.org/3/i4787e/i4787e01.htm.
[2] https://www.fao.org/3/i4787e/i4787e01.htm.

盟（Alliance for a Green Revolution in Africa，AGRA）和国际畜牧研究所（International Livestock Research Institute，ILRI）的联合合作拉近地区间合作关系，为非洲畜牧业农民的收入增加和农业发展提供帮助（Heo SW，2012）。韩国还通过非洲区域的家畜遗传资源信息系统（Domestic Animal Genetic Resources Information System，DAGRIS）与国际牲畜研究所联合进行区域品种的国际合作普查、鉴定和检测工作[①]。

2.5 保护资金来源

在韩国，大多数与农业相关的动物遗传资源的保护、管理和利用业务都是在政府的倡议下开展的，因此，畜禽遗传资源保护所需的财政资源也依赖于政府。近年来，随着私营部门参与研究和指导的力度加大，私营部门的财政投入也有所增加。但私营部门的资金支持不一定按照国家优先保护的物种进行投资，更多是以盈利为目的进行资金支持（Republic of Korea—National Report on the State of Animal Genetic Resources-2004）。

在政府保护资金构成上，主要来自韩国国家动物科学研究所、大韩民国农村发展管理局（Rural Development Administration, Republic of Korea）。2023年国家动物科学研究所预算共1 815.64亿韩元，其中科研经费571.51亿韩元（表9）。

表9 2023韩国国家动物科学研究所预算　　　　　　　　单位：亿韩元

内容		2022年结算	2023年预算
人员开支		24 928	264.40
基本费用		2 751	29.18
主要研究费用	小计	55 167	571.51
	测试研究费用	26 025	287.00
	研究设施费用	14 009	127.20
	研究设备费用	2 864	29.59
	其他研究费用	12 269	127.72
信息费		1 077	10.79
畜禽资源开发部搬迁项目		8 956	939.76
合计		92 879	1815.64

资料来源：韩国国家动物科学研究所－信息公开清单（https://nias.go.kr/front/openinformationbudget.do）。

3 对中国的启示

3.1 做好育种长期规划和顶层布局，创新关键技术研发机制

畜禽遗传资源的保护与开发需要综合利用生物技术和社会经济措施。从顶层布局

[①] https://www.fao.org/3/i4787e/i4787e01.htm.

角度看,韩国每年都会组织开展畜禽遗传资源普查并就调查结果制定详细的工作规划,且在管理方面由国家动物科学研究所统一规划运行,执行国家动物遗传评估,积极参与制定各种动物育种政策和计划。我国在畜禽育种中存在重要经济性状分子遗传解析不够、品种选育遗传进展缓慢、良种扩繁水平滞后等短板(王以中等,2022)。在该方面我们应积极向韩方学习,建议中国应努力提高畜禽遗传保护技术水平、提高顶层布局、管理能力、探索新的管理模式。组建国家级的畜禽育种机构或专家团队,做到国家、机构和科学家的有效、深度合作与参与,以整合技术和财政资源,健全育种数据的收集和科学调查的新策略。加快全基因组选择等新技术的开发和利用、在全国范围内采取纯育种政策,极大地促进遗传资源的保护。

3.2 挖掘现有品种经济价值、打造品牌效应

畜禽遗传资源保护并不仅仅是圈地保护或者通过某些技术手段来保证畜禽遗传资源的延续,更主要目的是开发利用,两者相辅相成、协调发展才能促进保种工作的健康与长久(黄思秀等,2021)。韩国国家家畜研究所从20世纪70年代,开始尝试实施恢复和保护本地鸡和黑猪的遗传多样性就是一个很好的例子,在提倡保护的同时积极推荐特有品种的商业化。目前延山黑鸡、济州黑猪等一些品种已经商业化。特别是在韩牛养殖领域韩国于2007年成立韩宇测试中心,并于2015年正式成立韩宇研究所。该研究所围绕韩牛品种的选育、遗传多样性保护、繁殖、疾病诊断预防和肉品质提升等方面做了大量研究,此外该研究所还积极参与优质牛肉市场产品分析和产品推广工作,推动了高端韩宇牛肉的产业化。目前韩牛价格火爆,供不应求。我国地方畜禽遗传资源丰富,普遍具有适应性强、耐粗饲、抗病性强、抗应激能力强的特性,部分品种如太湖猪、小尾寒羊还具有繁殖力高的特性,五指山猪具有矮小和耐近交的特性等。这些特性是在我国特殊自然条件下经过几千年选育的结果,但对这些品种的商业挖掘工作不够。因此,应加强畜禽遗传资源品种选育和新品种培育,积极推进特有品种的商业价值挖掘,在获得良好经济效益的同时,促进品种的保护工作(李建江等,2015)。

3.3 鼓励多方参与、积极宣传教育

畜禽遗传资源的保护不只是政府的责任,更多的需要养殖企业、养殖户来运营,鼓励重点行业协会、养殖企业深度参与至关重要。在这方面:韩国重视地方团体、民间组织和个人在动物保护领域中的作用,将国家责任、地方责任和个人责任在法律中予以确认,并积极推动和建立野生生物保护事业促进制度(卢笑宇,2021)。而且韩国官方政府也会积极参与本地品种的宣传保护工作,例如,设置专门网站进行产品宣传、技术普及等相关保护工作,以这种模式来提高大众对某些品种的关注度,相关畜产品有了购买需求,自然就会有企业农户愿意养殖推广,行业协会也会自主加入畜禽遗传

资源保护工作中去。此外韩国农户及养殖机构也可通过政府搭建的生物资源信息服务系统、动物遗传资源信息管理系统进行等级汇报及韩牛育种计划系统等软件进行畜禽遗传资源信息汇报，以较低的费用获得各种动物育种咨询服务，而国立大学、组织或研究所等机构则提供标准化的基本咨询服务[①]。在该方面我们应积极做好宣传教育工作，尤其要向韩方学习，由政府主动参与到特有畜禽品种产品推广的宣传工作，利用好特有畜禽遗传资源，这样也能更好地推动畜禽遗传资源的保护工作。

参考文献

韩国国家动物科学研究所-家畜遗传资源研究中心部门介绍. https：//nias.go.kr/front/main.do. 2023.4.23.

韩国国家动物科学研究所-信息公开清单. https：//nias.go.kr/front/openinformationbudget.do.

韩国国家概括—外交部，2023.7. https：//www.mfa.gov.cn/gjhdq_676201/gj_676203/yz_676205/1206_676524/1206x0_676526/.

韩国养殖业发展现状. https：//www.muyeseed.com/hhzz/238202.html.

黄思秀，蔡更元，吴珍芳，等，2021.广东地方畜禽遗传资源保护与开发利用［J］.中国畜禽种业，17（3）：3-5.

李建江，宋锐，牛荇洲，等，2015.我国畜禽遗传资源保护利用现状分析［J］.西北民族大学学报（自然科学版），36（3）：16-21.

卢笑宇，2021.韩国野生动物保护的立法规制及经验检视［J］.上海政法学院学报（法治论丛），36（2）：123-132.

潘伟光，2014.韩国三农［M］.北京：中国农业出版社.

王以中，辛翔飞，林青宁，等，2022.我国畜禽种业发展形势及对策［J］.农业经济问题，511（7）：52-63.

CHO Y, KIM J Y, KIM N, 2022. Comparative genomics and selection analysis of Yeonsan Ogye black chicken with whole-genome sequencing［J］. Genomics, 114（2）: 110298.

HEO S W. 2012. Project Evaluation of Korea-Africa Food and Agriculture Cooperation Initiative（KAFACI）Focused on Relevance and Efficiency［J］. The Journal of the Korean Society of International Agriculture.

N'DEH K P U, YOO H S, CHUNG K H, et al., 2020. Collagen Extract Derived from Yeonsan Ogye Chicken Increases Bone Microarchitecture by Suppressing the RANKL/OPG Ratio via the JNK Signaling Pathway［J］. Nutrients, 12（7）: 1967.

Republic of Korea—National Report on the State of Animal Genetic Resources-2004.

Republic of Korea—National Report on the State of Animal Genetic Resources-2013. https：//

[①] https：//nias.go.kr/front/main.do. 2023.04.23.

www.fao.org/3/i4787e/i4787e01.htm.

Statistics Korea——Livestock Statistics in the First Quarter of 2023. https：//kostat.go.kr/board.es?mid=a20102100000&bid=11717&act=view&list_no=425041. 2023.4.20.

국립축산과학원의 2022 년 주요업무계획（国家畜牧科学院 2022 年主要工作计划）[R]. National Institute of Animal Science，2022-02-09.

巴基斯坦畜禽遗传资源保护现状研究

巴基斯坦伊斯兰共和国（The Islamic Republic of Pakistan）简称巴基斯坦，地处亚洲次大陆南亚地区，国土面积79.6万平方千米（不包括巴控克什米尔地区，外交部），年平均气温27℃，南部湿热，雨季较长，属热带气候，北部干燥寒冷，有的地方终年积雪。巴基斯坦行政区划上分为旁遮普、开伯尔-普什图赫瓦、俾路支、信德4个省和伊斯兰堡首都特区，人口2.31亿人（外交部），2022年国内生产总值为26 507.12亿元人民币。农业是巴基斯坦的主要经济来源之一，约占据GDP的22.4%。畜牧业收入是农业的重要组成，在农业增值中占比61.89%，在GDP中占比14.04%，全国外汇收入约11%来自羊毛、地毯、皮革等畜产品。

1 畜禽遗传资源现状

1.1 畜牧业现状

巴基斯坦饲养畜禽品种以牛、羊和家禽为主（表1）。2019年，该国存栏水牛4 120万头，主要为尼里-拉维（Nili-Ravi）和昆迪（Kundhi）品种；其余品种家牛4 960万头，主要品种为Sahiwal、Red Sindhi和Cholistani等；山羊7 820万只，主要品种有Barbari、Sindh Desi等；绵羊3 120万只，主要品种有Buchi、Kajli等；骆驼110万头。800多万户农村家庭从事畜牧生产，家庭经济收入的35%～40%来自畜牧生产。多年来，畜牧业已超过农作物成为农业附加值的最主要来源。

在畜牧业产品中，肉类主要来源包括奶公犊、阉牛、老龄种公牛、山羊和绵羊等，2019年，肉类总产量为475万吨。同年，畜牧业产出生皮7 760万张，创汇7.65亿美元，占该国一般贸易总出口金额的3.5%，生皮出口成为巴基斯坦第二大出口行业；全国皮革产业从业人员超过100万人，产值76.8亿美元，占该国同期GDP（2 876.7亿美元）的2.67%。

巴基斯坦还是世界第四大牛奶生产国，其中水牛奶占比高达60%。巴基斯坦水牛存栏量高达4 120万头，当地水牛品种较好，产奶量较高，2019—2020年，巴基斯坦水牛奶产量达到3 725.6万吨。

表1 巴基斯坦各类牲畜养殖量

畜种	1976年	1986年	1996年	2006年	2020年	2021年	2022年
水牛/万头	1060	1570	2030	2730	4120	4240	4370
其余品种家牛/万头	1490	1750	2040	2960	4960	5150	5340
山羊/万只	2170	2990	4120	5380	7820	8030	8250
绵羊/万只	1890	2330	2350	2650	3120	3160	3190
骆驼/万头	80	100	80	90	110	110	110
马/万匹	40	40	30	30	40	40	40
驴/万头	220	300	360	430	550	560	570
骡/万头	6	10	10	20	20	20	20
牦牛/万头	1.6						

资料来源：巴基斯坦2022年农业经济调查。

家禽养殖以鸡、鸭为主，养殖方式为农户散养和企业集约化养殖结合。巴基斯坦政府鼓励和支持家禽养殖，在过去10年中，累计投资超过637.5亿元人民币，家禽养殖业快速增长，产值每年增长约7.5%，养殖规模居世界第11位。2021—2022年，巴基斯坦家庭养殖家禽出栏约9 262万只，包括公鸡（cocks）1 320万只，母鸡（hens）4 552万只和肉鸡（chicken）3 390万只，同时还有母鸭、公鸭和鸭仔共35万只。此外，以鸡为主的商业养殖家禽出栏共16.3亿只（巴基斯坦2022年农业经济调查）。

1.2 畜禽遗传资源情况

巴基斯坦拥有丰富的畜禽遗传资源，根据家畜多样性信息系统，巴基斯坦拥有5个水牛品种，16个黄牛品种，36个山羊品种，42个绵羊品种，13个鸡品种，2个鸭品种，7个马品种，以及21个骆驼品种，共140个畜禽品种。畜禽品种丰富，数量较大，已登记的巴基斯坦重要畜禽品种见表2。但是，对各品种濒危现状尚不清晰，根据巴基斯坦畜禽遗传资源委员会统计数据，巴基斯坦只有1种畜禽品种处于已灭绝状态，还有104个品种是未知状态（表2），亟须对本土畜禽品种资源进行深入调查和濒危分级保护。

在众多畜禽品种中，一些具有代表性的品种构成了巴基斯坦畜禽业的主体，如作为牛奶主要来源的尼里-拉菲（Nili-Ravi）和昆迪（Kundhi）水牛分别占水牛总数的34%和21%。Nili-Ravi是世界上最好的乳用水牛品种之一（Shah，1991），性情温顺、耐热、抗病力强，平均泌乳期产奶量为1 971.2千克，优良个体305天产奶量高达3 396.4千克，最高日产19.9千克，平均乳脂率6.4%。在巴基斯坦大约有4 400万头Nili-Ravi牛，主要分布于旁遮普省和信德省的昆迪（巴基斯坦政府，2022），牧群规模较小，60%的水牛牧群规模小于7头。此外，牦牛由于其独特的高原环境适应能力，成为巴基斯坦北部高海拔地区（海拔3 000～7 000米）居民的主要生计来源，提供了肉、奶和皮毛。牦牛种群数量为16 000余头（GOP，1996），其中45%在锡卡都（Skurdu）地区。

表 2　已登记的巴基斯坦主要畜禽品种资源

畜种	种群数量	经济类型	主要品种
牛	527.3 万头	乳用	Sahiwal、Red Sindhi、Cholistani、Crossbreds
	141.3 万头	乳用、役用	Thari（Tharparkar）
	49.7 万头	大型役用牛	Bhagnari
	152.4 万头	中型役用牛	Dhanni、Dajal*、Kankraj
	48 万头	小型役用牛	Lohani、Rojhan、Achai*
水牛	440 万头	乳用	Nili-Ravi、Kundhi、Nili、Ravi、Azi Kheli*
绵羊	2 354.4 万只		Baghdale、Balkhi、Baltistani、Balochi、Bibrik、Buchi/Cholistani、Damani、Dumbi、Gojal、Harnai/Dumari、Hashtnagri、Hissardale、Kachhi、Kaghani、Kail、Kajli、Kali、Kohai Ghizer、Kooka、Latti/SaltRange、Lohi、Michni、Pahari、Pak-Awassi、Pak-Karakul、Poonchi、Rakhshani、Sipli、Thalli、Tirahi/Afridi、Waziri
山羊	4 116.9 万只		Baltistani、Barbari/Bari、Beetal、Beiari/Chamber、Buchi、Bugi Toori/Sindh Desi、Chappar/Kohistani、Damani、Dera Din Panah、Desi/Jattal、Gaddi、Hairy、Jarakheil、Jattan、Kacchan、Kaghani、Kail、Kajli/Pahari、Kamori、Khurassani、Kohai Ghizer、Kooti、Kurri、Labri、Lehri、Lohri、Nachi/Bikaneri、Pak-Angora、Pateri、Piamiri、Pothohari、Shurri、Tapri/Lappi、Teddy、Tharki/Tharri
马	33 万匹		Anmol、Balochi、Heerzai、Kajlan、Morna、Siaen、Thoroughbred
鸡			Aseel、Desi、Dokki、Fayoumi、Lyallpur Silver Black、Mini red、Naked Neck、Rhode Island Red、Golden Misri、Sussex、Lohmann Brown Classic、Australorp、Golden Comet
鸭			Batakh、Pakistani Muscovy Duck
骆驼	100 万头		Bagri/Booja、Bikanari/Mahra、Brahvi、Brela/Thalocha、Campbelpuri、Dhatti/Thari、Gaddi、Ghulmani、Kachhi、Kala-chitta、Khader、Kharai、Kharani、Larri/Sindhi、Lassi、Makrani、Maya、Mountain、Pishin、Rodbari、Sakrai

资料来源：GOP（1996），*畜禽普查中未报告。

家禽本地品种中比较有特色的是在农村地区饲养的斗鸡 Aseel，具有优良的抗病和耐热性能。Aseel 起源于印度次大陆，这个品种在巴基斯坦很有名，尤其是在旁遮普地区。该鸡品种的产蛋量较低，小型 Aseel 品种每年只产卵 6 枚，较大的 Assel 每年产卵 40 枚。而产于信德省的 Aseel 品种被命名为 Sindhi Aseel，一般体型高大，肌肉发达，身体紧凑，肩膀宽阔，羽毛坚硬，翅膀靠在身体上，彩色尾羽向下垂落，一个大而强壮的弯曲喙类似于鹰喙，在斗鸡方面表现出色。

1.3　畜禽遗传资源保护方式

巴基斯坦拥有奶牛、水牛、绵羊和山羊等本土家畜品种，然而，由于杂交、城市化和外来品种引进等影响造成本土品种数量持续下降，因此，亟须开展地方畜禽遗传资源多样性的有效保护。巴基斯坦畜禽遗传资源保护工作主要由省级畜牧部门负责，政府资金支持，保护方式以养殖场、实验站等原地保护为主，异地保护规模有限。

牛遗传资源的原地保护工作相对较多，按照不同品种统计如下：Nili-Ravi 水牛在旁遮普省 7 个实验站都有保护种群，每个实验站保有数量为 150～600 头。Sahiwal 牛在旁遮普省 6 个实验站共计保有数量约 1 000 头。Red Sindhi 牛在俾路支省、信德省和旁遮普省 5 个实验站保有种群约 1 200 头。Kundhi 水牛在信德省 1 个农场保有数量为 250 余头。值得一提的是，一些牛品种保有数量远低于最小有效种群要求的 250 头，如 Dajal 牛有 15 头，Lohani 牛有 55 头，Dhanni 牛有 80 头。在羊的遗传资源原地保护上，各省实验站保有了 13 个绵羊品种，包括 Balkhi、Balochi、Bivarikh、Buchi、Hernai、Kachhi、Kaghani、Kajli、Karakul、Lohi、Salt Range、Sipli 和 Thalli。此外，巴控克什米尔地区的实验站保有 Kail 绵羊。各省实验站还保有 6 个山羊品种，包括 Beetal、Dera Din Pannah、Hairy、Kamori、Nachi 和 Teddy。同时，为促进原地保护，政府对农民开展了进行有关保护本地品种重要性的科普宣传教育，并提供资金补助以鼓励保护本土品种。

在异地保护方面，畜牧业和奶业发展部、国家农业研究中心通过低温保存、体外受精和胚胎移植等方法来保护本土品种，但保存规模有限，目前，已实现精液收集和冷冻保存的牛品种有 Nili-Ravi、Kundhi、Sahiwal、Red Sindhi、Dhanni、Tharparkar 和 Dajal，这些冷冻精液主要用于为养殖户提供人工授精服务。

1.4 畜禽基因库建设

巴基斯坦国家基因库于 1976 年在巴基斯坦农业研究委员会（PARC）的监督下成立，现由国家农业研究中心（NARC）管理，旨在保护和管理巴基斯坦不同作物、牲畜和林木的遗传资源。该基因库主要目标是收集、保存和利用不同作物品种、野生近缘种和不同畜禽品种的遗传资源。该基因库收集了大量不同农作物种子，如小麦、水稻和玉米等，但是对畜禽遗传材料收集相对较少。此外，畜牧业和奶业发展委员会于 2005 年开始保存本土家畜品种（包括牛、水牛、绵羊和山羊）的精液、胚胎和组织样本，以用于育种、科研和推广人工授精。

1.5 畜禽遗传资源进出口

巴基斯坦畜禽遗传资源进口较多，出口较少，主要从澳大利亚、中国和中亚国家进口种畜、精液和胚胎，用于培育高产优质品种，如泽西奶牛、荷斯坦奶牛等。在巴基斯坦从事畜禽遗传资源进口的公司有成立于 1986 年的阿尔塔夫公司（Altaf Co.），公司总部位于拉合尔市，是巴基斯坦少数几个拥有牛精液储存库的公司之一，同时供应来自世界各地的奶牛、山羊、绵羊、马的胚胎。1969 年在旁遮普省萨希瓦尔成立的扎卡里亚俾路支农场国际（Zakaria baloch farms international），从加拿大、欧洲、澳大利亚进口泽西和荷斯坦奶牛。出口方面，巴基斯坦尚不允许活牛出口，2013 年，于伊斯兰堡成立的 PLS 精液生产部（PLS Semen Production Unit）主要生产 5mL 装的 Niliravi

水牛和 Sahiwal 牛精液，用于对外出口，出口额在 2013—2020 年累计达到 5 000 万～1 亿美元。此外，沙彦公司（Shayan Enterprise）有牛、羊和骆驼出口业务 Baloch。

中国是仅次于美国的巴基斯坦第二大出口国。1974 年，广西从巴基斯坦引进了 50 头 Nili-Ravi 水牛，与本地母水牛杂交所得的尼杂一代水牛平均泌乳期产奶量为 2 083.8 千克，最高日产 13.4 千克，表现出优异的产奶性能。时隔 50 年，近交系数增加，品种老化退化，广西计划 2022—2025 年分批次从巴基斯坦逐步引进活体种牛 1 480 头，引进水牛冻精 26.3 万剂和胚胎 5.5 万枚（广西农业农村厅，2021）。该计划实施后，以广西土牛为受体，通过胚胎移植繁殖的纯种尼里·拉菲奶水牛于 2023 年 3 月在皇氏赛尔中巴繁育示范基地顺利分娩。巴基斯坦 2015—2021 年主要畜禽种质资源出口/进口数量与出口/进口额见表 3 和表 4。

表 3 巴基斯坦 2015—2021 年主要畜禽种质资源出口数量与出口额

种质资源	项目	2015 年	2016 年	2017 年	2018 年	2019 年	2020 年	2021 年
牛精液	价值/美元	—	—	1 030	—	—	—	—
	数量/千克	—	—	8	—	—	—	—
活马[1]	价值/万美元	—	—	—	—	—	—	281.59
	数量/匹	—	—	—	—	—	—	—
活牛	价值/万美元	—	—	42.23	2.84	—	—	—
	数量/头	—	—	717	45	—	—	—
活绵羊	价值/万美元	—	—	—	4.92	1.80	—	—
	数量/只	—	—	—	532	46	—	—
活家禽[2]	价值/万美元	—	—	—	—	—	—	—
	数量/万只	—	—	—	—	—	—	—
活家禽[3]	价值/万美元	0.12	4.03	38.11	73.53	65.77	205.58	70.07
	数量/万只	0.04	3.99	49.37	107.74	65.45	2 032.00	675.22
活驴	价值/美元	—	—	—	15 210	1 140	—	—
	数量/头	—	—	—	500	70	—	—
活牛[1]	价值/万美元	—	—	70.79	52.03	—	—	—
	数量/头	—	—	1 551	1 360	—	—	—
活山羊	价值/万美元	—	—	—	2.71	—	—	0.31
	数量/只	—	—	—	8 000	—	—	300
活家禽[4]	价值/万美元	—	1.17	—	—	—	—	—
	数量/万只	—	1.10	—	—	—	—	—
活家禽[5]	价值/万美元	218.63	434.79	342.46	757.79	444.28	140.43	37.49
	数量/万只	214.71	469.60	339.67	983.87	491.24	405.74	55.93

注：[1] 活的纯种繁殖动物；[2] 鸡种，重量不超过 185 克；[3] 鸡种，重量超过 185 克；[4] 鸭、鹅、火鸡和珍珠鸡，重量不超过 185 克；[5] 活鸭、鹅、火鸡和珍珠鸡的重量超过 185 克。
资料来源：World Integrated Trade Solution（WITS），https：//wits.worldbank.org/。

表 4　巴基斯坦 2015—2021 年主要畜禽种质资源进口数量与进口额

种质资源	项目	2015 年	2016 年	2017 年	2018 年	2019 年	2020 年	2021 年
牛精液	价值 / 万美元	88.5	108.4	198.5	171.6	246.4	281.3	275.2
	数量 / 千克	—	—	704.0	551.2	948.8	583.3	300.4
活马[1]	价值 / 万美元	3.7	32.6	68.2	44.4	89.1	115.1	143.4
	数量 / 匹	10	88	173	156	195	100	1 125
活驴、骡子	价值 / 万美元	3.5	0.4	—	—	—	—	—
	数量 / 头	10	8	—	—	—	—	—
活牛	价值 / 万美元	0.6	0.6	0.4	74.8	17.0	—	6.4
	数量 / 头	38	11	14	626	100	—	17
活绵羊	价值 / 万美元	—	—	—	249.2	6.9	1.4	0.1
	数量 / 只	—	—	—	71 431	2 227	774	31
活家禽[2]	价值 / 万美元	420.9	743.9	1 358.1	1 057.6	1 221.7	735.8	1 437.1
	数量 / 万只	56.7	76.0	101.9	75.0	82.4	41.5	310.9
活家禽[3]	价值 / 万美元	0.2	0.5	3.4	0.4	1.6	6.0	9.8
	数量 / 只	85	593	4 000	205	1 005	3 251	9 828
活驴	价值 / 万美元	—	5.7	0.7	4.5	3.5	1.3	0.4
	数量 / 头	—	12	3	21	18	6	2
活牛[1]	价值 / 万美元	970.6	679.8	1 070.4	1 035.0	779.4	309.4	1 160.1
	数量 / 头	4 149	3 491	6 345	6 299	6 132	3 212	9 905
活山羊	价值 / 万美元	—	—	—	—	—	0.6	—
	数量 / 只	—	—	—	—	—	100	—
活家禽[4]	价值 / 美元	140	2 570	—	—	7 450	3 360	1 630
	数量 / 只	18	136	—	—	422	203	45
活家禽[5]	价值 / 万美元	616.1	342.7	1.3	0.3	1.1	—	0.026
	数量 / 万只	48.1	22.6	0.2	0.02	0.1	—	0.0012

注：[1] 活的纯种繁殖动物；[2] 鸡种，重量不超过 185 克；[3] 鸡种，重量超过 185 克；[4] 鸭、鹅、火鸡和珍珠鸡，重量不超过 185 克；[5] 活鸭、鹅、火鸡和珍珠鸡的重量超过 185 克。
资料来源：World Integrated Trade Solution（WITS），https：//wits.worldbank.org/。

2　畜禽遗传资源保护管理体系

2.1　保护主体

巴基斯坦畜禽遗传资源保护工作主要由政府相关部门负责。在联邦一级，畜牧业由粮食、农业和畜牧业部管理。该部下设畜牧司，负责畜牧业发展活动的政策制定、规划和省际协调。联邦一级的科学研究工作由农业研究理事会负责协调，并设有技术专员。在省一级，旁遮普省设有牲畜和乳制品发展部，西北边境省设有农业、畜牧业和合作社部，信德省设有粮食、牲畜和渔业部，俾路支省设有畜牧部，阿扎德查谟和克什米尔（AJK）由一名总干事负责畜牧业部门。省级畜牧部门主要负责畜禽品种的研究和推广，提供良种资源和人工授精服务。一些具有代表性的机构如表5所示（巴基斯坦国别报告，2003）。

表5 巴基斯坦畜禽资源主要保护机构及其职责

机构名称	机构职责
国家农业研究中心（NARC）	最高农业研究组织，负责牲畜和家禽品种的保护和改良，有一个畜禽基因库，储存着部分遗传材料
畜牧业和乳业发展部（L&DD）	部级机构，主管畜牧业和乳制品部门，负责推广优良畜禽品种，以及实施育种研究工作
巴基斯坦农业研究委员会（PARC）	最高农业研究组织，负责协调和实施农业研究计划，参与畜禽遗传资源开发，并向在该领域工作的其他组织提供技术支持
巴基斯坦家禽协会（PPA）	社会组织，代表家禽业的利益，参与家禽遗传资源的推广，并与政府机构密切合作，制定行业政策和标准
家畜饲养者协会（LBA）	代表家畜饲养者利益的社会组织，与政府机构和其他相关组织紧密合作，促进家畜遗传资源的保护和发展
养护和保护环境协会（SCOPE）	非政府组织，参与促进可持续农业和保护自然资源的工作，部分涉及畜禽遗传资源的保护和利用，畜禽育种
巴基斯坦兽医委员会（PVMC）	兽医监管机构，管理兽医教育、培训和实践
畜牧业和乳品业发展委员会（LDDB）	制定和实施促进畜牧和乳制品部门发展的政策和计划，并向农民和其他利益相关者提供技术支持
巴基斯坦家禽协会	代表家禽业利益的行业协会，为从业者和管理者提供一个讨论和解决行业问题的平台

2.2 法律法规制度

巴基斯坦参与了《生物多样性公约》（CBD）、《濒危野生动植物种国际贸易公约》（CITES）、《人与生物圈计划》（MAB）、《名古屋议定书》和FAO的《动物遗传资源全球行动计划》。这些国际性公约和法律法规起到了指导、规范和协调作用，促进了畜禽遗传资源保护和利用的国际合作，有助于巴基斯坦提高畜禽遗传资源的保护意识，制定更加科学、合理的法律法规，并吸纳国际先进经验和技术，提高畜牧业的发展水平。为保障畜牧业健康可持续发展，巴基斯坦政府制定了相对完善的法律法规体系，具体如表6所示。

表6 巴基斯坦畜禽资源主要保护条例及其内容概要

法规/规则/条例/政策	内容概要
国家畜牧业政策（2018年）	旨在通过解决与畜禽健康、遗传、营养和畜禽产品营销有关的问题，促进畜牧业发展
国家家禽政策（2021年）	旨在通过解决生物安全、疫病防控和生产技术应用等相关问题，促进家禽业发展
巴基斯坦畜牧业发展政策（2018年）	促进畜牧业的发展，并保护畜禽资源和品种多样性
动物检疫法（2012年）	对进出口动物进行监管，旨在防止动物疫病传播
家畜和乳制品发展委员会准则（2006年）	规定了家畜和乳制品发展委员会的建立目的、组织机构、职能和权利等内容
巴基斯坦畜禽品种登记条例（1972年）	规定了畜禽品种的登记和分类管理
家畜饲养法（2014年）	该法案旨在通过选择性育种和人工授精提高家畜的质量和生产力
信德省家畜饲养法案（2013年）	成立信德省家畜饲养局，以管理和促进该省的家畜饲养
旁遮普省家畜育种法（2014年）	成立了旁遮普省家畜和乳制品发展委员会，以促进和发展该省的畜牧业

2.3 科研支撑力量

随着畜牧业发展，畜禽资源保护研究逐渐受到重视，在巴基斯坦参与畜禽资源保护利用的机构主要包括政府部门、研究所和大学，具体见表7。

表7 巴基斯坦畜禽资源主要科研机构及其职责

机构名称	机构类型	机构职责
畜牧业和乳品业发展部（LDDDD）	政府部门	负责各省的畜牧业和乳品业的发展，并开展畜禽遗传学和育种方面的研究，为畜牧从业者提供技术支持
牲畜和乳品发展委员会（LDDB）	政府部门	规划、促进和协调乳制品和畜牧业的发展和投资。开展研究，以确定畜禽和乳制品行业发展的瓶颈，并提出完善措施。促进和支持畜牧业生产技术的改进和推广。提高畜牧业从业人员专业能力，促进畜牧业产品的营销
费萨拉巴德农业大学（UAF）	大学	公立大学，设有畜牧系，开设一系列畜禽相关的学术课程和研究计划
兽医和动物科学大学（UVAS）	大学	公立研究型大学，专注于兽医和动物科学，开展畜禽遗传资源和育种方面的研究，并为畜禽养殖者提供培训和技术援助
干旱农业大学（PMAS-AAUR）	大学	公立研究型大学，专注于农业研究，包括畜禽遗传资源、动物育种和遗传学、营养和管理等方面的研究
动物科学研究所（ASI）	研究所	巴基斯坦农业研究委员会（PARC）下属的一个研究机构，从事动物科学各个方面的研究，包括畜禽遗传学和育种
国家农业研究中心（NARC）	研究所	巴基斯坦政府国家粮食安全和研究部下属的一个研究机构，主要开展畜禽遗传学和育种方面的研究，同时也为畜牧业提供技术支持
巴基斯坦农业研究委员会（PARC）	研究所	国家级研究机构，从事农业各方面的研究，包括畜禽遗传资源研究，并与其他国家的相关研究机构开展合作
家禽研究所（PRI）	研究所	国家粮食安全和研究部下属的一个研究机构，研究家禽遗传学和育种，并向家禽养殖者提供培训和技术支持。该研究所主要致力于开伯尔-普赫图赫瓦省农村家禽业的发展，提供疫病诊断、防控，推广优良家禽品种，提高家禽肉蛋产量和经济价值，以帮扶当地农民脱贫
国家生物技术和遗传工程研究所（NIBGE）	研究所	一个研究机构，利用生物技术和基因工程技术开展畜禽遗传学和育种研究

2.4 政府规划项目

为了促进经济增长，助力农村扶贫工作，巴基斯坦政府制定了"私营企业主导畜牧业发展，政府部门提供有利的政策环境"的方针政策，旨在通过为更广大的农村地区提供兽医服务、人工授精服务、更均衡的饲料配方、有效的畜禽疫病防控措施、建立畜禽核心保种区、品种改良来提高单位畜禽生产力。由此，巴基斯坦开展了一系列相关项目，具体如下。

牛奶增产计划：在人口增长、城镇化加速的背景下，牛奶需求增加，但缺乏优良种质资源。因此，采集备选公牛精液进行人工授精，监测记录子代母牛产后10个月内的泌乳量，判定种公牛育种价值，以此筛选出具有高产基因的优良种公牛，并通过人工授精途径进行推广应用。

繁殖率提升计划：由畜牧业和奶业发展委员会主导，在规模化的国营、私营农场选择优质种公牛，建立专门的精液生产部门，为每个标准农场周边10千米范围内散养农户提供低价优质精液和人工授精服务；在Okara建立胚胎移植中心，实现年产5 000个胚胎，利用胚胎移植技术生产纯种牛。

2.5 保护资金来源

巴基斯坦保护畜禽资源的资金来源有以下几个方面：①国家预算拨款：政府会将一定金额的预算拨给相关畜牧业机构和项目，用于畜禽遗传资源保护和利用方面的研究和实践。②国际组织援助：国际组织（如FAO）或其他国家会提供一些援助资金，以支持巴基斯坦畜禽遗传资源保护和利用的项目和工作。③农民或畜牧业企业捐赠：一些民间组织和畜牧业企业会向巴基斯坦政府或相关机构捐赠一定的资金，以支持畜禽遗传资源保护和利用方面的研究和实践。

其中，最主要的资金来源为联邦政府和省级政府的拨款、银行贷款等，例如，巴基斯坦畜牧业和奶业发展委员会2021—2022年的预算明细如下：总预算191亿卢比，其中50亿卢比来自政府拨款，141亿卢比为其他非政府资金来源。预算支出包括14亿卢比用于小牛育肥项目以提高牛肉产量；26亿卢比用于旁遮普省尚未确认的牛品种遗传资源调查完善；4.58亿卢比用于繁育高产家禽品种；1.43亿卢比用于牛子代遗传性能测定计划；0.862亿卢比用于部落地区兽医普及计划；1亿卢比用于建立疫病监测防控系统和省级实验室ISO标准认证。

参考文献

AHMAD B, AHMAD M, CHAUDHRY M A, 1996. Economics of livestock production and management. Agric. Social Sci. Res. Centre, Univ. of Agric., Faisalabad, 89–90.

DE WIT J, OLDENBROEK J K, VAN KEULEN H, et al., 1995. Criteria for sustainable livestock production: A proposal for implementation. Agriculture, Ecosystems & Environment, 53 (3), 219–229.

IQBAL M, AHMAD M, 1999. An Assessment of Livestock Production Potential in Pakistan: Implications for Livestock Sector Policy. The Pakistan Development Review, 38 (4): 615–628.

KAASSCHIETER G A, DE JONG R, SCHIERE J B, et al., 1992. Towards a sustainable livestock production in developing countries and the importance of animal health strategy therein. Veterinary Quarterly, 14 (2), 66–75.

QURESHI A H, 2002. *Markets and Marketing. Diagnostic Survey Report of Northern Areas Development Project.* Agriculture of Northern Areas, Tehnology Trasfer Institute, PARC.

RAZA S H, 2000. Role of draught animals in the economy of Pakistan (pp. 17–21). Center for Tropical Vet. Medicine, University of Edinburgh. UK Pub.

SHAFIQ M, KAKAR M, 2006. Current livestock marketing and its future prospects for the economic development of Balochistan, Pakistan. International Journal of Agriculture and Biology (Pakistan), 8 (6): 885–895.

WEEK J, 1999. Economic policy for agriculture: A guide for FAO professionals.

非洲篇

南非畜禽遗传资源保护现状研究

南非共和国位于非洲大陆的最南端，大部分国土位于南回归线以南，国土面积122.1万平方千米，西北部与纳米比亚接壤，北部与博茨瓦纳接壤，东北部与津巴布韦、莫桑比克和斯威士兰接壤。南非三面环海，被誉为"彩虹之国"，是"金砖五国"之一。南非是非洲经济最发达的经济体，国内生产总值约占非洲的五分之一，2022年国内生产总值4 114.8亿美元，位于尼日利亚和埃及之后，居非洲第三位，人均国内生产总值为6 739美元（折合人民币43 477元）。南非地广人稀，人均耕地是我国的4倍，气候以热带以及亚热带气候为主，部分地区为地中海气候。南非农业技术居非洲之首，种植业自足有余，主要种植农作物包括玉米、小麦、大麦、甘蔗等，农产品基本实现商品化，是非洲农业大国。南非畜禽饲草料资源丰富，畜牧及园艺业发达，是非洲主要的畜牧业国家。

1 畜禽遗传资源现状

1.1 畜牧业现状

南非是非洲主要的畜牧业国家，畜牧业产值占农业总产值的一半左右。FAO数据显示，2022年，南非畜牧业产值为116.46亿美元，比2012年增加22.2%，占农业产值的48.5%。2022年，南非牛、羊、猪、鸡等主要饲养畜种存栏量分别为1 219.68万头、2 657.10万只、132.34万头和1.70亿只。其中，牛品种最为丰富，达到45种，包括9个本土品种和36个引进品种；其次是绵羊，有28个，本土品种和引进品种均为14个；山羊和猪均为12个，分别包括本土品种5个和2个，引进品种7个和10个（表1）。

表 1 南非主要畜禽饲养品种

畜种	存栏	品种数量/个	地方品种	引进品种
牛	1 219.68 万头	45	Afrigus、Afrikaner、Bonsmara、Drakensberger、Huguenot、Nguni、Sanganer、Tuli、Tulim	Aberdeen Angus、Ayrshire、Beefmaster、Boran、Brahman、Braunvieh、Charolais、Chianina、Dairy Swiss、Dairy Shorthorn、Deutsches Rotvieh、Dexter、Galloway、Gelbvieh、Gir、Guernsey、Hereford、Highland、Jersey、Kashibi、Kerry、Marchigiana、North Devon、Pinzgauer、Ramagnola、Red Poll、Rotbunte Schleswich Holsteiner、S A Holstein、Salers、Santa Gertrudis、Senepol、Shorthorn、Simmentaler、South Devon、Sussex、Wagyu
绵羊	2 143.24 万只	28	Afrikaner、Afrino、Bezuidenhout、Boesmanlander、Damara、Döhne Merino、Dormer、Dorper、Nguni、Pedi、Persian、SA Mutton Merino、Van Rooy、Vandor	Border Leicester、Corriesdale、Dorset Horn、East Friesian、Hampshire、Ile de France、Karakul、Lincoln Longwool、Merino、Merino Landsheep、Persian、Romanov、Southdown、Suffolk
山羊	513.86 万只	12	Boer Goat、Kalahari Red、Savanna goat、S A veld goat、Saffer	Angora、British Alpine、Bunte Deitsche、Edelziege、Gorno Altal、Saanen、Toggenberger
猪	132.34 万头	12	Kolbroek、Windsnyer	Chester White、Duroc、Large Black、Large White、Hampshire、Hamline、Pietrain、Robuster、SA Landrace、Welsh

资料来源：South African Country Report on Farm Animal Genetic Resources.

1.2 畜禽遗传资源情况

南非畜禽遗传资源丰富。大约 2 000 年前，随着游牧民族从非洲东部和北部南迁进入南非，大量畜禽随之进入。目前，主要饲养水牛、牛、鸡、狗、单峰骆驼、鸸鹋（Dromedary）、山羊、马、鸵鸟、猪、绵羊等 13 个畜种，共 209 个品种。其中，包括 42 个牛、25 个绵羊、11 个山羊、12 个猪、9 个鸡和 23 个马等地方品种。但持续的杂交和外来品种替代，南非地方品种数量持续减少。据 FAO 网站数据，南非畜禽品种中，有 14 个畜禽品种处于"濒危"等级，其中，牛、山羊、猪 3 种畜种均有 2 个品种，马和绵羊 2 种畜种均有 4 个品种。有 6 种畜禽品种处于"濒临灭绝"等级，其中牛有 2 个品种，马有 3 个品种，绵羊有 1 个品种（表 2）。

表 2　南非畜禽种类濒危情况　　　　　　　　　　　单位：个

等级	水牛	肉牛	鸡	山羊	马	鸵鸟	猪	绵羊	总和
未知	0	3	0	1	2	1	0	0	7
安全	1	42	2	6	13	0	6	16	86
处于危险的	0	3	0	1	1	0	0	2	7
濒危—维持	0	0	0	0	0	0	0	0	0
濒危	0	2	0	2	4	0	2	4	14
濒临灭绝—维持	0	0	0	0	0	0	0	0	0
濒临灭绝	0	2	0	0	3	0	0	1	6
灭绝	0	0	0	0	0	0	0	0	0

资料来源：Domestic Animal Diversity Information System（DAD-IS）。

1.3　种畜及遗传资源进出口

南非是非洲重要的畜禽遗传资源进出口国。畜禽遗传资源进出口主要以牛和羊为主，FAO 数据显示，2022 年，南非活牛、活山羊、活绵羊以及活马进口情况分别为 34.75 万头（17 091 万美元）、16.76 万头（646.80 万美元）、42.56 万头（3 422.20 万美元）、0.18 万头（318.30 万美元），出口情况分别为 1.82 万头（1 852.20 万美元）、0.32 万头（148.00 万美元）、1.37 万头（237.50 万美元）、0.10 万头（174.10 万美元）（表 3）。出口品种既有南非本土品种，也包括引进品种，主要包括美利奴绵羊、安哥拉山羊、布尔山羊、黑澳洲鸡和荷斯坦—弗里西亚牛、卡拉哈里红山羊、杜泊羊、布尔山羊和 Koekoek 鸡。出口目的地主要集中在其他非洲国家，另有少部分流向了拉丁美洲和加勒比地区。

表 3　2021 年南非活畜进出口情况

畜种	进口量/万头	进口额/万美元	出口量/万头	出口额/万美元
牛	34.75	17 090.90	1.82	1 852.20
山羊	16.76	646.80	0.32	148.00
绵羊	42.56	3 422.20	1.37	237.50
马	0.18	318.30	0.10	174.10

资料来源：FAOSTAT。

2　畜禽遗传资源保护管理体系

2.1　保护主体

南非畜禽遗传资源保护主体主要包括中央政府部门、地方政府和畜牧产业协会等。

2.1.1　中央政府部门

南非涉及畜禽遗传资源保护的中央政府部门主要包括南非农业部、南非科学技术部。南非农业部主要负责为畜禽业发展制定、审查和颁布农业研究和技术转让的立法、政策和战略；监测和评价国家农业研究方案的影响，为农业研究、技术转让和推广服务募集资金。南非农业部下设动物卫生总局、动物水产生产服务局、遗传资源局，其中，动物水产生产服务局负责执行《1998年动物改良法》（1998年第62号法案），并就动物生产的各个方面提供政策指导和专家建议，遗传资源局下设农场动物遗传资源分局。南非科学和技术部（DST）主要负责南非的畜禽产业发展战略研究，制定农业动物遗传资源所需的科学和技术政策和法律，为南非农业研究、技术创造提供国家基础设施，包括收集、传播畜禽品种资料，提高研究合作水平。

2.1.2　地方政府部门

南非畜禽遗传资源在地方主要由各省级农业厅具体实施。省级农业厅主要职责是将遗传资源保护方案纳入地区和市政发展计划，分配动物遗传资源保护任务；在省域内开展遗传资源技术推广应用，设立畜禽育种站，动员农民开展畜禽遗传资源保护；开展省级本土畜禽品种生产以及保护研究方法；监督、评估畜禽遗传研究活动。目前，南非省级农业厅在各地建立了32个畜禽遗传资源中心，开展畜禽精液和胚胎的收集服务工作、人工授精以及牛、绵羊、山羊和马的胚胎移植。全国有300多名经过培训的注册授精人员。

2.1.3　行业协会

南非兽医协会（The South African Veterinary Association，SAVA）由德兰士瓦省兽医协会、开普省兽医协会、纳塔尔兽医协会3个省级兽医协会于1920年合并而成，目前有1 474名会员。南非兽医协会主要参与南非畜禽育种研究，对农场和农户畜禽动物疫病治疗、繁育提供技术服务，协会的宗旨是促进科学和专业的进步，造福动物和整个社会。

南非动物科学协会（The South African Society for Animal Science，SASAS）是一个动物科学家协会，在科学研究的基础上开展实践，为农场和农户提供专业服务。此外，协会成员还在动物生产领域的仲裁和法律纠纷案件中提供专家意见，为动物生产培训提供咨询服务。

南非种畜登记和牲畜改良协会（The South African Stud Book and Livestock Improvement Association，SASB）是《动物改良法》规定的注册机构，是为纯种牲畜部门提供畜群的组织。SASB是由国际动物记录委员会认可，已经登记或记录的奶牛、肉牛、绵羊、山羊、马、猪、犬、羊驼和鸵鸟品种超过123个。

南非品种协会（Breed Association，BA）是南非法定的畜禽品种的保管主体，主要负责畜禽品种识别、登记、评价和改进标准制定，为全国提供畜禽生产性能、种畜销售、遗传资源进出口的信息来源。此外，他们还收集和登记畜禽品种祖先，确保畜禽的纯种血统。品种协会通过销售、推广示范、会议和广告为会员提供品种推广服务。

2.2 法律法规制度

1998年,南非颁布《动物改良法》(第62号),并于2003年11月21日生效实施。《动物改良法》共29节,主要对畜禽品种鉴定、品种登记、登记许可及遗传物质进出口等有关事项进行了明确规定,主要目的是做好优良畜禽遗传资源基础工作。其中,《动物改良法》第13条规定,除法规规定的胚胎收集者以及被收集动物拥有者外,其他任何人不得收集、评估、处理、包装或储存胚胎或卵子;第14条规定,任何人不得出售、进口没有取得相关证书的遗传物质。

2.3 科研支撑力量

2.3.1 农业研究委员会

农业研究委员会是根据1990年《农业研究法》(1990年第86号法)设立的法定公共实体,主要负责支持农业部门生产、灾害(疫病暴发、气候变化、干旱、洪水等)防御、管理和农产品加工方面的技术需求的国家研究机构。农业研究委员会包括一个中央办公室和谷物和玉米等工业作物、园艺、畜牧业、公共支持服务和农村可持续发展五个业务部门。其中,畜牧业事业部主要围绕提高南非农业部门竞争力、生物技术在动物生产、健康方面的应用开展研究,开发、推广、保护本土农业知识系统。

2.3.2 农业院校

南非国内相关农业院校,围绕畜牧业生产、畜牧兽医开展相关的教学、培训等,是农业科研、教学、人才培养的重要核心,是开展畜禽遗传资源保护的重要科研支撑力量。

2.4 政府规划项目

南非没有专门针对畜禽遗传资源保护方面的规划和项目,但在一些战略规划及项目中涉及动物遗传资源保护的相关内容。

2.4.1 国家畜牧业战略

南非继2001年制定农业战略计划后,2023年,南非制定了国家畜牧战略计划,旨在促进农户及农业公司公平参与畜牧业发展,提高畜牧业的全球竞争力和盈利能力,确保畜牧业可持续发展。2004年,在国家畜牧战略计划基础上进一步细化,为肉牛、奶牛、山羊、绵羊、鸵鸟、猪和家禽等畜种制定了分品种战略计划。国家畜牧战略计划以畜牧业发展为核心,兼顾畜禽资源保护等相关战略任务,统筹规划畜牧业发展,促进畜禽健康,保护畜禽遗传资源。

2.4.2 国家研究和发展计划

南非农业部畜牧业司牵头制定了国家研究与发展计划,涉及可持续利用自然资源、畜牧生产竞争力、动物健康与福利、动物产品与增值、食品安全与质量、市场开发贸易及企业支持、畜牧技术推广应用和传播等领域的研究和技术应用。

参考文献

邓蓉, 许尚忠, 2019. 南非肉牛产业考察报告 [J]. 中国牛业科学, 45（5）: 75-80.

詹琳, 2015. 全球转基因作物商业化进展情况及有关问题的分析 [D]. 北京: 中国农业科学院.

中华人民共和国外交部. 南非国家概况 [EB/OL].https://www.mfa.gov.cn/web/gjhdq_676201/gj_676203/fz_677316/1206_678284/1206x0_678286/

王文锋, 2014. 南非农业科技研发及推广体系分析 [J]. 世界农业（5）: 154-156.

Country report supporting the preparation of The Second Report on the State of the World's Animal Genetic Resources for Food and Agriculture, including sector-specific data contributing to The State of the World's Biodiversity for Food and Agriculture – 2013 [EB/OL]. https://www.fao.org/animal-genetics/global-policy/reporting-system/countries/en/?page=3&ipp=5&tx_dynalist_pi1 [par]=YToxOntzOjE6IkwiO3M6MToiMCI7fQ==.

General Notice No. 980 of 2014 [EB/OL]. https://www.greengazette.co.za/notices/animal-improvement-act-no-62-of-1998-registration-of-animal-breeders-society_20141114-GGN-38188-00980.